赤平昌文・小池健一 著

# 統計的逐次推定論

統計学 One Point

21

共立出版

# 「統計学 One Point」刊行にあたって

　まず述べねばならないのは，著名な先人たちが編纂された共立出版の
『数学ワンポイント双書』が本シリーズのベースにあり，編集委員の多く
がこの書物のお世話になった世代ということである．この『数学ワンポイ
ント双書』は数学を理解する上で，学生が理解困難と思われる急所を理解
するために編纂された秀作本である．

　現在，統計学は，経済学，数学，工学，医学，薬学，生物学，心理学，
商学など，幅広い分野で活用されており，その基本となる考え方・方法論
が様々な分野に散逸する結果となっている．統計学は，それぞれの分野で
必要に応じて発展すればよいという考え方もある．しかしながら統計を
専門とする学科が分散している状況の我が国においては，統計学の個々の
要素を構成する考え方や手法を，網羅的に取り上げる本シリーズは，統計
学の発展に大きく寄与できると確信するものである．さらに今日，ビッグ
データや生産の効率化，人工知能，IoT など，統計学をそれらの分析ツー
ルとして活用すべしという要求が高まっており，時代の要請も機が熟した
と考えられる．

　本シリーズでは，難解な部分を解説することも考えているが，主として
個々の手法を紹介し，大学で統計学を履修している学生の副読本，あるい
は大学院生の専門家への橋渡し，また統計学に興味を持っている研究者・
技術者の統計的手法の習得を目標として，様々な用途に活用していただく
ことを期待している．

　本シリーズを進めるにあたり，それぞれの分野において第一線で研究さ
れている経験豊かな先生方に執筆をお願いした．素晴らしい原稿を執筆し
ていただいた著者に感謝申し上げたい．また各巻のテーマの検討，著者へ
の執筆依頼，原稿の閲読を担っていただいた編集委員の方々のご努力に感
謝の意を表するものである．

編集委員会を代表して　鎌倉稔成

# まえがき

　通常の統計学では，あらかじめ標本の大きさを固定して考えるが，それには限界があり，そこを乗り越えるためには逐次的手法を考える必要がある．たとえば，標本の大きさをあらかじめ固定せずに，標本を抽出してそれに基づく推定量とさらに標本を追加してそれに基づく推定量について，それらの標本抽出費用（コスト）を含むリスクを比較して，追加した方のリスクが小さければ，標本抽出を継続し，そうでなければ標本抽出を停止するという規則を導入する．そのような停止（規）則と推定量からなる逐次推定方式を考えることになるが，そのためには統計的決定論の観点から考えるのが理解しやすい．本書はその観点から著されていて，逐次推定方式が何らかの意味で最適になることを示す際に，そのリスクが，標本が抽出される母集団分布の母数に無関係になる方が望ましい．そのためにベイズ的観点から，あるいは不変性の概念によって考察することは自然である．

　本書では，まず，正規モデル，2項モデル等で逐次点推定，逐次区間推定について考え，また，逐次推定を遂行する際に必要となる停止則に関する等式，不等式について述べるとともに近似法則についても論じる（第1章）．次に，統計的決定論は，推定，検定を統一的に扱えるだけではなく，標本抽出（または実験）を行ってその（観測）結果に基づいて抽出（観測）を継続するか停止するかの決定を伴う逐次推測方式を考察するのに適している．そこで，決定論の観点から許容性，ベイズ性，ミニマックス性，縮小推定，最小分散不偏性，十分性，不変性，推移性等について考えるとともに，標本の大きさを固定して推定すると望ましい推定量が存在しない場合があることも示す（第2章）．それから，非逐次の場合に一様最小分散不偏 (UMVU) 推定量を求めるために用いた十分性，完備性のような概念が逐次の場合には，どのような状況で有用になるのかについて考える．実は，逐次推定の場合には，与えられた停止則を伴う，完備十分統計量に基

づく不偏逐次推定方式は一意的とは限らない．また，逐次の場合にもクラメール・ラオ型の情報不等式について論じることができる．そしてベイズ逐次推定，不変逐次推定についても考える（第3章）．さらに，停止時刻を伴う逐次推定方式について論じ，特に，正規分布における平均や平均の差の逐次推定，多変量正規分布の平均ベクトルの逐次推定と逐次縮小推定，ガンマ分布，一様分布の逐次推定について考え，2段階(標本抽出)法による推定についても論じる（第4章）．最後に，逐次解析において重要な逐次確率比検定について述べる（付録）．逐次推測の考え方は合理的であり，応用についても，たとえば臨床試験における実験計画等において有用になる．なお，本書では数理統計学の基盤の知識を前提とし，巻末において参考にした書籍について言及している．

　最後に，本書を完成するにあたって，大阪公立大学の田中秀和准教授に原稿を読んで種々の御意見を頂いた．心から感謝申し上げたい．

　本書の出版に際して，本シリーズの編集委員長の中央大学の鎌倉稔成教授をはじめ編集委員の方々，そして共立出版編集部の方々にいろいろお世話になった．ここに厚く御礼申し上げたい．

2022年5月

赤平昌文

小池健一

# 目　次

# 記号・略号

| | |
|---|---|
| $\mathbf{R}^n$ | $n$ 次元ユークリッド空間 |
| $\mathbf{R}_+$, $\mathbf{R}_-$ | $\mathbf{R}_+ = (0, \infty)$, $\mathbf{R}_- = (-\infty, 0)$ |
| $\mathbb{N}$ | 自然数全体の集合 |
| $\mathbb{N}_0$ | $\mathbb{N} \cup \{0\}$ |
| $a^+$, $a^-$ | $a^+ = \max\{0, a\}$, $a^- = \max\{-a, 0\}$ |
| $A^c$ | 集合 $A$ の補集合 (complementary set) |
| $A \times B$ | 集合 $A, B$ の直積集合 $A \times B = \{(a, b) \mid a \in A, b \in B\}$ |
| $\chi_A(x)$ | 集合 $A$ の定義関数，すなわち $\chi_A(x) = 1$ $(x \in A)$; $= 0$ $(x \notin A)$ |
| $\boldsymbol{a}^\top$, $\Sigma^\top$ | ベクトル $\boldsymbol{a}$ の転置ベクトル，行列 $\Sigma$ の転置行列 |
| $\mathrm{tr}A$ | 正方行列 $A$ のトレースまたは跡 (trace)（対角成分の和） |
| $\|\boldsymbol{a}\|$ | $\boldsymbol{a} = (a_1, \ldots, a_p)$ のノルム (norm) $\|\boldsymbol{a}\| = \sqrt{\boldsymbol{a}\boldsymbol{a}^\top}$ |
| $X_n \xrightarrow{L} X$ $(n \to \infty)$ | 確率変数 $X_n$ が確率変数 $X$ に法則収束 (convergence in law)（1.5 節） |
| $\mathcal{L}(X_n) \to F$ $(n \to \infty)$ | 確率変数 $X_n$ が漸近的に分布 $F$ に従う（1.5 節） |
| $X_n \xrightarrow{P} X$ $(n \to \infty)$ | 確率変数 $X_n$ が確率変数 $X$ に確率収束 (convergence in probability)（1.5 節） |
| $a.s.$ | ほとんど確実に (almost surely)（1.3 節） |
| $a.e.$ | ほとんど至るところ (almost everywhere)（1.3 節） |
| $\lfloor a \rfloor$ | ガウスの記号 $\lfloor a \rfloor$ は $a$ 以下の最大の整数（1.5 節） |
| $[a]^*$ | $[a]^*$ は $a$ より小さい最大の整数（1.1 節） |
| p.d.f. | 確率密度関数 (probability density function)（1.1 節） |
| p.m.f. | 確率量関数 (probability mass function)（1.2 節） |
| c.d.f. | 累積分布関数 (cumulative distribution function)（1.5 節） |
| j.p.d.f. | 同時確率密度関数 (joint probability density function)（1.2 節） |
| j.p.m.f. | 同時確率量関数 (joint probability mass function)（1.2 節） |

| | |
|---|---|
| m.p.d.f. | 周辺確率密度関数 (marginal probability density function)（2.4 節） |
| m.p.m.f. | 周辺確率量関数 (marginal probability mass function)（2.3 節） |
| c.p.d.f. | 条件付確率密度関数 (conditional probability density function)（2.1 節） |
| c.p.m.f. | 条件付確率量関数 (conditional probability mass function)（2.1 節） |
| $E(X)$, $E[X]$ | 確率変数 $X$ の平均 (mean) または期待値 (expectation)（1.2 節） |
| $V(X)$ | 確率変数 $X$ の分散 (variance)（1.2 節） |
| $\mathrm{Cov}(X,Y)$ | $X,Y$ の共分散 (covariance) $\mathrm{Cov}(X,Y) = E[(X - E(X))(Y - E(Y))]$（2.2 節） |
| $E(Y\,|\,X)$ | $X$ を与えたときの $Y$ の条件付平均 (conditional mean) または条件付期待値 (conditional expectation)（2.3 節） |
| $V(Y\,|\,X)$ | $X$ を与えたときの $Y$ の条件付分散 (conditional variance)（2.3 節） |
| $\mathrm{Be}(\alpha,\beta)$ | ベータ分布 (beta distribution)（2.3 節） |
| $\mathrm{Ber}(\theta)$ | ベルヌーイ分布 (Bernoulli distribution)（1.2 節） |
| $\mathrm{Bi}(n,\theta)$ | 2 項分布 (binomial distribution)（1.2 節） |
| $\mathrm{Dir}(\alpha_0,\alpha_1,\ldots,\alpha_k)$ | ディリクレ分布 (Dirichlet distribution)（2.5 節） |
| $\mathrm{G}(\alpha,\beta)$ | ガンマ分布 (gamma distribution)（2.3 節） |
| $\mathrm{H}(n,M,N)$ | 超幾何分布 (hypergeometric distribution)（1.2 節） |
| $\mathrm{N}(\mu,\sigma^2)$ | 平均 $\mu$, 分散 $\sigma^2$ をもつ正規分布 (normal distribution)（1.1 節） |
| $\mathrm{N}_p(\boldsymbol{\theta},\Sigma)$ | 平均ベクトル $\boldsymbol{\theta}$, （分散）共分散行列 $\Sigma$ をもつ $p$ 変量正規分布 ($p$-variate normal distribution)（2.5 節） |
| $\mathrm{NB}(r,\theta)$ | 負の 2 項分布 (negative binomial distribution)，特に $\mathrm{NB}(1,\theta)$ は幾何分布 (geometric distribution)（1.2 節） |
| $\mathrm{NH}(x,M,N)$ | 負の超幾何分布 (negative hypergeometric distribution)（1.2 節） |
| $\mathrm{Po}(\theta)$ | ポアソン分布 (Poisson distribution)（2.3 節） |
| $t_\nu$ 分布 | 自由度 $\nu$ の $t$ 分布 ($t$-distribution with $\nu$ degrees of freedom)（1.1 節） |

U($a, b$) 区間 $[a,b]$ 上の一様分布 (uniform distribution) (2.3 節)

$\chi_n^2$ 分布 自由度 $n$ のカイ 2 乗分布 (chi-square distribution with $n$ degrees of freedom) (1.4 節)

F 情報量 フィッシャー情報量 (Fisher's information amount) (2.2 節)

GB 決定関数 一般ベイズ (generalized Bayes) 決定関数 (2.3 節)

C-R の下界 クラメール・ラオ (Cramér-Rao) の下界 (lower bound) (2.2 節)

UMVU 推定量 一様最小分散不偏 (uniformly minimum variance unbiased) 推定量 (2.4 節)

LMVU 推定量 局所最小分散不偏 (locally minimum variance unbiased) 推定量 (2.4 節)

JS 推定量 ジェームス・スタイン (James-Stein) 推定量 (2.5 節)

MLE 最尤推定量 (maximum likelihood estimator) (2.7 節)

APO 漸近的に各点最適 (asymptotically pointwise optimal) (3.6 節)

AO 漸近的最適 (asymptotically optimal) (3.6 節)

SPRT 逐次確率比検定 (sequential probability ratio test) (付録)

$\Gamma(\alpha)$ ガンマ関数 $\Gamma(\alpha) = \int_0^\infty x^{\alpha-1} e^{-x} dx$ ($\alpha \in \mathbf{R}_+$) (1.4 節)

$B(\alpha, \beta)$ ベータ関数 $B(\alpha, \beta) = \int_0^1 x^{\alpha-1}(1-x)^{\beta-1} dx$ ($(\alpha, \beta) \in \mathbf{R}_+^2$) (2.3 節)

## スクリプトフォント（花文字）

| A | B | C | D | E | F | G | H | I | J | K | L | M |
|---|---|---|---|---|---|---|---|---|---|---|---|---|
| $\mathscr{A}$ | $\mathscr{B}$ | $\mathscr{C}$ | $\mathscr{D}$ | $\mathscr{E}$ | $\mathscr{F}$ | $\mathscr{G}$ | $\mathscr{H}$ | $\mathscr{I}$ | $\mathscr{J}$ | $\mathscr{K}$ | $\mathscr{L}$ | $\mathscr{M}$ |

| N | O | P | Q | R | S | T | U | V | W | X | Y | Z |
|---|---|---|---|---|---|---|---|---|---|---|---|---|
| $\mathscr{N}$ | $\mathscr{O}$ | $\mathscr{P}$ | $\mathscr{Q}$ | $\mathscr{R}$ | $\mathscr{S}$ | $\mathscr{T}$ | $\mathscr{U}$ | $\mathscr{V}$ | $\mathscr{W}$ | $\mathscr{X}$ | $\mathscr{Y}$ | $\mathscr{Z}$ |

## ギリシャ文字

| 大文字 | 小文字 | 読み方 | 大文字 | 小文字 | 読み方 |
|---|---|---|---|---|---|
| $A$ | $\alpha$ | アルファ | $N$ | $\nu$ | ニュー |
| $B$ | $\beta$ | ベータ | $\Xi$ | $\xi$ | クサイ（クシー，グザイ） |
| $\Gamma$ | $\gamma$ | ガンマ | $O$ | $o$ | オミクロン |
| $\Delta$ | $\delta$ | デルタ | $\Pi$ | $\pi$ | パイ（ピー） |
| $E$ | $\epsilon,\ \varepsilon$ | イプシロン（エプシロン） | $P$ | $\rho,\ \varrho$ | ロー |
| $Z$ | $\zeta$ | ゼータ（ツェータ） | $\Sigma$ | $\sigma,\ \varsigma$ | シグマ |
| $H$ | $\eta$ | イータ（エータ） | $T$ | $\tau$ | タウ |
| $\Theta$ | $\theta,\ \vartheta$ | シータ（テータ） | $\Upsilon$ | $\upsilon$ | ウプシロン（ユープシロン） |
| $I$ | $\iota$ | イオタ（イオータ） | $\Phi$ | $\phi,\ \varphi$ | ファイ（フィー） |
| $K$ | $\kappa$ | カッパ | $X$ | $\chi$ | カイ |
| $\Lambda$ | $\lambda$ | ラムダ | $\Psi$ | $\psi$ | プサイ（プシー） |
| $M$ | $\mu$ | ミュー | $\Omega$ | $\omega$ | オメガ |

# 第**1**章

# 序　論

　統計的推測理論において，あらかじめ標本の大きさを固定した標本，すなわち**固定標本** (sample of fixed size) に基づいて母数に関する推測問題を考えることが多い．しかし，そのような固定標本に基づいて適切な区間推定を行えない場合がある．そこで，あらかじめ標本の大きさを固定しないで，適切な停止則を導入して，それを伴う逐次推測方式を考える．その方が合理的であり，現実的である．本章では，まず正規モデルで説明するとともに，逐次標本抽出計画や逐次推定において有用な停止則に関する等式，不等式について述べ，また近似法則についても論じる．

## 1.1　はじめに

　まず，確率分布族を $\mathscr{P}$ とし，$\mathscr{P}$ が**母数**あるいは**パラメータ** (parameter) によって特徴付けられ，$\mathscr{P} = \{P_\theta \mid \theta \in \Theta\}$ となるとき，$\mathscr{P}$ を**パラメトリックモデル** (parametric model) という．ここで，$\theta$ の可能な値全体の集合 $\Theta$ を**母数空間** (parameter space) といい，各 $\theta \in \Theta$ について $P_\theta$ を(確率)分布という．たとえば，平均 $\mu$，分散 $\sigma^2$ をもつ**正規分布** $\mathrm{N}(\mu, \sigma^2)$，すなわち**確率密度関数** (probability density function, 略して p.d.f.)

$$p(x; \mu, \sigma^2) = \frac{1}{\sqrt{2\pi}\sigma} \exp\left\{-\frac{(x-\mu)^2}{2\sigma^2}\right\} \quad (x \in \mathbf{R}^1; \ (\mu, \sigma^2) \in \Theta = \mathbf{R}^1 \times \mathbf{R}_+)$$

をもつ分布とすれば, $\mathscr{P} = \{\mathrm{N}(\mu, \sigma^2) \,|\, (\mu, \sigma^2) \in \Theta\}$ になる. また, $\mathscr{P} = \{p(x; \mu, \sigma^2) \,|\, (\mu, \sigma^2) \in \Theta\}$ とも表す. 一方, $\mathscr{P}$ が母数によって特徴付けられない場合には, $\mathscr{P}$ を**ノンパラメトリックモデル** (non-parametric model) といい, たとえば, $\mathscr{P}$ として $\int_{-\infty}^{\infty} x^2 p(x) dx$ が有限となる p.d.f. $p(x)$ をもつ分布族がある.

さて, パラメトリックモデル $\mathscr{P} = \{P_\theta \,|\, \theta \in \Theta\}$ について, $X_1, X_2, \ldots,$ $X_n, \ldots$ をたがいに独立にいずれも ($\mathscr{P}$ の) 同一分布に従う (independently and identically distributed, 略して i.i.d.) **確率変数** (random variable, 略して r.v.) の列とし, $\boldsymbol{X} = (X_1, \ldots, X_n, \ldots)$ とおく. このとき, ($n$ 次元) **確率ベクトル** (random vector) $\boldsymbol{X}_n = (X_1, \ldots, X_n)$ に基づいて $\theta$ の関数 $g(\theta)$ の推定問題を考える. なお, $\boldsymbol{X}_n$ を分布 $P_\theta (\in \mathscr{P})$ からの大きさ (size) $n$ の**無作為標本** (random sample) ともいい, 特に断らない限り無作為標本を単に**標本** (sample) という. ここで, $N$ を $\mathbb{N} = \{1, 2, \ldots, n, \ldots\}$ の値をとる確率変数で, 各 $n \in \mathbb{N}$ について事象 $\{N = n\}$ が $\boldsymbol{X}_n$ の関数[1]に基づいて表現できるとき, $N$ を**停止時刻** (stopping time) といい, 停止時刻 $N$ がもつ標本抽出の停止条件を $N$ による**停止 (規)則** (stopping rule) という. なお, $N$ は標本抽出において停止する時点での標本の大きさを意味する. いま, 標本 $\boldsymbol{X}_n$ に基づく $g(\theta)$ の推定量を $\hat{g}_n(\boldsymbol{X}_n) (\in g(\Theta) = \{g(\theta) \,|\, \theta \in \Theta\})$ とし, $g(\theta)$ を $\hat{g}_n$ で代用したときにそのリスクを $r_n(\theta)$ とし, 各 $\theta$ について $r_n(\theta)$ を $n \geq n_0$ となる $n$ の非増加関数と仮定する. また, 標本 $\boldsymbol{X}_n$ を得るのに必要な費用またはコストを $c_n$ とし, $\{c_n\}$ を $n$ の非減少列とする. ここで, 実(際の)リスクを

$$R_n(\theta) = r_n(\theta) + c_n \tag{1.1.1}$$

で定義する. もっと具体的に, **正規モデル** (normal model) $\mathscr{P}_{\mathrm{N}} = \{\mathrm{N}(\mu, \sigma^2) \,|\, \boldsymbol{\theta} = (\mu, \sigma^2) \in \mathbf{R}^1 \times \mathbf{R}_+\}$ として $\mu$ の推定問題を考える.

---

[1]厳密には可測関数 (たとえば伊藤清三 (1964). 『ルベーグ積分入門』 (裳華房) 参照).

ただし，$\sigma^2$ を局外母数とする[2]．そして，$c_n = c_0 + nc\ (n \in \mathbb{N})$ とする．ここで，$c_0(\geq 0)$ は基礎費用で $c(> 0)$ は 1 標本当たりの，すなわち 1 つの標本を抽出するのに要する費用とする．このとき，$\mu$ の推定量を $\overline{X}_n = (1/n)\sum_{i=1}^n X_i$ とし，$r_n(\boldsymbol{\theta}) = V_{\boldsymbol{\theta}}(\overline{X}_n) = \sigma^2/n$ として，$c_0(\geq 0)$，$c(> 0)$ を与えたとき (1.1.1) より $R_n(\boldsymbol{\theta}) = c_0 + nc + (\sigma^2/n)$ になる．これを最小にする $n$ は

$$n_* = \inf\left\{n \geq 1 : n(n+1) \geq \frac{\sigma^2}{c}\right\} \tag{1.1.2}$$

となる．ここで，$n_*$ は未知母数 $\sigma^2$ に依存するので，$\sigma^2$ の一様最小分散不偏 (UMVU) 推定量になる**不偏分散** (unbiased variance) $S_{0n}^2 = \sum_{i=1}^n (X_i - \overline{X}_n)^2/(n-1)$ を用いる[3]．ただし，$n \geq 2$ とする．実際，(1.1.2) において $\sigma^2$ を $S_{0n}^2$ に代えて

$$N = \inf\left\{n \geq 2 : n(n+1) \geq \frac{1}{c}S_{0n}^2\right\} \tag{1.1.3}$$

として，停止時刻 $N$ を考える．そして，$N$ による停止則を伴う $\overline{X}_N$ によって $\mu$ の推定を行うことが逐次点推定の特徴である．

次に，逐次区間推定について考えるために，正規モデル $\mathscr{P}_{\mathrm{N}}$ において $\mu$ の信頼区間を求めてみよう．まず，$\overline{X}_n$ は $\mathrm{N}(\mu, \sigma^2/n)$ に従うので，$Z_n = \sqrt{n}(\overline{X}_n - \mu)/\sigma$ は標準正規分布 $\mathrm{N}(0,1)$ に従うから，$0 < \alpha < 1$ について

$$P_{\boldsymbol{\theta}}\left\{\overline{X}_n - u_{\alpha/2}\cdot\frac{\sigma}{\sqrt{n}} \leq \mu \leq \overline{X}_n + u_{\alpha/2}\cdot\frac{\sigma}{\sqrt{n}}\right\} = 1 - \alpha \tag{1.1.4}$$

となる．ただし，$u_\alpha$ を $\mathrm{N}(0,1)$ の上側 $100\alpha\%$ 点とする[4]．このとき，$\sigma^2$ が既知ならば，$[\overline{X}_n - u_{\alpha/2}\cdot(\sigma/\sqrt{n}), \overline{X}_n + u_{\alpha/2}\cdot(\sigma/\sqrt{n})]$ が**信頼係数** (confidence coefficient) $1 - \alpha$ の $\mu$ の**信頼区間** (confidence interval) にな

---

[2]一般に，母数ベクトル $\boldsymbol{\theta} = (\xi, \eta)$ において，$\xi$ を関心のある部分で，$\eta$ を無関心な部分とするとき，$\eta$ を**局外母数** (nuisance parameter，または**撹乱母数**) という．

[3]後出の 2.4 節および赤平 [A19]『統計的不偏推定論』(共立出版) の例 1.1.1 (続 9) pp.52-54 参照．

[4]一般に，確率変数 $X$ の p.d.f. $p_X(x)$ をもつ分布について，$0 < \alpha < 1$ に対して $\int_u^\infty p_X(x)dx = \alpha$ となる $u = u_\alpha$ を**上側 $100\alpha\%$ 点** (upper $100\alpha$ percentage point) という．

る．ここで，信頼区間の**幅** (width) をあらかじめ与えた正数 $2d$ 以下になるように標本の大きさ $n$ をとる問題を考える．いま，$\sigma^2$ を既知として

$$n_* = \inf\left\{ n \geq 1 : n \geq \frac{\sigma^2 u_{\alpha/2}^2}{d^2} \right\} \tag{1.1.5}$$

とすると，(1.1.4)，(1.1.5) より

$$P_{\boldsymbol{\theta}}\left\{ \overline{X}_{n_*} - d \leq \mu \leq \overline{X}_{n_*} + d \right\} \geq 1 - \alpha$$

となり，$[\overline{X}_{n_*} - d, \overline{X}_{n_*} + d]$ を**固定幅** (fixed width) $2d$ をもつ信頼係数 $1-\alpha$ の $\mu$ の信頼区間という．次に，$\sigma^2$ が未知の場合を考えると，(1.1.5) より $n_*$ は $\sigma$, $d$ に依存していることに注意すれば，(1.1.4) から $n \geq n_*$ のとき $2d \geq 2\sigma u_{\alpha/2}/\sqrt{n}$ となり，$n < n_*$ のとき $2d < 2\sigma u_{\alpha/2}/\sqrt{n}$ となるから，(1.1.5) のような標本の大きさの取り方では，任意の $\sigma > 0$ について有界な幅をもつ信頼係数 $1 - \alpha$ の $\mu$ の信頼区間は求められない．実際，与えられた $d(> 0)$ について，区間 $[\overline{X}_n - d, \overline{X}_n + d]$ が $\mu$ を被覆する確率，すなわちその区間の**被覆確率** (coverage probability) は

$$C_{\boldsymbol{\theta},n}(d) = P_{\boldsymbol{\theta}}\left\{ \overline{X}_n - d \leq \mu \leq \overline{X}_n + d \right\} = 2\Phi\left( \frac{d\sqrt{n}}{\sigma} \right) - 1$$

となるから．$d\sqrt{n}/\sigma \geq u_{\alpha/2}$ のとき $C_{\boldsymbol{\theta},n}(d) \geq 1 - \alpha$ となり，$d\sqrt{n}/\sigma < u_{\alpha/2}$ のとき $C_{\boldsymbol{\theta},n}(d) < 1 - \alpha$ となる．ただし，$\Phi(x) = \int_{-\infty}^{x} \phi(t)dt$, $\phi(t) = (1/\sqrt{2\pi})e^{-t^2/2}$ $(t \in \mathbf{R}^1)$ とする．このことは，固定（した大きさをもつ）標本では被覆確率を $(1 - \alpha)$ 以上にすることは無理であることを示している．そこで，**2 段階**(標本抽出)**法**[5](two-stage sampling procedure) について考える．まず，初期標本の大きさを $n_0(\geq 2)$ とし，それに基づく不偏分散を $S_{0n_0}^2$ とする．ここで，自由度 $\nu$ の $t$ 分布（略して，$t_\nu$

[5] 2 段階標本抽出法については，Stein, C. (1945). A two-sample test for a linear hypothesis whose power is independent of the variance. *Ann. Math. Statist.*, **16**, 243-258 参照.

分布）の上側 $100\alpha\%$ 点を $t_\alpha(\nu)$ と表して[6]，停止時刻を

$$N = \max\left\{n_0, \left[\frac{1}{d^2}\left\{t_{\alpha/2}(n_0-1)\right\}^2 S_{0n_0}^2\right]^* + 1\right\} \tag{1.1.6}$$

と定義し，この停止時刻による 2 段階法を**スタイン** (Stein) の **2 段階法**という．ただし，$[a]^*$ は $a$ より小さい最大の整数とする．このとき，$N$ は正の整数値をとる確率変数で，$S_{0n_0}^2$ を通して $(X_1,\ldots,X_{n_0})$ の関数になる．ここでは正規モデル $\mathscr{P}_N$ の下で考えているから，$n \geq 2$ について $\overline{X}_n$ と $S_{n_0}^2$ はたがいに独立になる[7]．よって，$N$ は $S_{n_0}^2$ の関数であるから，$N$ は $\overline{X}_{n_0}$ と独立になり，また $N \geq n_0$ のとき $N$ は $X_{n_0+1},\ldots,X_N$ と独立になる．また，$N = n(\geq n_0)$ とすると，$\sqrt{N}(\overline{X}_N - \mu)/\sigma$ は $N(0,1)$ に従うので $\sqrt{N}(\overline{X}_N - \mu)/S_{0n_0}$ は $t_{n_0-1}$ 分布に従う[8]．ただし，$S_{0n_0} = \sqrt{S_{0n_0}^2}$ とする．このとき，$\mu$ の被覆確率については

$$P_{\boldsymbol{\theta}}\left\{\overline{X}_N - d \leq \mu \leq \overline{X}_N + d\right\} \geq 1 - \alpha$$

となり，$\left[\overline{X}_N - d, \overline{X}_N + d\right]$ は信頼係数 $1 - \alpha$ の $\mu$ の信頼区間になる．実際，$N = n$ のとき $nd^2 > \{t_{\alpha/2}(n_0-1)\}S_{0n_0}^2$ となるから

$$P_{\boldsymbol{\theta}}\left\{\overline{X}_N - d \leq \mu \leq \overline{X}_N + d\right\} = P_{\boldsymbol{\theta}}\left\{\frac{\sqrt{N}\left|\overline{X}_N - \mu\right|}{S_{0n_0}} \leq \frac{\sqrt{N}d}{S_{0n_0}}\right\}$$
$$\geq 1 - \alpha$$

になる．このことは，スタインの 2 段階法を用いれば，有界な幅をもつ信頼係数 $1-\alpha$ の $\mu$ の信頼区間を得る可能性を示している．なお，(1.1.6) による $N$ は，$(X_1,\ldots,X_{n_0})$ の関数であるから，$\{S_{0n}^2 : n > n_0\}$ に含まれる情報を捉えきれないので，特に $n_0$ が $n_*$ に比べて小さいときには $N$

---

[6]一般に，p.d.f. $p(x) = \Gamma((\nu+1)/2)(1+(x^2/\nu))^{-(\nu+1)/2}\big/\{\sqrt{\pi\nu}\Gamma(\nu/2)\}$ $(x \in \mathbf{R}^1; \nu \in \mathbf{R}_+)$ をもつ分布を自由度 $\nu$ の $t$ 分布（$\boldsymbol{t}_\nu$ **分布**）(t-distribution with $\nu$ degrees of freedom) という．$t_\nu$ 分布とその上側 $100\alpha\%$ 点については，赤平 [A03]『統計解析入門』（森北出版）の pp.196, 272 参照．なお，ガンマ関数 $\Gamma(\cdot)$ については 1.4 節の脚注 [23] 参照．
[7]証明については，赤平 [A03] の例 A.5.1.1 (p.203) 参照．
[8]赤平 [A03] の例 A.5.5.2 (p.204) 参照．

が $\mu$ に関する情報を十分にもたないかもしれない．したがって，(1.1.6)
において列 $\{S_{0n}^2 : n \geq n_0\}$ に基づく停止時刻を定義することが望まれる
が，$\sqrt{N}(\overline{X}_N - \mu)/S_{0N}$ の分布が面倒になる．また，非正規モデルの場合
には，標本平均と標本分散は独立でなくなるので，この簡易な方法は使え
ない．一方，ノンパラメトリック推定では，状況はさらに難しくなる．

## 1.2　標本抽出計画の例

本節では標本抽出計画について，いくつかの具体例を考える．

【例 1.2.1】（2 項分布）　$X_1, \ldots, X_n$ をたがいに独立な確率変数とし，各
$i = 1, \ldots, n$ について $X_i$ は 1 または 0 のいずれかの値をとるとし，$X_i = 1$
を成功，$X_i = 0$ を失敗の結果と見なし，$P_\theta\{X_i = 1\} = \theta$ $(\theta \in \Theta = (0, 1))$
とする．このとき，各 $X_i$ はいずれも**確率量関数**（probability mass func-
tion，略して p.m.f.）

$$p(x; \theta) = \theta^x (1 - \theta)^{1-x} \quad (x = 0, 1; \theta \in \Theta)$$

をもつ**ベルヌーイ分布** (Bernoulli distribution) $\mathrm{Ber}(\theta)$ に従う．ここで，
$X_1, \ldots, X_n$ は 2 項試行の結果と見なせる．このとき，$\boldsymbol{X}_n = (X_1, \ldots, X_n)$
の**同時確率量関数**（joint probability mass function，略して j.p.m.f.）は

$$f_{\boldsymbol{X}_n}(\boldsymbol{x}_n; \theta) = \theta^{\sum_{i=1}^n x_i}(1 - \theta)^{n - \sum_{i=1}^n x_i} \quad (x_i = 0, 1\,(i = 1, \ldots, n); \theta \in \Theta)$$

になる．ここで，$T(\boldsymbol{X}_n) = \sum_{i=1}^n X_i$ は 2 項分布 $\mathrm{Bi}(n, \theta)$ に従うので，任
意の $\theta \in \Theta$ について $E_\theta[T(\boldsymbol{X}_n)/n] = \theta$ となる．よって，$\overline{X}_n = T(\boldsymbol{X}_n)/n$
は $\theta$ の不偏推定量になる[9]．また，同様にして $S_{0n}^2 = T(n - T)/n(n - 1)$
が $V_\theta(X_1) = \theta(1 - \theta)$ の不偏推定量になる．

---

[9] $T$ が p.m.f. $p(t; \theta) = \binom{n}{t}\theta^t(1 - \theta)^{n-t}$ $(t = 0, 1, \ldots, n; \theta \in \Theta = (0, 1))$ をもつ分布
に従うとき，$T$ は **2 項分布** (binomial distribution) $\mathrm{Bi}(n, \theta)$ に従うという（赤平
[A03] の p.41 参照）．また，一般に，$\theta(\in \Theta)$ の関数 $g(\theta)$ の推定量 $\hat{g}(\boldsymbol{X}_n)$ が，任意
の $\theta \in \Theta$ について $E_\theta[\hat{g}(\boldsymbol{X}_n)] = g(\theta)$ となるとき，$\hat{g}(\boldsymbol{X}_n)$ を $g(\theta)$ の**不偏推定量**
(unbiased estimator) という．

次に，$m < n$ として，確率

$$P_\theta\{X_1 = \cdots = X_m = 1\} = \theta^m$$

について，$g(\theta) = \theta^m$ とする．ここで，$T = t$ を与えたときの条件付確率を

$$\hat{g}(t) = P_\theta\{X_1 = \cdots = X_m = 1 \,|\, T = t\}$$
$$= \frac{P_\theta\{X_1 = \cdots = X_m = 1, \sum_{i=1}^n X_i = t\}}{P_\theta(T = t)} \tag{1.2.1}$$

とすれば，$\hat{g}(T)$ は $g(\theta)$ の不偏推定量になる．このとき，(1.2.1) の最後の辺の分子は $t < m$ について 0 であり，$t \geq m$ については，最初の $m$ 回の試行で $m$ 回成功で，残りの $(n-m)$ 回で $(t-m)$ 回成功する確率になる．よって

$$\hat{g}(t) = \theta^m \binom{n-m}{t-m} \theta^{t-m}(1-\theta)^{n-t} \Big/ \binom{n}{t}\theta^t(1-\theta)^{n-t}$$
$$(t = m, \ldots, n-m)$$

となるから

$$\hat{g}(T) = \frac{T(T-1)\cdots(T-m+1)}{n(n-1)\cdots(n-m+1)} \quad (T = 0, 1, \ldots, n)$$

は，$g(\theta) = \theta^m$ の不偏推定量になる．また，$\theta$ の高々 $n$ 次の多項式の $T$ に基づく不偏推定量は存在する．一方，$T$ に基づく $g(\theta)$ の不偏推定量 $\hat{g}(T)$ が存在すれば，任意の $\theta \in \Theta$ について

$$E_\theta[\hat{g}(T)] = \sum_{t=0}^n \hat{g}(t)\binom{n}{t}\theta^t(1-\theta)^{n-t} = g(\theta)$$

となるから，$g(\theta)$ は $\theta$ の高々 $n$ 次の多項式になる．よって，$g(\theta)$ が $T$ に基づいて**不偏推定可能** (unbiasedly estimable) である，すなわち $g(\theta)$ の $T$ に基づく不偏推定量が存在するための必要十分条件は，$g(\theta)$ が $\theta$ の高々 $n$ 次の多項式になる．

　さらに，$g(\theta) = 1/\theta$ とすると，$g(\theta)$ の $T$ に基づく不偏推定量は存在しない[10]．

**【例 1.2.2】**（逆 2 項標本抽出）　例 1.2.1 において，$\theta$ が小さいときに $g(\theta) = 1/\theta$ の推定は難しく，そのような場合には標本の大きさを大きくする必要がある．そこで標本抽出として，**逆 2 項標本抽出** (inverse binomial sampling) を行う，すなわち，例 1.2.1 の 2 項試行において，$r$ 回成功するまで要する試行の回数を $Y + r$ としたとき，$Y$ の分布が p.m.f.

$$p_Y(y; \theta, r) = \binom{y + r - 1}{y} \theta^r (1 - \theta)^y \quad (y = 0, 1, \ldots) \qquad (1.2.2)$$

をもつ**負の 2 項分布** (negative binomial distribution) $\mathrm{NB}(r, \theta)$ になり，$Y$ の平均，分散は，それぞれ

$$E_\theta(Y) = \frac{r(1 - \theta)}{\theta}, \quad V_\theta(Y) = \frac{r(1 - \theta)}{\theta^2} \qquad (1.2.3)$$

になる[11]．ただし，$r \geq 1$ とする．なお，$Y$ は $r$ 回成功するまでの失敗数であることに注意．このとき，(1.2.3) より

$$\hat{g}(Y) = \frac{Y + r}{r}$$

が，$g(\theta) = 1/\theta$ の $Y$ に基づく不偏推定量になる．ここで，$\hat{g}(Y)$ は成功率の逆数になっていて，$r$ 回成功するまでの試行の回数を含んでいる．

**問 1.2.1**　例 1.2.1 の 2 項試行において，$r$ 回成功するまで試行が続けられるとし，各 $i = 1, \ldots, r$ について $Z_i$ を $(i - 1)$ 番目と $i$ 番目の成功の間の失敗数とする．このとき，次の (i), (ii) を示せ．

(i)　$Z_1, \ldots, Z_r$ は，たがいに独立にいずれも p.m.f. $p(z, \theta) = \theta(1 - \theta)^z$ $(z = 0, 1, \ldots; \theta \in \Theta = (0, 1))$ をもつ幾何分布 $\mathrm{NB}(1, \theta)$ に従う．

(ii)　統計量 $Y = \sum_{i=1}^{r} Z_i$ の p.m.f. は (1.2.2) である．

---

[10] 証明については，赤平 [A19] の例 1.1.2（続 4）(p.15) 参照．

[11] 負の 2 項分布 $\mathrm{NB}(r, \theta)$ については，赤平 [A03] の p.194 参照．なお，特に $\mathrm{NB}(1, \theta)$ は**幾何分布** (geometric distribution) と呼ばれている．

**注意 1.2.1**

$g(\theta) = 1/(1-\theta)$ とするとき，$g(\theta)$ は $Y$ に基づく不偏推定可能でない．なぜなら $g(\theta)$ の $Y$ に基づく不偏推定量を $\hat{g}(Y)$ とすると，(1.2.2) より，任意の $\theta \in (0,1)$ について

$$\theta^r \sum_{y=0}^{\infty} \hat{g}(y) \binom{y+r-1}{y} (1-\theta)^y = \frac{1}{1-\theta} \tag{1.2.4}$$

となる．このとき，(1.2.4) の左辺は，任意の $\theta \in (0,1)$ について収束するので，区間 $(0,1)$ 上の $\theta$ の連続関数になるから，$\theta \to 1$ とすると $\hat{g}(0)$ に収束する．しかし，(1.2.4) の右辺は $\theta \to 1$ とすると無限大に発散するので，$g(\theta)$ の $Y$ に基づく不偏推定量は存在しない．

**【例 1.2.2**（続 1）**】** 例 1.2.2 において，$S = Y + r$ とおくと，(1.2.2) より $S$ の p.m.f. は

$$p_S(s;\theta,r) = \binom{s-1}{r-1} \theta^r (1-\theta)^{s-r} \quad (s=r,r+1,\ldots) \tag{1.2.5}$$

となる．また，例 1.2.1 の 2 項試行において，$S$ は $r$ 回成功するまでに要する試行の回数となるから，$S$ を停止時刻と見なすことができる．ここで，$r$ を既知として，(1.2.5) を $S = s$ を与えたときの $\theta$ の尤度関数と見なせば，$\theta$ の**最尤推定量**[12]（maximum likelihood estimator, 略して MLE）は，$\hat{\theta}_{\mathrm{ML}}(S) = r/S$ となるが，$\theta$ の不偏推定量ではない．一方，$\hat{\theta}(S) = (r-1)/(S-1)$ は $\theta$ の不偏推定量となる．

**【例 1.2.3】**（超幾何分布） 箱の中に $N$ 本のくじが入っていて，そのうち当たりくじが $M$ 本で外れくじが残りの $(N-M)$ 本であるとする．この箱の中から無作為に $n$ 本（非復元）抽出すると，その中の当たりくじの本数 $X$ の分布は p.m.f.

$$p_X(x;N,M) = \binom{M}{x}\binom{N-M}{n-x} \bigg/ \binom{N}{n}$$

$$(x = \max\{0, n+M-N\},\ldots,\min\{n,M\})$$

---

[12] 尤度関数 $L(\theta;s,r) = p_S(s;\theta,r)$ を最大にする $\theta$ を最尤推定量という．なお，最尤推定量については，後出の 2.7 節および赤平 [A03] の pp.106-107 参照.

をもつ**超幾何分布** (hypergeometric distribution) $\mathrm{H}(n, M, N)$ になる. ただし, $M, N, n$ は自然数で $M < N$ とする. ここで, $M$ が小さいとき, $p = M/N$ の推定値 $x/n$ はあまり有用ではない. そこで, 与えられた $x$ 本の当たりくじを引くのに十分な $K$ 番目のくじ引きで (標本) 抽出を停止する (非復元) 逆標本抽出計画を定式化しよう. まず, $M$ 本の当たりくじ, $(N-M)$ 本の外れくじが入っている箱から無作為に 1 本ずつ非復元抽出する. そして $x$ 本の当たりくじが出るまで続け, $(x+Y)$ 本抽出したときに初めて当たりくじが $x$ 本になったときの $Y$ は p.m.f.

$$p_Y(y; N, M, x) = \frac{\binom{M}{x-1}\binom{N-M}{y}}{\binom{N}{x+y-1}} \cdot \frac{M-x+1}{N-x-y+1}$$

$$(0 \le y \le \min\{N-x, N-M\}) \qquad (1.2.6)$$

をもつ**負の超幾何分布** (negative hypergeometric distribution) $\mathrm{NH}(x, M, N)$ に従う. これは 2 項分布からも導かれることが知られている[13]. そこで, $K = x+Y$ とすれば, (1.2.6) より $K$ の p.m.f. は

$$p_K(k; N, M, x) = \frac{\binom{M}{x-1}\binom{N-M}{k-x}}{\binom{N}{k-1}} \cdot \frac{M-x+1}{N-k+1}$$

$$(x \le k \le x + \min\{N-x, N-M\})$$

になる. なお, 上記の設定の下では $K$ はこのくじ引きでの停止時刻と見なせる. ここで, 負の超幾何分布 $\mathrm{NH}(x, M, N)$ は, $x$, $p = M/N$ を一定にして $N \to \infty$ とすると負の 2 項分布 $\mathrm{NB}(x, p)$ に収束し, このとき $p$ の推定量 $\hat{p} = (x-1)/(K-1)$ について $E(\hat{p}) = p$ となる. ただし, $x \ge 2$ とする.

## 1.3 停止則に関する等式

逐次標本抽出計画の例 1.2.2 (続 1) において, 停止則は幾何分布

---

[13]竹内啓・藤野和建 (1981). 『2 項分布とポアソン分布』(東京大学出版会) の pp.61-62 参照.

$\mathrm{NB}(1,\theta)$ からの大きさ $r$ の標本 $\boldsymbol{Z}_r = (Z_1,\ldots,Z_r)$ の関数 $S$ が集合 $I_r = \{r, r+1,\ldots\}$ 上の値をとると考えられる（問 1.2.1 参照）．一般に，停止則は大きさ $n$ の標本 $\boldsymbol{X}_n$ が属する集合 $B_n$ の列によって記述される．いま，停止時刻 $N$ を $\boldsymbol{X}_n$ が $B_n$ に属さない限り，標本抽出は継続される，すなわち

$$N = \inf\{n \geq 1 \mid \boldsymbol{X}_n \in B_n\} \tag{1.3.1}$$

とする．なお，$\{B_n\}$ を**停止域** (stopping region) の列という．ここで

$$\tilde{B}_n = \begin{cases} B_1 & (n = 1), \\ B_1^c \cap \cdots \cap B_{n-1}^c \cap B_n & (n \geq 2) \end{cases} \tag{1.3.2}$$

と定義すると，$\tilde{B}_n$ は $N = n$ で停止に到るすべての標本の集合になる．また，(1.3.1) より $\tilde{B}_n$ を事象 $\{N = n\}$ と見なしてもよい．このとき，次の定理が成り立つ．

---

**定理 1.3.1** （ワルド（Wald）の等式）

$X_1, X_2, \ldots, X_n, \ldots$ をたがいに独立に，同一分布に従う確率変数列とし，$E(|X_1|) < \infty$ とする．このとき，$E(N) < \infty$ となる任意の $N$ による停止則について

$$E\left[\sum_{i=1}^N X_i\right] = E(X_1)E(N) \tag{1.3.3}$$

が成り立つ．

**証明**[14]　（連続型）まず，各 $i \in \mathbb{N}$ について $X_i$ の p.d.f. を $p(x_i)$ $(x_i \in \mathbf{R}^1)$ とし，$\boldsymbol{X}_n$ の**同時確率密度関数** (joint probability density function, 略して j.p.d.f.) を $f_{\boldsymbol{X}_n}(\boldsymbol{x}_n) = \prod_{i=1}^n p(x_i)$ $(\boldsymbol{x}_n = (x_1,\ldots,x_n) \in \mathbf{R}^n)$ とする．このとき，停止域の列 $\{\tilde{B}_n\}$ について

---

[14] 測度論による厳密な証明については Chow, T. S. and Teicher, H. (1997). *Probability Theory, 3rd ed.*, Springer の p.143 参照.

$$E\left[\sum_{i=1}^{N} X_i\right] = \sum_{n=1}^{\infty} \int_{\tilde{B}_n} \sum_{i=1}^{n} x_i f_{\boldsymbol{X}_n}(\boldsymbol{x}_n) d\boldsymbol{x}_n \qquad (1.3.4)$$

になる[15]．次に，$E(|X_1|) < \infty$ であるから，(1.3.4) より

$$\sum_{n=1}^{\infty} \int_{\tilde{B}_n} \sum_{i=1}^{n} x_i f_{\boldsymbol{X}_n}(\boldsymbol{x}_n) d\boldsymbol{x}_n = \sum_{i=1}^{\infty} \sum_{n=i}^{\infty} \int_{\tilde{B}_n} x_i f_{\boldsymbol{X}_n}(\boldsymbol{x}_n) d\boldsymbol{x}_n \qquad (1.3.5)$$

となる．ここで，事象 $\{N \geq n\}$ の定義関数を

$$\chi_{\{N \geq n\}} = \begin{cases} 1 & (N \geq n), \\ 0 & (N < n) \end{cases}$$

とすると，(1.3.2) より

$$\sum_{n=i}^{\infty} \int_{\tilde{B}_n} x_i f_{\boldsymbol{X}_n}(\boldsymbol{x}_n) d\boldsymbol{x}_n = E\left[X_i \chi_{\{N \geq i\}}\right]$$

$$= E\left[\chi_{\{N \geq i\}} E\left[X_i \mid N \geq i\right]\right] \quad (i \in \mathbb{N}) \qquad (1.3.6)$$

になる[16]．各 $i = 2, 3, \ldots$ について，$\chi_{\{N \geq i\}} = 1 - \chi_{\{N \leq i-1\}}$ となるから，$\chi_{\{N \geq i\}}$ は $X_1, \ldots, X_{i-1}$ の関数になり，$X_i$ が $(X_1, \ldots, X_{i-1})$ と独立であるから

$$E\left[X_i \mid N \geq i\right] = E(X_i) \quad (i \in \mathbb{N}) \qquad (1.3.7)$$

となり，(1.3.5)～(1.3.7) より

$$E\left[\sum_{i=1}^{N} X_i\right] = E(X_i) \sum_{i=1}^{\infty} P\{N \geq i\} = E(X_i)E(N) = E(X_1)E(N)$$

$$(i \in \mathbb{N})$$

---

[15] $d\boldsymbol{x}_n$ は $dx_1 \cdots dx_n$ を表す．

[16] (1.3.6) において $E\left[X_i \mid N \geq i\right]$ は事象 $\{N \geq i\}$ が起きたときの $X_i$ の条件付期待値

$$E[X_i \mid N \geq i] = \frac{1}{P\{N \geq i\}} E[X_i \chi_{\{N \geq i\}}]$$

である (Borovkov, A. A. (1998). *Mathematical Statistics*. Gordon and Breach Science Pub. の p.101 参照)．また，一般に集合 $S$ の**定義関数** (indicator function) を $\chi_S(x) = 1\,(x \in S) ;= 0\,(x \notin S)$ と定義するので，$\{N \geq n\}$ の定義関数は本来 $\chi_{[n,\infty)}(N)$ であるが，ここでは単に $\chi_{\{N \geq n\}}$ とも表す．

になり，(1.3.3) が成り立つ．離散型の場合も同様に証明される．    □

**注意 1.3.1**

上の (1.3.3) 式はワルドの等式と呼ばれ，$P\{N = n_0\} = 1$ のときには，$E\left[\sum_{i=1}^{N} X_i\right] = n_0 E(X_1)$ となる．

**問 1.3.1** 定理 1.3.1 の証明において $E(N) = \sum_{i=1}^{\infty} P\{N \geq i\}$ であることを示せ．

**定理 1.3.2**

$X_1, X_2, \ldots$ をたがいに独立に，いずれも平均 $0$，分散 $\sigma^2$ をもつ分布に従う確率変数列とする．ただし，$0 < \sigma^2 < \infty$ とする．このとき，$E(N) < \infty$ となる任意の $N$ による停止則について

$$E\left[\left(\sum_{i=1}^{N} X_i\right)^2\right] = \sigma^2 E(N) \tag{1.3.8}$$

が成り立つ．

**証明**[17]    （連続型）$\boldsymbol{X}_n$ の j.p.d.f. を $f_{\boldsymbol{X}_n}(\boldsymbol{x}_n)$ $(\boldsymbol{x}_n = (x_1, \ldots, x_n) \in \mathscr{X}^n \subset \mathbf{R}^n)$ とするとき，停止域に関する列 $\{\tilde{B}_n\}$ について

$$\begin{aligned}
E\left[\left(\sum_{i=1}^{N} X_i\right)^2\right] &= \sum_{n=1}^{\infty} \int_{\tilde{B}_n} \left(\sum_{i=1}^{n} x_i\right)^2 f_{\boldsymbol{X}_n}(\boldsymbol{x}_n) d\boldsymbol{x}_n \\
&= \sum_{n=1}^{\infty} \int_{\tilde{B}_n} \sum_{i=1}^{n} x_i^2 f_{\boldsymbol{X}_n}(\boldsymbol{x}_n) d\boldsymbol{x}_n \\
&\quad + 2\sum_{n=2}^{\infty} \int_{\tilde{B}_n} \sum_{i=1}^{n-1} \sum_{j=i+1}^{n} x_i x_j f_{\boldsymbol{X}_n}(\boldsymbol{x}_n) d\boldsymbol{x}_n \tag{1.3.9}
\end{aligned}$$

になる．ここで，$E(X_1^2) = \sigma^2 < \infty$，$E(N) < \infty$ であるから，定理 1.3.1 より

$$\sum_{n=1}^{\infty} \int_{\tilde{B}_n} \sum_{i=1}^{n} x_i^2 f_{\boldsymbol{X}_n}(\boldsymbol{x}_n) d\boldsymbol{x}_n = \sigma^2 E(N) \tag{1.3.10}$$

---

[17]測度論による厳密な証明については，本節の脚注 [14] の Chow and Teicher (1997) の p.144 参照．

になる．そこで，(1.3.8) を示すためには，(1.3.10) より (1.3.9) の最右辺の第
2 項が 0 となることを示せばよい．まず

$$\sum_{n=2}^{\infty} \int_{\tilde{B}_n} \sum_{i=1}^{n-1} \sum_{j=i+1}^{n} x_i x_j f_{\boldsymbol{X}_n}(\boldsymbol{x}_n) d\boldsymbol{x}_n = \sum_{i=2}^{\infty} \sum_{j=1}^{i-1} \sum_{n=i}^{\infty} \int_{\tilde{B}_n} x_i x_j f_{\boldsymbol{X}_n}(\boldsymbol{x}_n) d\boldsymbol{x}_n$$
(1.3.11)

となり，定理 1.3.1 の証明と同様にして，$j < i$ $(i = 2, 3, \ldots)$ について

$$\sum_{n=i}^{\infty} \int_{\tilde{B}_n} x_i x_j f_{\boldsymbol{X}_n}(\boldsymbol{x}_n) d\boldsymbol{x}_n = E\left[\chi_{\{N \geq i\}} E\left[X_i X_j \mid N \geq i\right]\right]$$

となる．ここで，$\chi_{\{N \geq i\}}$ は $X_1, \ldots, X_{i-1}$ の関数であるから，$j < i$ $(i = 2, 3, \ldots)$ について

$$E\left[X_i X_j \mid N \geq i\right] = E(X_i) E\left[X_j \mid N \geq i\right] = 0$$

となる．よって，(1.3.11) より (1.3.9) の最右辺の第 2 項は 0 になる．離散型
の場合も同様に証明される． $\qquad\qquad\qquad\qquad\qquad\qquad\qquad\square$

### 定理 1.3.3

$X_1, X_2, \ldots$ をたがいに独立に，いずれも平均 $\mu$，分散 $\sigma^2$，3 次のキュム
ラント $\gamma$ をもつ分布に従う確率変数列とし，$\sup_{n \geq 1} E\left[|X_n|^3\right] = C < \infty$
とする．また，$N$ を $E(N^3) < \infty$ となる停止時刻とし，$W_n = \sum_{i=1}^{n} X_i$
とする．このとき

$$E\left[(W_N - N\mu)^3\right] = \gamma E(N) + 3\sigma^2 E\left[N(W_N - N\mu)\right]$$
(1.3.12)

が成り立つ．

**証明の概略**[18]　まず，$\mu = 0$ として一般性を失わない．いま

$$Y_n = W_n^3 - \gamma n - 3\sigma^2 n W_n \quad (n \in \mathbb{N})$$

---

[18] 詳しくは，Ghosh, M., Mukhopadhyay, N. and Sen, P. K. [GMS97]. *Sequential Estimation*. Wiley の Theorem 2.4.6(p.28) 参照.

とおき，$W_0 = 0$ とすると，$Y_n$ は $\boldsymbol{X}_n = (X_1, \ldots, X_n)$ の関数で

$$
\begin{aligned}
E\left(Y_n \mid \boldsymbol{X}_{n-1}\right) &= E\left(W_n^3 \mid \boldsymbol{X}_{n-1}\right) - \gamma n - 3\sigma^2 n E\left(W_n \mid \boldsymbol{X}_{n-1}\right) \\
&= W_{n-1}^3 + 3\sigma^2 W_{n-1} + \gamma - \gamma n - 3\sigma^2 n W_{n-1} \\
&= W_{n-1}^3 - \gamma(n-1) - 3(n-1)\sigma^2 W_{n-1} \\
&= Y_{n-1} \quad a.s.
\end{aligned}
\tag{1.3.13}
$$

になる[19]．このとき，$E(|Y_N|) < \infty$，$\underline{\lim}_{n\to\infty} E\left[\chi_{\{N>n\}} Y_N\right] = 0$ であることが示されるので，$E(Y_N) = E(Y_1) = 0$ となり，(1.3.12) が得られる[20]．$\quad\square$

## 1.4 停止則に関する不等式

まず，$X_1, X_2, \ldots$ をたがいに独立に，いずれも平均 $\mu(\in \mathbf{R}^1)$ をもつ分布に従う確率変数列とする．このとき，$\overline{X}_n = (1/n)\sum_{i=1}^n X_i$ とし，$\{c_n\}$ を定数の列，$n_0 \in \mathbb{N}$ とする．ここで，停止時刻を

$$
N = \inf\left\{n \geq n_0 : \overline{X}_n \leq c_n\right\}
$$

とし，そのような $n$ が存在しないとき，すなわち任意の $n \geq n_0$ について $\overline{X}_n > c_n$ となるとき $N = \infty$ とする．また，$P_\mu\{N < \infty\} = 1$ と仮定する．

**定理 1.4.1**
$E_\mu(\overline{X}_N)$ が存在すれば，$E_\mu(\overline{X}_N) \leq \mu$ である．

---

[19] (1.3.13) が成り立つ $\{Y_n\}$ をマルチンゲール列という（3.6 節の脚注 15) 参照）．一般に，確率変数 $X$ について，ある性質 $\mathbb{P}_X$ の成り立つ確率が 1 であるとき，$\mathbb{P}_X$ がほとんど確実に（またはほとんど至るところで）成り立つといい，"$\mathbb{P}_X \quad a.e.$" または "$\mathbb{P}_x \quad a.e.$" で表す．また，$\mathbb{P}_x$ がほとんどすべての $x$ について成り立つともいう．なお，$a.s.$ は almost surely，$a.e.$ は almost everywhere の略である．

[20] 数列 $\{a_n\}$ の**上極限** (superior limit)，**下極限** (inferior limit) をそれぞれ $\overline{\lim}_{n\to\infty} a_n = \lim_{k\to\infty}\sup_{n\geq k} a_n$，$\underline{\lim}_{n\to\infty} a_n = \lim_{k\to\infty}\inf_{n\geq k} a_n$ で定義し，左辺の記号で表す．このとき，$\underline{\lim}_{n\to\infty} a_n \leq \overline{\lim}_{n\to\infty} a_n$ であり，等号が成り立つときかつそのときに限り $\lim_{n\to\infty} a_n$ は存在し，これら 3 つの極限はすべて等しい．

**証明**[21]　　（連続型）まず，$\mu = 0$ としても一般性を失わない．このとき，$X_1$ の p.d.f. を $p(x)$ とし，また，$n \geq n_0$ として，各 $i = 1, \ldots, n$ について

$$\int_{\{N > n\}} x_i \prod_{j=1}^{n} p(x_j) dx_1 \cdots dx_n$$

$$= \int \cdots \int_A \left[ \int_{-\infty}^{\infty} \cdots \int_{-\infty}^{\infty} \left\{ \int_{\alpha}^{\infty} x_i p(x_i) dx_i \right\} p(x_n) \cdots p(x_{i+1}) dx_n \cdots dx_{i+1} \right]$$

$$\cdot p(x_{i-1}) \cdots p(x_1) dx_{i-1} \cdots dx_1$$

$$\geq 0$$

になる．ただし，$\boldsymbol{x}_n = (x_1, \ldots, x_n)$, $A = \{(x_1, \ldots, x_{i-1}) \mid N > i - 1\}$, $\alpha = \max\left\{ kc_k - \sum_{j=1, j \neq i}^{k} x_j : i \leq k \leq n \right\}$ とする．よって，$n \geq n_0$ について

$$\int \cdots \int_{\{N > n\}} \overline{x}_n \prod_{j=1}^{n} p(x_j) dx_1 \cdots dx_n \geq 0$$

となり，$X_n$ は事象 $\{N > n - 1\}$ と独立であるから $f_{\boldsymbol{X}_n}(\boldsymbol{x}_n) = \prod_{i=1}^{n} p(x_i)$ とおくと，任意の $n(> n_0)$ について

$$\int \cdots \int_{\{N > n - 1\}} \overline{x}_n f_{\boldsymbol{X}_n}(\boldsymbol{x}_n) d\boldsymbol{x}_n$$

$$= \frac{n-1}{n} \int \cdots \int_{\{N > n - 1\}} \overline{x}_{n-1} f_{\boldsymbol{X}_n}(\boldsymbol{x}_n) d\boldsymbol{x}_n$$

$$\leq \int \cdots \int_{\{N > n - 1\}} \overline{x}_{n-1} f_{\boldsymbol{X}_n}(\boldsymbol{x}_n) d\boldsymbol{x}_n$$

になる．ただし，$\overline{x}_n = (1/n) \sum_{i=1}^{n} x_i$ とする．よって，任意の大きい $n(> n_0)$ について

$$E_0\left[ \overline{X}_N \cdot \chi_{\{N \leq n\}} \right]$$

$$= \sum_{i=n_0}^{n-1} \int \cdots \int_{\{N = i\}} \overline{x}_i f_{\boldsymbol{X}_i}(\boldsymbol{x}_i) d\boldsymbol{x}_i + \int \cdots \int_{\{N > n - 1\}} \overline{x}_n f_{\boldsymbol{X}_n}(\boldsymbol{x}_n) d\boldsymbol{x}_n$$

$$- \int \cdots \int_{\{N > n\}} \overline{x}_n f_{\boldsymbol{X}_n}(\boldsymbol{x}_n) d\boldsymbol{x}_n$$

---

[21] 証明は Starr, N. and Woodroofe, M. (1968). Remarks on a stopping time. *Proc. Nat. Acad. Sci. USA*, **61**, 1215-1218 によるが，定理 1.4.1 は H. Robbins の結果と呼ばれている．

$$\leq \sum_{i=n_0}^{n-1} \int \cdots \int_{\{N=i\}} \overline{x}_i f_{\boldsymbol{X}_i}(\boldsymbol{x}_i) d\boldsymbol{x}_i$$

$$+ \int \cdots \int_{\{N>n-1\}} \overline{x}_{n-1} f_{\boldsymbol{X}_{n-1}}(\boldsymbol{x}_{n-1}) d\boldsymbol{x}_{n-1}$$

$$= \sum_{i=n_0}^{n-2} \int \cdots \int_{\{N=i\}} \overline{x}_i f_{\boldsymbol{X}_i}(\boldsymbol{x}_i) d\boldsymbol{x}_i$$

$$+ \int \cdots \int_{\{N>n-2\}} \overline{x}_{n-1} f_{\boldsymbol{X}_{n-1}}(\boldsymbol{x}_{n-1}) d\boldsymbol{x}_{n-1}$$

$$\leq \cdots \leq \int \cdots \int_{\{N=n_0\}} \overline{x}_{n_0} f_{\boldsymbol{X}_{n_0}}(\boldsymbol{x}_{n_0}) d\boldsymbol{x}_{n_0}$$

$$+ \int \cdots \int_{\{N>n_0\}} \overline{x}_{n_0+1} f_{\boldsymbol{X}_{n_0+1}}(\boldsymbol{x}_{n_0+1}) d\boldsymbol{x}_{n_0+1}$$

$$\leq \int \cdots \int \overline{x}_{n_0} f_{\boldsymbol{X}_{n_0}}(\boldsymbol{x}_{n_0}) d\boldsymbol{x}_{n_0} = E_0\big[\overline{X}_{n_0}\big] = 0$$

となり，$n \to \infty$ とすれば $E_0\big[\overline{X}_N\big] \leq 0$ となる．離散型の場合も同様に示される．                                                                    □

　ここで，$Y_1, Y_2, \ldots$ をたがいに独立に，いずれも正規分布 $\mathrm{N}(\mu, \sigma^2)$ $((\mu, \sigma^2) \in \mathbf{R}^1 \times \mathbf{R}_+)$ に従う確率変数列とし，$\mu, \sigma^2$ は未知とする．また，$\overline{Y}_n = (1/n)\sum_{i=1}^n Y_i$, $S_{0n}^2 = \sum_{i=1}^n (Y_i - \overline{Y}_n)^2/(n-1)$ $(n \geq 2)$ とする．このとき，直交変換によって $S_{0n}^2 = \sigma^2 \overline{X}_{n-1}$ と表せる[22]．ただし，$X_1, X_2, \ldots$ をたがいに独立に，いずれも自由度 1 のカイ 2 乗分布[23]に従う確率変数列とする．また，(1.1.3) で定義された停止時刻を $\tilde{N}$ とすると

$$\tilde{N} = \inf\big\{n \geq 2 : S_{0n}^2 \leq cn(n+1)\big\}$$

$$= \inf\big\{n \geq 2 : \sigma^2 \overline{X}_{n-1} \leq cn(n+1)\big\}$$

となる．一方，定理 1.4.1 の停止時刻 $N$ において，$n_0 = 1$, $c_n = c(n +$

---

[22] 赤平 [A03] の補遺の例 A.5.5.1 (p.203) 参照．

[23] 一般に，p.d.f. $p(x) = \frac{1}{2^{n/2}\Gamma(n/2)} x^{(n/2)-1} e^{-x/2} \chi_{(0,\infty)}(x)$ $(n \in \mathbb{N})$ をもつ分布を自由度 $n$ の**カイ 2 乗** $(\chi_n^2)$ **分布** (chi-square distribution with $n$ degrees of freedom) という．ここで，**ガンマ関数** (gamma function) は $\Gamma(\alpha) = \int_0^\infty x^{\alpha-1} e^{-x} dx$ $(\alpha \in \mathbb{R}_+)$ によって定義され，$\Gamma(\alpha+1) = \alpha\Gamma(\alpha)$, $\Gamma(1) = 1$, $\Gamma(1/2) = \sqrt{\pi}$ になる．

1)$(n+2)/\sigma$ とすると

$$N - 1 = \inf\left\{ n \geq 2 : \overline{X}_{n-1} \leq \frac{cn(n+1)}{\sigma^2} \right\} = \tilde{N}$$

となる．このとき，$P_{\mu,\sigma^2}\{\tilde{N} < \infty\} = 1$ より $P_{\mu,\sigma^2}\{N < \infty\} = 1$ となり，$S_{0\tilde{N}}^2 = \sigma^2 \overline{X}_N$ となるので，次の系を得る．

### 系 1.4.1

上記の設定の下で，$E\left(S_{0\tilde{N}}^2\right) < \sigma^2$ が成り立つ．

なお，系 1.4.1 は他の停止時刻についても成り立つことが多い．次に，停止時刻による停止則に関する有用な補題について述べる[24]．

### 補題 1.4.1

$X_1, X_2, \ldots, X_n, \ldots$ を $\lim_{n\to\infty} X_n = 1$ a.s. となる正値確率変数列とし，また，各 $n \in \mathbb{N}$ について $c_n > 0$, $\lim_{n\to\infty} c_n = \infty$, $\lim_{n\to\infty} c_n / c_{n-1} = 1$ とする．さらに，各 $t \in \mathbf{R}_+$ について

$$N = N(t) = \inf\left\{ n \geq 1 : X_n \leq \frac{c_n}{t} \right\} \tag{1.4.1}$$

とする．このとき，$N(t)$ は $t$ の非減少関数で

$$\lim_{t\to\infty} N(t) = \infty \quad a.s., \quad \lim_{t\to\infty} E[N(t)] = \infty, \tag{1.4.2}$$

$$\lim_{t\to\infty} \frac{c_N}{t} = 1 \quad a.s. \tag{1.4.3}$$

が成り立つ．

**証明**　まず，(1.4.1) より $N(t)$ は $t$ について非減少で，$\lim_{t\to\infty} N(t) = \infty$ a.s. となり，また，単調収束定理[25]より $\lim_{t\to\infty} E[N(t)] = \infty$ となるので，

---

[24] Chow, Y. S. and Robbins, H. (1965). On the asymptotic theory of fixed-width sequential confidence intervals for the mean. *Ann. Math. Statist.*, **36**, 457-462 参照.

[25] 命題「$\{X_n\}$ を確率変数列で，$0 \leq X_1 \leq X_2 \leq \cdots \leq X_n \leq \cdots$ a.s. とするとき，$E[\lim_{n\to\infty} X_n] = \lim_{n\to\infty} E[X_n]$ が成り立つ」を **単調収束定理** (monotone convergence theorem) という（佐藤担 (1994).『測度から確率へ』（共立出版）の p.60 参照).

(1.4.2) が成り立つ. さらに, (1.4.1) より

$$X_N \leq \frac{c_N}{t} < \frac{c_N}{c_{N-1}} X_{N-1} \quad a.s.$$

となるから, ここで $t \to \infty$ とすれば, 仮定より (1.4.3) が成り立つ. □

### 補題 1.4.2

補題 1.4.1 の仮定と $E\left[\sup_{n \in \mathbb{N}} X_n\right] < \infty$ が成り立てば

$$\lim_{t \to \infty} \frac{1}{t} E(c_N) = 1 \tag{1.4.4}$$

である.

**証明** $X = \sup_{n \in \mathbb{N}} X_n$ とすれば, $E(X) < \infty$ となり, また, $n_0 \in \mathbb{N}$ が存在して $n > n_0$ となる $n$ について $c_n/c_{n-1} \leq 2$ となる. このとき, $N > n_0$ について

$$\frac{c_N}{t} = \frac{c_N c_{N-1}}{c_{N-1} t} < 2 X_{N-1} < 2X \quad a.s.$$

となる. ここで, $t \geq 1$ について

$$\frac{c_N}{t} \leq 2X + \sum_{i=1}^{n_0} c_i \quad a.s.$$

となり, $E\left[2X + \sum_{i=1}^{n_0} c_i\right] < \infty$ であるから, (1.4.3) とルベーグの収束定理[26]より, (1.4.4) が成り立つ. □

---

[26]命題「確率変数列 $\{X_n\}$ と確率変数 $X$ について $\lim_{n \to \infty} X_n = X$ $a.s.$ で, $|X_n| \leq Y$ $a.s.$ $(n \in \mathbb{N})$ かつ $E(Y) < \infty$ となる確率変数 $Y$ が存在するならば, $\lim_{n \to \infty} E(X_n) = E(X)$ が成り立つ」を**ルベーグ** (Lebesgue) **の収束定理**という (西尾真喜子 (1978). 『確率論』(実教出版) の p.97 参照). なお, $\lim_{n \to \infty} X_n = X$ $a.s.$ であるとき, $X_n$ は $X$ に**概収束** (almost surely convergence) するという.

## 1.5　近似法則

いま，$X_1, X_2, \ldots$ をたがいに独立に，いずれも平均 $\mu$, 分散 $\sigma^2$ をもつ分布に従う確率変数列とする．ただし，$\boldsymbol{\theta} = (\mu, \sigma^2) \in \mathbf{R}^1 \times \mathbf{R}_+$ とする．このとき，$W_n = \sum_{i=1}^n X_i$, $Z_n = (W_n - n\mu)/(\sqrt{n}\sigma)$ とし，$Z$ を標準正規分布 $\mathrm{N}(0,1)$ に従う確率変数とすれば，中心極限定理より $n \to \infty$ のとき $Z_n$ は $Z$ に法則収束する，すなわち任意の $t \in \mathbf{R}^1$ について $\lim_{n\to\infty} P_{\boldsymbol{\theta}}\{Z_n \leq t\} = \Phi(t)$ となる[27]．ただし，$\Phi$ は $\mathrm{N}(0,1)$ の c.d.f. とする．ここで，$n$ を $N_r/r$ が $r \to \infty$ のとき正の定数に確率収束する確率変数 $N_r$ に置き換えても，中心極限定理が成り立つことを示す[28]．

まず，そのための準備として $Y_n$ $(n \in \mathbb{N})$ を確率変数列とし，任意の $\varepsilon > 0, \eta > 0$ について，ある $\delta(>0)$ が存在して，任意の $n \in \mathbb{N}$ について

$$P\left\{ \max_{0 \leq k \leq n\delta} |Y_{n+k} - Y_n| \geq \varepsilon \right\} < \eta \qquad (1.5.1)$$

となるとき，$\{Y_n\}$ は**一様確率連続性** (uniform continuity in probability, 略して u.c.i.p) をもつ確率変数列という．そして，ある $\delta$ が存在して，任意の $n \in \mathbb{N}$ について (1.5.1) が成り立てば，$\delta$ より小さい $\delta'$ に対して，すべての $n \in \mathbb{N}$ について (1.5.1) が成り立つ．

---

**補題 1.5.1**

$\{Y_n\}$ を一様確率連続性をもつ確率変数列とし，$N_r$ $(r \in \mathbf{R}_+)$ を

---

[27] 一般に，$\{X_n\}$ を確率変数列，$X$ を確率変数とし，各 $n \in \mathbb{N}$ について $X_n$ の**累積分布関数** (cumulative distribution function, 略して c.d.f.) を $F_n$, $X$ の c.d.f. を $F$ とする．そして $F$ の連続点 $x$ において $\lim_{n\to\infty} F_n(x) = F(x)$ であるとき，$X_n$ は $X$ に**法則収束** (convergence in law) するといい，$X_n \overset{L}{\to} X$ $(n \to \infty)$ と表す．また，$X_n$ は漸近的に $F$ に従うといい，$\mathcal{L}(X_n) \to F$ $(n \to \infty)$ とも表し，$F$ が特に具体的な分布，たとえば $\mathrm{N}(\mu, \sigma^2)$ であるとき，$\mathcal{L}(X_n) \to \mathrm{N}(\mu, \sigma^2)$ $(n \to \infty)$ とも表す．

[28] Anscombe, F. J. (1952). Large sample theory of sequential estimation. *Proc. Cambridge Philos. Soc.*, **48**, 600-607 参照．

$N_r/r \xrightarrow{P} k \ (r \to \infty)$ となる正の整数値をとる確率変数とする[29]．ただし，$k(\in \mathbf{R}_+)$ は定数とする．このとき，$n_r = \lfloor rk \rfloor \ (r \in \mathbf{R}_+)$ とすれば

$$Y_{N_r} - Y_{n_r} \xrightarrow{P} 0 \quad (r \to \infty)$$

が成り立つ．ただし，$\lfloor \cdot \rfloor$ は**ガウス** (Gauss) **の記号**，すなわち $\lfloor a \rfloor$ は $a$ 以下の最大の整数とする．さらに，$Y_n \xrightarrow{L} Y \ (n \to \infty)$ ならば，$Y_{N_r} \xrightarrow{L} Y \ (r \to \infty)$ が成り立つ．

**証明**　まず，$k = 1$ としても一般性を失わない．ここで，$\varepsilon(> 0), \eta(> 0), \delta \in (0, 1)$ を (1.5.1) を満たすようにすると，十分大きい $r$ について

$$\begin{aligned}
&P\{|Y_{N_r} - Y_{n_r}| > \varepsilon\} \\
&= P\left\{|Y_{N_r} - Y_{n_r}| > \varepsilon, \ \left|\frac{N_r}{n_r} - 1\right| > \delta\right\} \\
&\quad + P\left\{|Y_{N_r} - Y_{n_r}| > \varepsilon, \ \left|\frac{N_r}{n_r} - 1\right| \le \delta\right\} \\
&\le P\left\{\left|\frac{N_r}{n_r} - 1\right| > \delta\right\} + P\left\{\max_{|n - n_r| \le \delta n_r} |Y_n - Y_{n_r}| > \varepsilon\right\} \quad (1.5.2)
\end{aligned}$$

となる．このとき，$N_r/n_r \xrightarrow{P} 1 \ (r \to \infty)$ であるから

$$P\left\{\left|\frac{N_r}{n_r} - 1\right| > \delta\right\} \to 0 \quad (r \to \infty)$$

となり，また，(1.5.1) より (1.5.2) の最終辺の第 2 項は $\eta$ より小さくなるので $Y_{N_r} - Y_{n_r} \xrightarrow{P} 0 \ (r \to \infty)$ となる．さらに，仮定より $Y_{n_r} \xrightarrow{L} Y \ (r \to \infty)$ となり，スラツキーの定理[30]より $Y_{N_r} \xrightarrow{L} Y \ (r \to \infty)$ となる．　　□

**定理 1.5.1** [31]

$X_1, X_2, \ldots$ をたがいに独立に，いずれも平均 $\mu$，分散 $\sigma^2$ をもつ分布に

---

[29] 一般に，$\{X_n\}$ を確率変数列とし，$X$ を確率変数とするとき，任意の $\varepsilon > 0$ について $\lim_{n \to \infty} P\{|X_n - X| > \varepsilon\} = 0$ となるとき，$X_n$ は $X$ に**確率収束** (convergence in probability) するといい，$X_n \xrightarrow{P} X \ (n \to \infty)$ と表す．

[30] **スラツキー** (Slutsky) **の定理**については，赤平 [A03] の演習問題 6-6(p.103) とその略解参照．

[31] これは，**アンスコム** (Anscombe) **の定理**とも呼ばれる．本節の脚注 [28] の Anscombe (1952) 参照．

従う確率変数列とし，$\lim_{n \to \infty} E\left(|Z_n|\right) = E\left(|Z|\right) < \infty$ とする．ただし，$(\mu, \sigma^2) \in \mathbf{R}^1 \times \mathbf{R}_+$ とする．また，$N_r$ $(r \in \mathbf{R}_+)$ を $N_r/r \xrightarrow{P} k$ $(r \to \infty)$ となる正の整数値をとる確率変数とする．ただし，$k$ は正の定数とする．このとき，$Z_{N_r} \xrightarrow{L} Z$ $(r \to \infty)$ であり，

$$Z^*_{N_r} = \frac{W_{N_r} - N_r \mu}{\sigma \sqrt{rk}} \xrightarrow{L} Z \quad (r \to \infty)$$

が成り立つ．

**証明**　まず，$N_r/r \xrightarrow{P} k$ $(r \to \infty)$ であるから，$Z_{N_r} \xrightarrow{L} Z$ $(r \to \infty)$ であることを示せばよい．実際，そのことが示されれば，スラツキーの定理より，

$$Z_{N_r} - Z^*_{N_r} = Z_{N_r}\left(1 - \sqrt{\frac{N_r}{rk}}\right) \xrightarrow{L} Z \times 0 = 0 \quad (r \to \infty)$$

となり，そして $Z^*_{N_r} \xrightarrow{L} Z$ $(r \to \infty)$ となる．そこで，補題 1.5.1 より，$Z_{N_r} \xrightarrow{L} Z$ $(r \to \infty)$ であることを示すために $\{Z_n\}$ が一様確率連続性をもつことを示せばよい．いま，$\mu = 0$, $\sigma^2 = 1$ として一般性を失わない．このとき，$k \geq 1$, $n \geq 1$ について

$$|Z_{n+k} - Z_n| \leq \frac{1}{\sqrt{n}}|W_{n+k} - W_n| + \left\{1 - \sqrt{\frac{n}{n+k}}\right\}|Z_n| \tag{1.5.3}$$

となる．ここで，$\varepsilon > 0$, $\delta > 0$, $k \leq n\delta$ とすると $1/(1+\delta) \leq n/(n+k)$ となり，$c_\delta = 1 - \sqrt{1/(1+\delta)}$ とおくと $Z_n \xrightarrow{L} Z$ $(n \to \infty)$ より，

$$\sup_{n \geq 1} P\left\{c_\delta|Z_n| \geq \frac{\varepsilon}{2}\right\} = \sup_{n \geq 1} P\left\{|Z_n| \geq \frac{\varepsilon}{2c_\delta}\right\} \to 0 \quad (\delta \to 0) \tag{1.5.4}$$

となる．次に，コルモゴロフの不等式[32]を用いると，

$$P\left\{\max_{0 \leq k \leq n\delta}|W_{n+k} - W_n| \geq \frac{1}{2}\varepsilon\sqrt{n}\right\} \leq \left(\frac{4}{n\varepsilon^2}\right)n\delta = \frac{4\delta}{\varepsilon^2}$$

になるから

---

[32] 一般に，$X_1, X_2, \ldots$ をたがいに独立な確率変数列とし，$W_n = \sum_{i=1}^{n} X_i$ とする．このとき，各 $j \in \mathbb{N}$ について $E(X_j) = 0$ であれば

$$P\left\{\max_{j=1,\ldots,k}|W_j| \geq a\right\} \leq \frac{1}{a^2}E\left(W_k^2\right) \quad (a > 0)$$

が成り立つ．これを**コルモゴロフ (Kolmogorov) の不等式**という（その証明については，本節の脚注 [26] の西尾（1978）の p.139 参照.）

$$\sup_{n \geq 1} P \left\{ \max_{0 \leq k \leq n\delta} |W_{n+k} - W_n| \geq \frac{1}{2}\varepsilon\sqrt{n} \right\} \leq \frac{4\delta}{\varepsilon^2} \to 0 \quad (\delta \to 0) \qquad (1.5.5)$$

となる．よって，(1.5.3)〜(1.5.5) より $\{Z_n\}$ は一様確率連続性をもつ． $\qquad\square$

**問 1.5.1** 確率変数列 $\{Z_n\}$ と確率変数 $Z$ について $Z_n \xrightarrow{L} Z \ (n \to \infty)$ とする．このとき，任意の $\varepsilon > 0$ に対してある $C(> 0)$ が存在して，任意の $n \in \mathbb{N}$ について $P\{|Z_n| > C\} < \varepsilon$ となることを示せ．

# 第 2 章

# 決定論における推定

　統計的決定論は推定，検定等における推測方式を数学的に統合して扱うために構築された[1]．本章においては，標本の大きさをあらかじめ固定して，固定標本に基づく推定を行うときの基礎的概念として，許容性，有効性，十分性，不変性，推移性等について決定論的枠組の下で考える．また，決定関数のベイズ性，ミニマックス性とともに，同時推定，縮小推定等についても論じる．さらに，固定標本の場合には望ましい推定量が存在しないことが起こりうる場合も示す．

## 2.1　決定問題

　まず，$\boldsymbol{X} = (X_1, \ldots, X_n)$ が取りうる値全体の集合を**標本空間** (sample space) といって $\mathscr{X}$ で表し，$\mathscr{X} \subset \mathbf{R}^n$ とする．なお，本章では $n$ を固定して考えるので，$\boldsymbol{X}_n$ を単に $\boldsymbol{X}$ と表す．また，$\boldsymbol{X}$ の j.p.d.f. または j.p.m.f. を $f_{\boldsymbol{X}}(\boldsymbol{x}; \theta)$ $(\theta \in \Theta)$ とする．いま，未知の母数 $\theta(\in \Theta)$ について点推定，検定，区間推定等を行うときに，統計家が行動 $a(\in \mathbb{A})$ を起こしたとする．ここで，$\mathbb{A}$ を**行動空間** (action space) といい，$\theta$ の関数 $g(\theta)$ の点推定問題では $\mathbb{A} = g(\Theta) = \{g(\theta) \,|\, \theta \in \Theta\}$ であり，$\theta$ に関する仮説 H の仮説検定問題においては，H を受容する (accept) 行動を $a_0$, H を棄却

---

[1] Wald, A. (1950). *Statistical Decision Functions*. Wiley 参照.

する (reject) 行動を $a_1$ とすれば $\mathbb{A} = \{a_0, a_1\}$ となる．なお，$\boldsymbol{X}$ の関数 $\hat{g}(\boldsymbol{X})$ が $g(\Theta)$ 上の値をとるとき，それを $g(\theta)$ の**推定量** (estimator) という．

次に，$\theta(\in \Theta)$ が真であるとき，統計家が行動 $a(\in \mathbb{A})$ を起こせば，何らかの**損失** (loss) $L(\theta, a)$ が生じる．ここで，$\Theta \times \mathbb{A}$ 上で定義された非負値関数を**損失関数** (loss function) という．たとえば，$g(\theta)$ の推定問題においては，$g(\Theta) = \mathbb{A} \subset \mathbf{R}^1$ として

$$L(\theta, a) = |a - g(\theta)| \quad (\textbf{絶対損失} \text{ (absolute loss))},$$
$$L(\theta, a) = (a - g(\theta))^2 \quad (\textbf{2 乗損失} \text{ (squared loss))}$$

などが考えられる．また，$\Theta = \Theta_{\mathrm{H}} \cup \Theta_{\mathrm{K}}$ で $\Theta_{\mathrm{H}} \cap \Theta_{\mathrm{K}} = \emptyset$ とするとき，仮説 $\mathrm{H} : \theta \in \Theta_{\mathrm{H}}$，対立仮説 $\mathrm{K} : \theta \in \Theta_{\mathrm{K}}$ の検定問題において，$\mathbb{A} = \{a_0, a_1\}$ として

$$L(\theta, a_0) = \begin{cases} w_0 & (\theta \in \Theta_{\mathrm{K}}), \\ 0 & (\theta \in \Theta_{\mathrm{H}}), \end{cases} \quad L(\theta, a_1) = \begin{cases} 0 & (\theta \in \Theta_{\mathrm{K}}), \\ w_1 & (\theta \in \Theta_{\mathrm{H}}) \end{cases} \quad (2.1.1)$$

となる損失関数が考えられる．ただし，$w_i > 0$ $(i = 0, 1)$ とする．この場合には，$\theta \in \Theta_{\mathrm{H}}$ のとき行動 $a_0$ をとり，$\theta \in \Theta_{\mathrm{K}}$ のとき行動 $a_1$ をとることが望ましいと考える．

いま，統計家は $\boldsymbol{X} = \boldsymbol{x}(\in \mathscr{X})$ に基づいて行動 $d(\boldsymbol{x})(\in \mathbb{A})$ を起こすと考えて，$\mathscr{X}$ から $\mathbb{A}$ への関数 $\delta$ を**非確率的決定関数** (nonrandomized decision function) といい，非確率的決定関数全体の集合を $\mathscr{D}$ で表す．また，$d(\in \mathscr{D})$ の**リスク** (risk) を期待損失

$$R(\theta, d) = E_{\theta}[L(\theta, d(\boldsymbol{X}))] \quad (2.1.2)$$

によって定義する．特に，$\Theta = \mathbf{R}^1$，$L$ として 2 乗損失をとり，$\theta$ の推定量 $\hat{\theta}(\boldsymbol{X})$ を非確率的決定関数とすれば，そのリスクは $R(\theta, \hat{\theta}) = E_{\theta}[\{\hat{\theta}(\boldsymbol{X}) - \theta\}^2]$ となり，**平均 2 乗誤差** (mean squared error, 略して MSE) になる．

また，仮説 H : $\theta \in \Theta_{\mathrm{H}}$，対立仮説 K : $\theta \in \Theta_{\mathrm{K}}$ の検定問題において，損失関数を (2.1.1) とすれば，決定関数 $d$ のリスクは

$$R(\theta, d) = \begin{cases} w_0 P_\theta \{d(\boldsymbol{X}) = a_0\} & (\theta \in \Theta_{\mathrm{K}}), \\ w_1 P_\theta \{d(\boldsymbol{X}) = a_1\} & (\theta \in \Theta_{\mathrm{H}}) \end{cases}$$

になり，2種類の過誤の確率の重み付きとして表される．ここで，$\theta \in \Theta_{\mathrm{H}}$ のとき $P_\theta \{d(\boldsymbol{X}) = a_1\}$ は第1種の過誤の確率となり，$\theta \in \Theta_{\mathrm{K}}$ のとき $P_\theta \{d(\boldsymbol{X}) = a_0\}$ は第2種の過誤の確率で，$P_\theta \{d(\boldsymbol{X}) = a_1\}$ $(\theta \in \Theta)$ は**検出力関数** (power function) になる．

さらに，区間推定問題では $\Theta = \mathbf{R}^1$ とし，$\mathbb{A}$ を $\Theta$ のすべての閉区間全体の集合として，$C(\in \mathbb{A})$ を $\theta \in C$ であると推定する行動と見なす．ここで，$\theta(\in \Theta)$ が真で，統計家が $C(\in \mathbb{A})$ をとるとき，損失関数を

$$L(\theta, C) = b \cdot m(C) - \chi_C(\theta)(\geq 0) \tag{2.1.3}$$

と定義する．ただし，$m(C)$ を閉区間 $C$ の幅（長さ），$\chi_C(\theta)$ を $C$ の定義関数，$b$ を正値とする．なお，$b$ は $C$ の幅と統計家がとる行動の正誤に関する相対的重みと解釈され，正しい行動をとる方に重点をおくときには $b$ を小さくし，$C$ の幅に重点をおくときには $b$ を大きく定める．いま，統計家が $\boldsymbol{X} = \boldsymbol{x}(\in \mathscr{X})$ に基づいて行動 $d(\boldsymbol{x}) = C_{\boldsymbol{x}}(\in \mathbb{A})$ を起こすとき，そのリスクは，(2.1.3) より

$$R(\theta, d) = bE_\theta[m(C_{\boldsymbol{X}})] - E_\theta[\chi_{C_{\boldsymbol{x}}}(\theta)]$$
$$= bE_\theta[m(C_{\boldsymbol{X}})] - P_\theta \{\theta \in C_{\boldsymbol{X}}\} \tag{2.1.4}$$

になり，(2.1.4) の最終辺の第1項は区間 $C_{\boldsymbol{X}}$ の平均幅の $b$ 倍で，第2項は $C_{\boldsymbol{X}}$ の被覆確率を表す．ここで，リスク (2.1.4) は小さい方が望ましいが，それは $C_{\boldsymbol{X}}$ の平均幅を小さく，$C_{\boldsymbol{X}}$ の被覆確率を大きくすることを意味している．

上記のことからわかるように，推定問題，仮説検定問題等を統合した決定問題 $(\Theta, \mathbb{A}, L, \mathscr{D})$ として捉えることができる．

**【例 2.1.1】**（正規分布）　$X_1, \dots, X_n$ を正規分布 $\mathrm{N}(\theta, \sigma^2)$ からの（大きさ $n$ の）無作為標本とする．ただし，$n \geq 1$, $\theta \in \Theta = \mathbf{R}^1$, $\sigma^2 \in \mathbf{R}_+ = (0, \infty)$ とし，$\theta$ は未知で，$\sigma^2$ は既知とする．ここで，$\mathbb{A} = \Theta$, $\boldsymbol{X} = (X_1, \dots, X_n)$ に基づく $\theta$ の推定量を $d_1(\boldsymbol{X}) = \overline{X} = (1/n)\sum_{i=1}^n X_i$ とし，$L(\theta, a)$ を 2 乗損失とすれば，(2.1.2) より $d_1$ のリスクは

$$R(\theta, d_1) = E_\theta[(\overline{X} - \theta)^2] = \frac{\sigma^2}{n} \tag{2.1.5}$$

になり，$\theta$ に無関係になる．なお，$d_1$ は $\theta$ の不偏推定量であることは明らか．

　一方，$\boldsymbol{X}$ に基づく $\theta$ の別の推定量として $d_2(\boldsymbol{X}) = 2\sum_{i=1}^n iX_i/(n^2 + n)$ を考えると，これも $\theta$ の不偏推定量になることは明らか．このとき，$L$ を 2 乗損失として，$d_2$ のリスクを計算すると

$$R(\theta, d_2) = E_\theta\left[\left\{\frac{2}{n(n+1)}\sum_{i=1}^n iX_i - \theta\right\}^2\right] = \frac{2(2n+1)}{3n(n+1)}\sigma^2 \tag{2.1.6}$$

になり，$\theta$ に無関係になる．ここで，(2.1.5) と (2.1.6) を比較すれば，$R(\theta, d_1) \leq R(\theta, d_2)$ となる．なお，各 $j = 1, 2$ について $R(\theta, d_j)$ は $d_j$ の分散になっている．

　上記では非確率的決定関数について考えたが，もっと一般的に $\boldsymbol{x} \in \mathscr{X}(\subset \mathbf{R}^n)$ が与えられたとき，$\delta(\boldsymbol{x})$ を $\mathbb{A}$ 上の条件付分布とし，その**条件付** (conditional (c.)) **p.d.f.** または **c.p.m.f.** を $p_{\delta(\boldsymbol{x})}(a)$ とする[2]．そして，その条件付分布に従う確率変数を $\dot{A}$ とする．このような $\delta$ を**確率的** (randomized) **決定関数**といい，その全体の集合を $\mathscr{D}^*$ で表す．特に，$\boldsymbol{x}$ が与えられたときの c.p.m.f. が $p_{\delta(\boldsymbol{x})}(d(\boldsymbol{x})) = 1$ となるとき，$\delta \in \mathscr{D}^*$ が非確率的決定関数になる．このとき，$\Theta \times \mathbb{A}$ 上で定義された損失関数 $L(\theta, a)$ について，$\delta(\in \mathscr{D}^*)$ のリスクを

---

[2] 厳密には，$a$ を任意に固定したとき，$p_{\delta(\boldsymbol{x})}(a)$ は $\boldsymbol{x}$ の可測関数とする．一般には，$\delta(\boldsymbol{x})$ を $\delta(\boldsymbol{x}, \cdot)$ と表して，各 $\boldsymbol{x} \in \mathscr{X}$ について $\delta(\boldsymbol{x}, \cdot)$ は $\mathbb{A}$ 上の確率（測度）で，$\mathbb{A}$ の任意の可測集合 $B$ について $\delta(\boldsymbol{x}, B)$ は $\boldsymbol{x}$ の可測関数として考える（Shao, J. [S03]. *Mathematical Statistics*. 2nd ed., Springer の p.116 参照）．

$$R(\theta,\delta) = E_{\boldsymbol{\theta}}\left[L(\theta,\delta(\boldsymbol{X}))\right]$$

$$= \begin{cases} \int_{\mathscr{X}} E_\delta\left[L(\theta,\dot{A})\,|\,\boldsymbol{x}\right]f_{\boldsymbol{X}}(\boldsymbol{x};\theta)d\boldsymbol{x} & (連続型), \\ \sum_{\boldsymbol{x}\in\mathscr{X}} E_\delta\left[L(\theta,\dot{A})\,|\,\boldsymbol{x}\right]f_{\boldsymbol{X}}(\boldsymbol{x};\theta) & (離散型) \end{cases} \quad (2.1.7)$$

と定義する. ただし

$$E_\delta\left[L(\theta,\dot{A})\,|\,\boldsymbol{x}\right] = \begin{cases} \int_{\mathbb{A}} L(\theta,a)p_{\delta(\boldsymbol{x})}(a)da & (連続型), \\ \sum_{a\in\mathbb{A}} L(\theta,a)p_{\delta(\boldsymbol{x})}(a) & (離散型) \end{cases} \quad (2.1.8)$$

とする. なお, 便宜上, 非確率的決定関数の場合と同様に, (2.1.8) を $L(\theta,\delta(\boldsymbol{x})) = E_\delta[L(\theta,\dot{A})\,|\,\boldsymbol{x}]$ と表した上で (2.1.7) で定義されたリスクを $R(\theta,\delta) = E_{\boldsymbol{\theta}}\left[L\left(\theta,\delta(\boldsymbol{X})\right)\right]$ と表していることに注意.

定理 2.1.1

$\mathbb{A}(\subset \mathbf{R}^k)$ を凸集合とし, 各 $\theta\in\Theta$ について, $L(\theta,\boldsymbol{a})$ を $\boldsymbol{a}$ の凸関数[3)] とする. このとき, 任意の $\delta\in\mathscr{D}^*$ について $d\in\mathscr{D}$ が存在して, 任意の $\theta\in\Theta$ に対して

$$R(\theta,d) \le R(\theta,\delta) \quad (2.1.9)$$

が成り立つ.

証明　条件付イェンセン (Jensen) の不等式[3)]と (2.1.8) より,

$$E_\delta[L(\theta,\dot{A})\,|\,\boldsymbol{x}] \ge L(\theta,E_\delta(\dot{A}\,|\,\boldsymbol{x})) \quad a.s.$$

となる. ここで, 各 $\boldsymbol{x}\in\mathscr{X}$ について $d(\boldsymbol{x}) = E_\delta(\dot{A}\,|\,\boldsymbol{x})$ とすると $d\in\mathscr{D}$ とな

---

[3)]一般に, $C$ を $\mathbf{R}^k$ の凸集合 (convex set), すなわち任意の $\alpha\in[0,1]$, $\boldsymbol{x},\boldsymbol{y}\in C$ について $\alpha\boldsymbol{x}+(1-\alpha)\boldsymbol{y}\in C$ であるとし, $g:C\to\mathbf{R}^1$ を凸関数 (convex function), すなわち任意の $\alpha\in[0,1]$, $\boldsymbol{x},\boldsymbol{y}\in C$ について $g(\alpha\boldsymbol{x}+(1-\alpha)\boldsymbol{y})\le\alpha g(\boldsymbol{x})+(1-\alpha)g(\boldsymbol{y})$ とするとき, $k$ 次元確率ベクトル $\boldsymbol{Z}$ に対して $E[g(\boldsymbol{Z})\,|\,\boldsymbol{x}]\ge g(E(\boldsymbol{Z}\,|\,\boldsymbol{x}))$ がほとんどすべての $\boldsymbol{x}$ について成り立つ. この不等式を条件付イェンセン (Jensen) の不等式という. なお, 凸関数の定義において, 特に $\alpha\in(0,1)$ について "$\le$" が "$<$" となるとき $g$ を狭義の凸関数という.

り，任意の $\theta \in \Theta$ について

$$R(\theta, \delta) \geq R(\theta, d)$$

となって，(2.1.9) が成り立つ． □

**注意 2.1.1**
各 $\theta \in \Theta$ について，$L(\theta, \boldsymbol{a})$ が $\boldsymbol{a}$ の凸関数の場合にミニマックス性等を論じるときには，定理 2.1.1 より $\mathscr{D}$ においてのみ考えれば十分である．しかし，$L(\theta, \boldsymbol{a})$ が $\boldsymbol{a}$ の凸関数でないときには，$\mathscr{D}^*$ まで考える必要がある[4]．

## 2.2　情報不等式と許容性

いま，2 つの（確率的）決定関数 $\delta_1, \delta_2 \in \mathscr{D}^*$ について，任意の $\boldsymbol{\theta} \in \Theta(\subset \mathbf{R}^k)$ に対して

$$R(\boldsymbol{\theta}, \delta_1) \leq R(\boldsymbol{\theta}, \delta_2) \tag{2.2.1}$$

で，ある $\boldsymbol{\theta}_0 \in \Theta$ に対して

$$R(\boldsymbol{\theta}_0, \delta_1) < R(\boldsymbol{\theta}_0, \delta_2)$$

となるとき，$\delta_1$ は $\delta_2$ より良い，または，$\delta_1$ は $\delta_2$ を**支配する** (dominate) という．また，決定関数 $\delta^*(\in \mathscr{D}^*)$ より良い決定関数が存在しないとき，$\delta^*$ を**許容的** (admissible) であるという．さらに，決定関数 $\delta$ より良い決定関数が存在するとき，$\delta$ は**非許容的** (inadmissible) であるという．そして，(2.2.1) のみを満たすとき，$\delta_1$ は $\delta_2$ より**少なくとも同程度に良い** (at least as good as) という．なお，決定関数 $\delta^*(\in \mathscr{D}^*)$ が，任意の $\boldsymbol{\theta} \in \Theta$ に対して $R(\boldsymbol{\theta}, \delta) \leq R(\boldsymbol{\theta}, \delta^*)$ を満たす任意の決定関数 $\delta(\in \mathscr{D}^*)$ について，$R(\boldsymbol{\theta}, \delta) \equiv R(\boldsymbol{\theta}, \delta^*)$ となることは，$\delta^*$ が許容的であることと同等になる．

**【例 2.2.1】**（下側切断指数分布）　$X_1, \ldots, X_n$ を p.d.f. $p(x; \mu) = e^{-(x-\mu)} \chi_{[\mu, \infty)}(x)$ をもつ**下側切断指数分布** (lower-truncated exponential distri-

---

[4] Hodges, J. L. and Lehmann, E. L. (1950). Some problems in minimax point estimation. *Ann. Math. Statist.*, **21**, 182-197.

bution)[5]からの無作為標本とする．ただし，$\mu \in \mathbf{R}^1$ とする．このとき，$\hat{\mu}_1 = X_{(1)} - (1/n)$ は $\mu$ の不偏推定量になり，また，$\hat{\mu}_2 = \overline{X} - 1$ も $\mu$ の不偏推定量になる．ただし，$X_{(1)} = \min_{1 \le i \le n} X_i$，$\overline{X} = (1/n)\sum_{i=1}^n X_i$ とする．実際，$T = X_{(1)}$ の p.d.f. は

$$f_T(t;\mu) = ne^{-n(t-\mu)}\chi_{[\mu,\infty)}(t)$$

となるから，$E_\mu(T) = \mu + (1/n)$ となり $\hat{\mu}_1$ は $\mu$ の不偏推定量になる．また，$E_\mu(X_1) = \mu + 1$ であるから $\hat{\mu}_2$ も $\mu$ の不偏推定量になる．さらに，2乗損失による $\hat{\mu}_1, \hat{\mu}_2$ のリスクはいずれも分散になる，すなわち各 $i = 1,2$ について

$$R(\theta, \hat{\mu}_i) = E_\mu\left[(\hat{\mu}_i - \mu)^2\right] = V_\mu(\hat{\mu}_i)$$

となる．よって

$$R(\theta, \hat{\mu}_1) = \frac{1}{n^2}, \quad R(\theta, \hat{\mu}_2) = \frac{1}{n}$$

となるから，$n > 1$ のとき $\hat{\mu}_1$ は $\hat{\mu}_2$ より良いので $\hat{\mu}_2$ は非許容的になる．

**【例 2.2.2】**（指数分布）　$X_1, \ldots, X_n$ を p.d.f. $p(x;\theta) = \theta e^{-\theta x}\chi_{(0,\infty)}(x)$ をもつ**指数分布** (exponential distribution) $\mathrm{Exp}(1/\theta)$ からの無作為標本とする．ただし，$n \ge 2$，$\theta \in \Theta = \mathbf{R}_+$ とし，$\mathbb{A} = \Theta$ とする．いま，$\boldsymbol{X} = (X_1, \ldots, X_n)$ が標本値 $\boldsymbol{x} = (x_1, \ldots, x_n)$ をとるとき，$\theta$ の尤度関数は $L(\theta;\boldsymbol{x}) = \theta^n e^{-\theta\sum_{i=1}^n x_i}\chi_{\mathbf{R}_+^n}(\boldsymbol{x})$ となるから，$\theta$ の最尤推定量（2.7 節参照）は $\hat{\theta}_{\mathrm{ML}} = 1/\overline{X}$ になる．ただし，$\overline{X} = (1/n)\sum_{i=1}^n X_i$ とする．また，別の推定量として，$\theta$ のモード不偏推定量 $\hat{\theta}_{\mathrm{MO}} = (n+1)/(n\overline{X})$ をとる[6]．ここで，損失関数として，各 $a \in \mathbb{A} = \mathbf{R}_+$ について

---

[5]赤平 [A19] の例 3.4.1(p.106) および例 3.4.1（続 1）(p.116) 参照.

[6]一般に，$\theta$ の推定量 $\hat{\theta} = \hat{\theta}(\boldsymbol{X})$ の p.d.f. を $f_{\hat{\theta}}(t;\theta)$ $(\theta \in \Theta \subset \mathbf{R}^1)$ とし，$f_{\hat{\theta}}(t;\theta)$ を最大にする $t = t_0$ が一意的に定まるとき，$t_0$ を $\hat{\theta}(\boldsymbol{X})$ の**モード** (mode, 最頻値) という．ここで，$\hat{\theta}(\boldsymbol{X})$ のモードを $m(\theta)$ とすると，任意の $\theta \in \Theta$ について $m(\theta) = \theta$ となるとき，$\hat{\theta}(\boldsymbol{X})$ は $\theta$ の**モード不偏** (mode unbiased) 推定量という（赤平 [A19] の pp.21-22 参照）.

$$L(\theta, a) = \frac{a}{\theta} - 1 - \log \frac{a}{\theta} \quad ((\theta, a) \in \Theta \times \mathbb{A} = \mathbf{R}_+^2) \tag{2.2.2}$$

をとると

$$\lim_{\theta \to 0} L(\theta, a) = \lim_{\theta \to \infty} L(\theta, a) = \infty$$

となる．このとき，$\theta$ の MLE $\hat{\theta}_{\mathrm{ML}}$ とモード不偏推定量 $\hat{\theta}_{\mathrm{MO}}$ の (2.2.2) によるリスクを比較しよう．まず，$Y = n\overline{X}$ とおくと $Y$ はガンマ分布 $\mathrm{G}(n, 1/\theta)$ に従うから，$E_\theta[1/Y] = \theta/(n-1)$ になる[7]．いま，$\hat{\theta}_{\mathrm{ML}} = n/Y$, $\hat{\theta}_{\mathrm{MO}} = (n+1)/Y$ であるから

$$R\left(\theta, \hat{\theta}_{\mathrm{MO}}\right) - R\left(\theta, \hat{\theta}_{\mathrm{ML}}\right) = \frac{1}{\theta} E_\theta\left(\frac{1}{Y}\right) - \log\left(1 + \frac{1}{n}\right)$$

$$= \frac{1}{n-1} - \log\left(1 + \frac{1}{n}\right) > \frac{1}{n(n-1)} > 0$$

となり，$\hat{\theta}_{\mathrm{ML}}$ は $\hat{\theta}_{\mathrm{MO}}$ より良いので $\hat{\theta}_{\mathrm{MO}}$ は非許容的になる．

**問 2.2.1**　例 2.2.2 において，$\hat{\theta}_{\mathrm{MO}}$ が $\theta$ のモード不偏推定量であることを示せ．

次に，情報不等式としてよく知られている**クラメール・ラオ** (Cramér-Rao(C-R)) **の不等式**について述べる．

---

定理 2.2.1

確率ベクトル $\boldsymbol{X} = (X_1, \ldots, X_n)$ の j.p.d.f. または j.p.m.f. を $f_{\boldsymbol{X}}(\boldsymbol{x}; \theta)$ $(\boldsymbol{x} \in \mathbf{R}^n; \theta \in \Theta \subset \mathbf{R}^1)$ とし，$\Theta$ を開区間とする．また，$f_{\boldsymbol{X}}$ の**台** (support)$\mathscr{X} = \{\boldsymbol{x} \mid f_{\boldsymbol{X}}(\boldsymbol{x}; \theta) > 0\}$ は $\theta$ に無関係とし，$\theta$ の関数 $g(\theta)$ の推定量 $\hat{g}(\boldsymbol{X})$ を任意の $\theta \in \Theta$ について $E_\theta[\hat{g}(\boldsymbol{X})] = g(\theta) + \hat{b}(\theta)$ とする．ただし，$g(\theta), \hat{b}(\theta)$ を $\theta$ の微分可能な実数値関数とする．そして，各 $\boldsymbol{x} \in \mathscr{X}$

---

[7] p.d.f. $p(x; \alpha, \beta) = \frac{1}{\beta \Gamma(\alpha)} \left(\frac{x}{\beta}\right)^{\alpha-1} e^{-x/\beta} \chi_{(0,\infty)}(x)$ $((\alpha, \beta) \in \mathbf{R}_+^2)$ をもつ**ガンマ分布** (gamma distribution) を $\mathrm{G}(\alpha, \beta)$ とすれば，指数分布 $\mathrm{Exp}(1/\theta)$ は $\mathrm{G}(1, 1/\theta)$ になり，ガンマ分布は再生性をもつから，$Y = \sum_{i=1}^n X_i$ はガンマ分布 $\mathrm{G}(n, 1/\theta)$ に従う（赤平 [A03] の演習問題 A-6(p.235) 参照）．また，ガンマ分布 $\mathrm{G}(n/2, 2)$ は自由度 $n$ の**カイ 2 乗分布**（$\chi_n^2$ 分布）になる．

について $f_{\boldsymbol{X}}(\boldsymbol{x};\theta)$ は $\theta$ について偏微分可能であるとし

$$\frac{\partial}{\partial\theta}\int_{\mathscr{X}}h(\boldsymbol{x})f_{\boldsymbol{X}}(\boldsymbol{x};\theta)d\boldsymbol{x}=\int_{\mathscr{X}}h(\boldsymbol{x})\left\{\frac{\partial}{\partial\theta}f_{\boldsymbol{X}}(\boldsymbol{x};\theta)\right\}d\boldsymbol{x}\quad(\theta\in\Theta)$$

(2.2.3)

または

$$\frac{\partial}{\partial\theta}\sum_{\boldsymbol{x}\in\mathscr{X}}h(\boldsymbol{x})f_{\boldsymbol{X}}(\boldsymbol{x};\theta)=\sum_{\boldsymbol{x}\in\mathscr{X}}h(\boldsymbol{x})\left\{\frac{\partial}{\partial\theta}f_{\boldsymbol{X}}(\boldsymbol{x};\theta)\right\}\quad(\theta\in\Theta)\quad(2.2.4)$$

が, $h(\boldsymbol{x})\equiv1,\ h(\boldsymbol{x})=\hat{g}(\boldsymbol{x})$ のときに成り立つとする. さらに

$$0<I_{\boldsymbol{X}}(\theta)=E_{\theta}\left[\left\{\frac{\partial}{\partial\theta}\log f_{\boldsymbol{X}}(\boldsymbol{X};\theta)\right\}^{2}\right]<\infty\quad(\theta\in\Theta)\qquad(2.2.5)$$

であると仮定する[8]. このとき

$$V_{\theta}\left(\hat{g}\right)\geq\frac{\{g'(\theta)+\hat{b}'(\theta)\}^{2}}{I_{\boldsymbol{X}}(\theta)}\quad(\theta\in\Theta)\qquad(2.2.6)$$

が成り立つ.

**証明** (連続型) まず, $V_{\theta}\left(\hat{g}\right)=\infty$ のときは, 不等式 (2.2.6) が成り立つことは明らかなので, $V_{\theta}\left(\hat{g}\right)<\infty$ とする. 次に, (2.2.3) より

$$\begin{aligned}g'(\theta)+\hat{b}'(\theta)&=\frac{d}{d\theta}E_{\theta}\left[\hat{g}(\boldsymbol{X})\right]=\int_{\mathscr{X}}\hat{g}(\boldsymbol{x})\left\{\frac{\partial}{\partial\theta}f_{\boldsymbol{X}}(\boldsymbol{x},\theta)\right\}d\boldsymbol{x}\\&=\mathrm{Cov}_{\theta}\left(\hat{g}(\boldsymbol{X}),\frac{\partial}{\partial\theta}\log f_{\boldsymbol{X}}(\boldsymbol{X},\theta)\right)\end{aligned}$$

(2.2.7)

となり, また

$$E_{\theta}\left[\left\{\frac{\partial}{\partial\theta}\log f_{\boldsymbol{X}}(\boldsymbol{X},\theta)\right\}^{2}\right]=V_{\theta}\left(\frac{\partial}{\partial\theta}\log f_{\boldsymbol{X}}(\boldsymbol{X},\theta)\right)\qquad(2.2.8)$$

となるから, (2.2.7), (2.2.8) よりシュワルツの不等式[9]から

---

[8] $I_{\boldsymbol{X}}(\theta)$ は**フィッシャー情報量** (Fisher's information amount) と呼ばれ, $\boldsymbol{X}$ の (もつ $\theta$ に関する) 情報量を表す. ここでは **F 情報量**と表す.

[9] 一般に, 確率変数 $X,\ Y$ について $\{E(XY)\}^{2}\leq E(X^{2})E(Y^{2})$ が成り立つ. これをシュワルツ (Schwarz) の**不等式**という. なお, その不等式において等号が成立するための必要十分条件は $P\{Y=aX+b\}=1$ となる. ただし, $a,b$ は定数とする (赤平 [A03] の pp.66-67 参照).

$$\left\{ g'(\theta) + \hat{b}'(\theta) \right\}^2 = \mathrm{Cov}_\theta^2 \left( \hat{g}(\boldsymbol{X}), \frac{\partial}{\partial\theta} \log f_{\boldsymbol{X}}(\boldsymbol{X},\theta) \right)$$
$$\leq V_\theta \left( \hat{g}(\boldsymbol{X}) \right) V_\theta \left( \frac{\partial}{\partial\theta} \log f_{\boldsymbol{X}}(\boldsymbol{X},\theta) \right) \quad (\theta \in \Theta) \qquad (2.2.9)$$

を得る．よって，(2.2.5), (2.2.8), (2.2.9) より (2.2.6) が成り立つ．離散型の場合も同様に示される． □

**注意 2.2.1**

(2.2.6) はクラメール・ラオ (C-R) の不等式と呼ばれ，その右辺は **C-R の下界** (lower bound) と呼ばれている．また，特に $\hat{g}$ が $g(\theta)$ の不偏推定量ならば $\hat{b}'(\theta) \equiv 0$ となり，(2.2.6) より

$$V_\theta(\hat{g}) \geq \frac{\{g'(\theta)\}^2}{I_{\boldsymbol{X}}(\theta)} \quad (\theta \in \Theta) \qquad (2.2.10)$$

になる[10]．なお，(2.2.3) または (2.2.4) において $h(\boldsymbol{x}) \equiv 1$ とし，$\partial/\partial\theta$ を $\partial^2/\partial\theta^2$ として成り立つとすれば，$I_{\boldsymbol{X}}(\theta) = -E_\theta\left[(\partial^2/\partial\theta^2)\log f_{\boldsymbol{X}}(\boldsymbol{X},\theta)\right]$ となる．特に，$X_1,\dots,X_n$ が p.d.f. または p.m.f. $p(x,\theta)$ をもつ分布からの無作為標本とすれば，$X_1$ の F 情報量は $I_{X_1}(\theta) = E\left[\{(\partial/\partial\theta)\log p(X_1,\theta)\}^2\right]$ になり，$\boldsymbol{X}$ の F 情報量は $I_{\boldsymbol{X}}(\theta) = nI_{X_1}(\theta)$ となるので，(2.2.10) より C-R の不等式は

$$V_\theta(\hat{g}) \geq \frac{\{g'(\theta)\}^2}{nI_{X_1}(\theta)} \quad (\theta \in \Theta) \qquad (2.2.11)$$

となる．

**注意 2.2.2**

ある $\theta_0 \in \Theta$ で，$g(\theta)$ の不偏推定量が C-R の下界を達成するとき，すなわちその分散が (2.2.10) または (2.2.11) の右辺に一致するとき，その不偏推定量を $\theta_0$ において**有効推定量** (efficient estimator) であるという．なお，C-R の下界は，不偏推定量の分散がそれより小さくなりえないという意味で重要であり，一様(局所)最小分散不偏 (U(L)MVU) 推定量との関係については 2.4 節で述べる．

**注意 2.2.3**

定理 2.2.1 の (2.2.3)〜(2.2.5) のような正則条件が成立するか否かの判定は，一般には必ずしも容易ではない．いま，$\boldsymbol{X}$ が **1 母数指数型分布族** (one-parameter exponential family of distributions) の j.p.d.f. または j.p.m.f.

---

[10]赤平 [A03] の 7.4 節および赤平 [A19] の 2.2 節〜2.5 節参照．

$$f_{\boldsymbol{X}}(\boldsymbol{x},\theta) = \exp\{Q(\theta)T(\boldsymbol{x}) + C(\theta) + S(\boldsymbol{x})\} \quad (\boldsymbol{x} \in \mathscr{X} \subset \mathbf{R}^n) \qquad (2.2.12)$$

をもつとする. ただし, $\theta \in \Theta \subset \mathbf{R}^1$ で $\Theta$ を開区間, $T$, $S$ を $\mathscr{X}$ 上の実数値関数, $Q$, $C$ を $\Theta$ 上の実数値関数とし, また, $\mathscr{X}$ は $\theta$ に無関係とする. たとえば, 正規分布, 2 項分布, ポアソン分布からの無作為標本 $\boldsymbol{X} = (X_1,\ldots,X_n)$ の分布は**指数型分布族**に属する. また, $\boldsymbol{X}$ の j.p.d.f. または j.p.m.f. $f_{\boldsymbol{X}}(\boldsymbol{x};\theta)$ をもつ分布が, (2.2.12) の指数型分布族に属し, $Q(\theta)$ が 1-1 関数[11]ならば定理 2.2.1 の正則条件が成り立つ.

次に, 確率ベクトル $\boldsymbol{X} = (X_1,\ldots,X_n)$ が j.p.d.f.

$$f_{\boldsymbol{X}}(\boldsymbol{x};\theta) = \frac{a(\boldsymbol{x})e^{\theta u(\boldsymbol{x})}}{b(\theta)} \quad (\boldsymbol{x} \in \mathscr{X} \subset \mathbf{R}^n) \qquad (2.2.13)$$

をもつ 1 母数指数型分布族の分布に従うとする. ただし, $a(\boldsymbol{x})$, $u(\boldsymbol{x})$ はそれぞれ $\mathscr{X}$ 上の非負値関数, 実数値関数とする. また, $\Theta$ は $\mathbf{R}^1$ の開区間 $(\underline{\theta},\overline{\theta})$ とし, 任意の $\theta \in \Theta$ について

$$0 < b(\theta) = \int_{\mathscr{X}} a(\boldsymbol{x})e^{\theta u(\boldsymbol{x})}d\boldsymbol{x} < \infty \qquad (2.2.14)$$

とする. なお, (2.2.13) は (2.2.12) の 1 母数指数型分布族の**標準形** (canonical form) と呼ばれている. このとき, $g(\theta) = E_\theta[u(\boldsymbol{X})]$ の推定問題を 2 乗損失によるリスクで考える. ここでは, $\mathbb{A} = g(\Theta)$ とする.

**定理 2.2.2**

上記の設定の下で, $g(\theta)$ の推定量を $\hat{g}_{\gamma,\lambda}(\boldsymbol{X}) = (u(\boldsymbol{X}) + \gamma\lambda)/(1 + \lambda)$ とする. ただし, $\lambda(\geq 0)$, $\gamma$ は定数とする. このとき, $\hat{g}_{\gamma,\lambda}$ が許容的であるための十分条件は

$$\int_{\theta_0}^{\overline{\theta}} \{b(\theta)\}^\lambda e^{-\gamma\lambda\theta}d\theta = \int_{\underline{\theta}}^{\theta_0} \{b(\theta)\}^\lambda e^{-\gamma\lambda\theta}d\theta = \infty \qquad (2.2.15)$$

である. ただし, $\theta_0 \in (\underline{\theta},\overline{\theta})$ とする.

---

[11]関数 $h$ について, $x_1 \neq x_2$ ならば $h(x_1) \neq h(x_2)$ であるとき, $h$ は **1-1** (1 対 1) **関数**という. なお, 関数を変換としてもよい.

**証明**　まず，(2.2.14) より

$$g(\theta) = E_\theta[u(\boldsymbol{X})] = \frac{b'(\theta)}{b(\theta)}, \quad g'(\theta) = V_\theta(u(\boldsymbol{X})) = I_{\boldsymbol{X}}(\theta) \qquad (2.2.16)$$

になる．ただし，$I_{\boldsymbol{X}}(\theta)$ は $\boldsymbol{X}$ の F 情報量とする．ここで，$g(\theta)$ の推定量 $\hat{g}(\boldsymbol{X})$ が存在して，任意の $\theta \in (\underline{\theta}, \overline{\theta})$ について $R(\theta, \hat{g}) \leq R(\theta, \hat{g}_{\gamma,\lambda})$ であると仮定する．このとき

$$\begin{aligned}
R(\theta, \hat{g}) \leq R(\theta, \hat{g}_{\gamma,\lambda}) &= E_\theta\left[\{\hat{g}_{\gamma,\lambda}(\boldsymbol{X}) - g(\theta)\}^2\right] \\
&= E_\theta\left[\left\{\frac{1}{1+\lambda}(u(\boldsymbol{X}) - g(\theta)) - \frac{\lambda}{1+\lambda}(g(\theta) - \gamma)\right\}^2\right] \\
&= \frac{1}{(1+\lambda)^2}\left\{I_{\boldsymbol{X}}(\theta) + \lambda^2(g(\theta) - \gamma)^2\right\} \qquad (2.2.17)
\end{aligned}$$

となる．また，$\hat{g} = \hat{g}(\boldsymbol{X})$ について

$$E_\theta[\hat{g}(\boldsymbol{X})] = g(\theta) + \hat{b}(\theta) \quad (\theta \in \Theta)$$

とし，$\hat{b}(\theta)$ を $\theta$ について微分可能とすると，(2.2.6), (2.2.16) より

$$R(\theta, \hat{g}) = V_\theta(\hat{g}) + \hat{b}^2(\theta) \geq \frac{\{I_{\boldsymbol{X}}(\theta) + \hat{b}'(\theta)\}^2}{I_{\boldsymbol{X}}(\theta)} + \hat{b}^2(\theta) \quad (\theta \in \Theta) \qquad (2.2.18)$$

となる．ここで

$$h(\theta) = E_\theta[\hat{g}(\boldsymbol{X}) - \hat{g}_{\gamma,\lambda}(\boldsymbol{X})] = \hat{b}(\theta) - \frac{\lambda(\gamma - g(\theta))}{1+\lambda} \qquad (2.2.19)$$

とおくと

$$h^2(\theta) - \frac{1}{1+\lambda}\{2\lambda h(\theta)(g(\theta) - \gamma) - 2h'(\theta)\} + \frac{1}{I_{\boldsymbol{X}}(\theta)}(h'(\theta))^2 \leq 0 \quad (2.2.20)$$

になる．実際，(2.2.17), (2.2.18) より

$$\hat{b}^2(\theta) + \frac{\{I_{\boldsymbol{X}}(\theta) + \hat{b}'(\theta)\}^2}{I_{\boldsymbol{X}}(\theta)} \leq \frac{1}{(1+\lambda)^2}\left\{I_{\boldsymbol{X}}(\theta) + \lambda^2(g(\theta) - \gamma)^2\right\}$$

となり，(2.2.16), (2.2.19) から (2.2.20) が導出される．
　次に，(2.2.20) より

$$h^2(\theta) - \frac{1}{1+\lambda}\{2h(\theta)(g(\theta) - \gamma) - 2h'(\theta)\} \leq 0 \qquad (2.2.21)$$

となるから, $c(\theta) = h(\theta)(b(\theta))^{-\lambda}e^{\gamma\lambda\theta}$ とおくと $\log c(\theta) = \log h(\theta) - \lambda\log b(\theta)$ $+\gamma\lambda\theta$ となり, その辺々を $\theta$ で微分すれば (2.2.16) より

$$\frac{c'(\theta)}{c(\theta)} = \frac{h'(\theta)}{h(\theta)} - \lambda g(\theta) + \gamma\lambda$$

になる. よって, (2.2.21) より

$$c^2(\theta)(b(\theta))^\lambda e^{-\gamma\lambda\theta} + \frac{2c'(\theta)}{1+\lambda} \leq 0 \qquad (2.2.22)$$

になる. ここで, $\theta_0 \in (\underline{\theta}, \overline{\theta})$ が存在して $c(\theta_0) < 0$ であると仮定する. いま, (2.2.22) より任意の $\theta \in (\underline{\theta}, \overline{\theta})$ について $c'(\theta) \leq 0$ となるから, 任意の $\theta > \theta_0$ について $c(\theta) < 0$ になる. また, (2.2.22) より, 任意の $\theta > \theta_0$ について

$$\frac{1+\lambda}{2}(b(\theta))^\lambda e^{-\gamma\lambda\theta} \leq \frac{d}{d\theta}\left(\frac{1}{c(\theta)}\right)$$

となるから, 辺々を $\theta_0$ から $\theta$ まで積分すると

$$\frac{1+\lambda}{2}\int_{\theta_0}^\theta (b(\xi))^\lambda e^{-\gamma\lambda\xi}d\xi \leq \frac{1}{c(\theta)} - \frac{1}{c(\theta_0)} < -\frac{1}{c(\theta_0)}$$

となり, (2.2.15) より左辺の積分は $\theta \to \overline{\theta}$ とすると, $\infty$ に発散するので矛盾. よって, 任意の $\theta \in (\underline{\theta}, \overline{\theta})$ について $c(\theta) \geq 0$ となる. 同様にして, 任意の $\theta \in (\underline{\theta}, \overline{\theta})$ について $c(\theta) \leq 0$ であることも示される. よって, 任意の $\theta \in (\underline{\theta}, \overline{\theta})$ について $h(\theta) = 0$ となり, (2.2.19) より $\hat{b}(\theta) = \lambda(\gamma - g(\theta))/(1+\lambda)$ となり, $\hat{b}'(\theta) = -\lambda I_{\boldsymbol{X}}(\theta)/(1+\lambda)$ となるから, (2.2.18) より

$$R(\theta, \hat{g}) \geq \frac{1}{(1+\lambda)^2}\left\{I_{\boldsymbol{X}}(\theta) + \lambda^2(\gamma - g(\theta))^2\right\} \qquad (2.2.23)$$

になる. ゆえに, (2.2.17), (2.2.23) より, 任意の $\theta \in (\underline{\theta}, \overline{\theta})$ について $R(\theta, \hat{g}) = R(\theta, \hat{g}_{\gamma,\lambda})$ となるから, $\hat{g}_{\gamma,\lambda}$ は許容的になる. □

### 系 2.2.1

$g(\theta) = E_\theta[u(\boldsymbol{X})]$ の推定量 $\hat{g} = u(\boldsymbol{X})$ は 2 乗損失 $L_1(\theta, a) = \{a - g(\theta)\}^2$ および損失 $L_2(\theta, a) = \{a - g(\theta)\}^2/I_{\boldsymbol{X}}(\theta)$ の下で許容的である.

**証明** 定理 2.2.2 における $\hat{g}_{\gamma,\lambda}$ において, $\lambda = 0$ とすれば $\hat{g} = \hat{g}_{\gamma,0}$ となるから損失 $L_1$ の下で $\hat{g}$ は許容的になり, そのことから $\hat{g}$ は $L_2$ の下でも許容的になることは明らか. □

【例 2.1.1 (続 1)】 $X_1, \ldots, X_n$ を正規分布 $N(\mu, \sigma^2)$ からの無作為標本とする.

(i) $\mu$ は未知で, $\sigma^2 = 1$ の場合. $\boldsymbol{X} = (X_1, \ldots, X_n)$ の j.p.d.f. は (2.2.13) において

$$\theta = n\mu, \ u(\boldsymbol{x}) = \bar{x} = \frac{1}{n}\sum_{i=1}^{n} x_i, \ a(\boldsymbol{x}) = (2\pi)^{-n/2}\exp\left(-\frac{1}{2}\sum_{i=1}^{n} x_i^2\right),$$

$$b(\theta) = e^{\theta^2/(2n^2)}, \ \underline{\theta} = -\infty, \ \overline{\theta} = \infty$$

と表せるので, $\boldsymbol{X}$ の分布は 1 母数指数型分布族に属する. このとき, 定理 2.2.2 より $\mu = \theta/n$ の推定量 $\hat{g}_{\gamma,\lambda}(\boldsymbol{X}) = (\overline{X} + \gamma\lambda)/(1 + \lambda)$ が 2 乗損失の下で許容的であるための十分条件は, ある $c \in (-\infty, \infty)$ について

$$\int_c^{\infty} e^{\lambda\theta^2/(2n^2)}e^{-\gamma\lambda\theta}d\theta = \int_{-\infty}^{c} e^{\lambda\theta^2/(2n^2)}e^{-\gamma\lambda\theta}d\theta = \infty \qquad (2.2.24)$$

になる. ただし, $\overline{X} = (1/n)\sum_{i=1}^{n} X_i$ で, $\lambda(\geq 0)$, $\gamma$ は定数とする. 特に, $\gamma = 0$, $\lambda = n - 1$ とすれば, 条件 (2.2.24) は満たされるので, $\hat{g}_{0,n-1} = \overline{X}$ は 2 乗損失の下で許容的になる.

(ii) $\sigma^2$ は未知で, $\mu = 0$ の場合. $\boldsymbol{X} = (X_1, \ldots, X_n)$ の j.p.d.f. は (2.2.13) において

$$\theta = -\frac{n}{2\sigma^2}, \ u(\boldsymbol{x}) = \frac{1}{n}\sum_{i=1}^{n} x_i^2, \ a(\boldsymbol{x}) = (2\pi)^{-n/2},$$

$$b(\theta) = (-2\theta)^{-n/2}, \ \underline{\theta} = -\infty, \ \overline{\theta} = 0$$

と表せるので, $\boldsymbol{X}$ の分布は 1 母数指数型分布族に属する. このとき, 定理 2.2.2 より $\sigma^2 = -n/(2\theta)$ の推定量 $\hat{g}_{\gamma,\lambda}(\boldsymbol{X}) = \left\{(1/n)\sum_{i=1}^{n} X_i^2 + \gamma\lambda\right\}/(1 + \lambda)$ が 2 乗損失の下で許容的であるための十分条件は, ある $c(> 0)$ について

$$\int_0^c (-2\theta)^{-\lambda n/2}e^{\gamma\lambda\theta}d\theta = \int_c^{\infty} (-2\theta)^{-\lambda n/2}e^{\gamma\lambda\theta}d\theta = \infty \qquad (2.2.25)$$

となる. ただし, $\lambda(\geq 0)$, $\gamma$ は定数とする. 特に, $\gamma = 0$, $\lambda = 2/n$ の

とき，条件 (2.2.25) が成り立つので，$\hat{g}_{0,2/n}(\boldsymbol{X}) = \sum_{i=1}^{n} X_i^2/(n+2)$ は 2 乗損失の下で許容的になる．また，$\gamma > 0, \lambda \geq 2/n$ のときも条件 (2.2.25) は満たされるので，$\hat{g}_{\gamma,\lambda}(\boldsymbol{X}) = \{(1/n)\sum_{i=1}^{n} X_i^2 + \gamma\lambda\}/(1+\lambda)$ は 2 乗損失の下で許容的になる．なお，$u(\boldsymbol{X}) = (1/n)\sum_{i=1}^{n} X_i^2$ は $\sigma^2$ の UMVU 推定量になる[12]．

　さらに，許容性の概念の有用性について考える．まず，決定関数の集合 $\mathscr{C}(\subset \mathscr{D}^*)$ の部分集合を $\mathscr{C}_0$ とし，任意の $\delta \in \mathscr{C} - \mathscr{C}_0$ について，$\delta$ より良い $\delta_0 \in \mathscr{C}_0$ が存在するとき，$\mathscr{C}_0$ を**完全類** (complete class) または**完備類**という．また，「$\delta$ より良い $\delta_0$」の代わりに「$\delta$ より少なくとも同程度に良い $\delta_0$」とするとき，$\mathscr{C}_0$ を**本質的完全類** (essentially complete class) という．また，完全類 $\mathscr{C}_0^*$ のどの真部分集合も完全類でないとき，$\mathscr{C}_0^*$ を**最小完全類** (minimal complete class) という．

### 定理 2.2.3

　最小完全類 $\mathscr{C}_0^*(\subset \mathscr{C}_0)$ が存在すれば，$\mathscr{C}_0^*$ は $\mathscr{C}_0$ の中で許容的な決定関数全体の集合 $\mathcal{A}$ に一致する．

**証明**　まず，$\mathcal{A} - \mathscr{C}_0^* \neq \emptyset$ とすると，任意の $\delta \in \mathcal{A} - \mathscr{C}_0^*$ に対して $\delta^* \in \mathscr{C}_0^*$ が存在して，$\delta^*$ は $\delta$ より良い決定関数となるから，$\delta$ が許容的であることに反する．よって，$\mathcal{A} \subset \mathscr{C}_0^*$ になる．一方，$\mathscr{C}_0^* - \mathcal{A} \neq \emptyset$ とすると $\delta \in \mathscr{C}_0^* - \mathcal{A}$ が存在するので，$\mathscr{C}' = \mathscr{C}_0^* - \{\delta\}$ とすれば $\mathscr{C}'$ は完全類になって $\mathscr{C}_0^*$ が最小完全類であることに反する．よって $\mathscr{C}_0^* \subset \mathcal{A}$ になる．ゆえに $\mathscr{C}_0^* = \mathcal{A}$ となる．　　　□

　実は，定理 2.1.1 より $L(\boldsymbol{\theta}, \boldsymbol{a})$ が $\boldsymbol{a}$ の凸関数のときには，$\mathscr{D}(\subset \mathscr{D}^*)$ は

---

[12] 赤平 [A19] の例 1.1.1（続 9）(pp.52-54) 参照．なお，定理 2.2.2 およびこの例に関連して，非対称な損失関数の典型である**線形指数損失関数** (linear exponential（略して LINEX）loss function) $L(\theta, d) = \beta\{e^{\alpha(d-g(\theta))} - \alpha(d-g(\theta)) - 1\}$ $(\alpha \neq 0, \beta > 0)$ の下で一般ベイズ推定量（2.3 節参照）が許容的であるための十分条件も得られている (Tanaka, H. (2010). Sufficient conditions for the admissibility under LINEX loss function in regular case. *Comm. Stat.-Theor. Meth.*, **39**, 1477-1489 参照)．

本質的完全類になる（注意 2.1.1 参照）.

---

**注意 2.2.4**

$\Theta = \{\theta_0, \theta_1\}$ $(\theta_0 \neq \theta_1)$ として, 仮説 H : $\theta = \theta_0$, 対立仮説 K : $\theta = \theta_1$ の検定問題を考える. このとき, 行動空間を $\mathbb{A} = \{0,1\}$ として, 0 を H を受容する行動, 1 を H を棄却する行動とし, 損失関数 $L(\theta, a)$ を (2.1.1) とする. ただし, $a_0 = 0, a_1 = 1$ とする. また, 確率ベクトル $\boldsymbol{X} = (X_1, \dots, X_n)$ の j.p.d.f. を $f_{\boldsymbol{X}}(\boldsymbol{x}; \theta_i)$ $(\boldsymbol{x} \in \mathcal{X}; i = 0,1)$ とし, $f_{\boldsymbol{X}}(\boldsymbol{x}; \theta_0) > 0$ $(\boldsymbol{x} \in \mathcal{X})$ として, 任意の $k \geq 0$ について $P_{\theta_0}\{f_{\boldsymbol{X}}(\boldsymbol{x}; \theta_1) = k f_{\boldsymbol{X}}(\boldsymbol{x}; \theta_0)\} = 0$ とする. このとき, 棄却域 $\mathscr{R}_k = \{\boldsymbol{x} \mid f_{\boldsymbol{X}}(\boldsymbol{x}; \theta_1) > k f_{\boldsymbol{X}}(\boldsymbol{x}; \theta_0)\}$ による検定を $\delta_k = \delta_k(\boldsymbol{x})$ とすれば, $\mathscr{C} = \{\delta_k \mid 0 \leq k \leq \infty\}$ は本質的完全類になる. なお, (2.1.1) において $\Theta_H = \{\theta_0\}$, $\Theta_K = \{\theta_1\}$ であることに注意.

---

**問 2.2.2**　注意 2.2.4 において $\mathscr{C}$ が本質的完全類であることを示せ.

## 2.3　ベイズ性とミニマックス性

まず, 決定問題 $(\Theta, \mathbb{A}, L, \mathscr{D}^*)$ において $\boldsymbol{\theta}$ を確率変数と見なして, $\boldsymbol{\theta}$ の p.d.f. または p.m.f.　$\pi(\boldsymbol{\theta})$ $(\boldsymbol{\theta} \in \Theta \subset \mathbf{R}^k)$ の集合を $\Pi$ とする. この $\pi$ を**事前** (prior) **p.d.f.** または**事前 p.m.f.** といい, それらをもつ分布の集合を**事前分布族** (a family of prior distributions) という. このとき, $\delta(\in \mathscr{D}^*)$ の**ベイズリスク** (Bayes risk) を

$$B(\pi, \delta) = E_\pi[R(\boldsymbol{\theta}, \delta)] = \begin{cases} \int_\Theta R(\boldsymbol{\theta}, \delta)\, \pi(\boldsymbol{\theta}) d\boldsymbol{\theta} & （連続型）, \\ \sum_{\boldsymbol{\theta} \in \Theta} R(\boldsymbol{\theta}, \delta)\, \pi(\boldsymbol{\theta}) & （離散型）\end{cases}$$

とすると, これを最小にする $\delta = \delta_\pi(\in \mathscr{D}^*)$ を $\pi$ に関する**ベイズ** (Bayes) **決定関数**という. ただし, $\delta$ のリスク $R(\boldsymbol{\theta}, \delta)$ を (2.1.7) とする.

また, 有限なベイズリスクをもつ $\delta_0(\in \mathscr{D}^*)$ が存在するとき, 各 $\boldsymbol{x} \in \mathcal{X}(\subset \mathbf{R}^n)$ について**事後リスク** (posterior risk)

$$R_\pi(\delta \mid \boldsymbol{x}) = E_\pi[L(\boldsymbol{\theta}, \delta(\boldsymbol{X})) \mid \boldsymbol{X} = \boldsymbol{x}] \tag{2.3.1}$$

を最小にする $\delta = \delta^* \in \mathscr{D}^*$ が存在すれば, $\delta^*$ は $\pi$ に関するベイズ決定関

数になる. ただし, $E_\pi\left[\,\cdot\,|\,\boldsymbol{X}=\boldsymbol{x}\right]$ は $\boldsymbol{X}=\boldsymbol{x}$ を与えたときの $\boldsymbol{\theta}$ に関する**事後平均** (posterior mean) とする. 実際, 損失の事後平均, すなわち事後リスク $R_\pi(\delta\,|\,\boldsymbol{x})$ は

$$E_\pi\left[L(\boldsymbol{\theta},\delta(\boldsymbol{X}))\,|\,\boldsymbol{X}=\boldsymbol{x}\right]$$
$$=\begin{cases}\int_\Theta E_\delta\left[L(\boldsymbol{\theta},\dot{A})\,|\,\boldsymbol{x}\right]\pi(\boldsymbol{\theta}\,|\,\boldsymbol{x})d\boldsymbol{\theta} & (連続型),\\ \sum_{\boldsymbol{\theta}\in\Theta}E_\delta\left[L(\boldsymbol{\theta},\dot{A})\,|\,\boldsymbol{x}\right]\pi(\boldsymbol{\theta}\,|\,\boldsymbol{x}) & (離散型)\end{cases}$$

となる[13]. ただし, $E_\delta\left[L(\boldsymbol{\theta},\dot{A})\,|\,\boldsymbol{x}\right]$ は (2.1.8) とする. また, $\varepsilon>0$ とするとき, $B\left(\pi,\delta_\pi^\varepsilon\right)\leq\inf_{\delta\in\mathscr{D}^*}B\left(\pi,\delta\right)+\varepsilon$ ならば, $\delta_\pi^\varepsilon(\in\mathscr{D}^*)$ を $\pi$ に関する **$\varepsilon$-ベイズ** ($\varepsilon$-Bayes) **決定関数**といい, 上記と同様に有限な $\varepsilon$-ベイズリスクをもつ $\delta_0(\in\mathscr{D}^*)$ が存在するとき, 各 $\boldsymbol{x}\in\mathscr{X}(\subset\mathbf{R}^n)$ について

$$R_\pi\left(\delta^*\,|\,\boldsymbol{x}\right)\leq\inf_{\delta\in\mathscr{D}^*}R_\pi\left(\delta\,|\,\boldsymbol{x}\right)+\varepsilon$$

となる $\delta^*(\in\mathscr{D}^*)$ が存在すれば, それは $\varepsilon$-ベイズ決定関数になる.

　いま, $g(\Theta)=\mathbb{A}\subset\mathbf{R}^1$ とし, $L(\boldsymbol{\theta},a)=(a-g(\boldsymbol{\theta}))^2$ とすれば, $\delta_\pi(\boldsymbol{X})=E_\pi[g(\boldsymbol{\theta})\,|\,\boldsymbol{X}=\boldsymbol{x}]$ となる $\delta_\pi$ は $\pi$ に関する非確率的ベイズ決定関数であり, $\mathbb{A}=g(\Theta)$ のとき $g(\boldsymbol{\theta})$ の $\pi$ に関するベイズ推定量でもある. ここで, $\mathbb{A}=\Theta=\mathbf{R}^1$ とする. このとき, $L(\theta,a)=|a-\theta|$ とすると, $\theta$ のベイズ推定量 $\delta_\pi(\boldsymbol{X})$ は $\boldsymbol{X}=\boldsymbol{x}$ を与えたときの $\theta$ の条件付分布の中央値になる. また, $L(\theta,a)=1-\chi_{[-c,c]}(a-\theta)$ $(c>0)$ とすれば, $E_\pi\left[L(\theta,\delta(\boldsymbol{x}))\,|\,\boldsymbol{X}=\boldsymbol{x}\right]=1-P_\pi\{\theta\in[\delta(\boldsymbol{x})-c,\delta(\boldsymbol{x})+c]\,|\,\boldsymbol{X}=\boldsymbol{x}\}$ となるから, $\delta_\pi(\boldsymbol{X})$ は幅 $2c$ の区間 $I_c$ について $P_\pi\{\theta\in I_c\,|\,\boldsymbol{X}=\boldsymbol{x}\}$ を最大にする区間 $I_c$ の中点になる.

---

[13] $\boldsymbol{X}$ の j.p.d.f. または j.p.m.f. を $f_{\boldsymbol{X}}(\boldsymbol{x};\boldsymbol{\theta})$ とし, **事後** (posterior) **p.d.f.**, **事後 p.m.f.** を

$$\pi(\boldsymbol{\theta}\,|\,\boldsymbol{x})=\begin{cases}f_{\boldsymbol{X}}(\boldsymbol{x};\boldsymbol{\theta})\pi(\boldsymbol{\theta})\,\big/\int_\Theta f_{\boldsymbol{X}}(\boldsymbol{x};\boldsymbol{\theta})\pi(\boldsymbol{\theta})d\boldsymbol{\theta} & (連続型),\\ f_{\boldsymbol{X}}(\boldsymbol{x};\boldsymbol{\theta})\pi(\boldsymbol{\theta})\,\big/\sum_{\boldsymbol{\theta}\in\Theta}f_{\boldsymbol{X}}(\boldsymbol{x};\boldsymbol{\theta})\pi(\boldsymbol{\theta}) & (離散型)\end{cases}$$

とする. なお, $\pi(\boldsymbol{\theta}\,|\,\boldsymbol{x})$ をもつ分布を**事後分布** (posterior distribution) という.

定理 2.3.1

有限な事後リスクをもつ確率的ベイズ決定関数が存在すれば，非確率的ベイズ決定関数が存在する．

**証明**　まず，$a \in \mathbb{A}$, $\boldsymbol{x} \in \mathscr{X}$ について

$$h_{\boldsymbol{x}}(a) = E_{\pi}[L(\boldsymbol{\theta}, a) \mid \boldsymbol{X} = \boldsymbol{x}]$$

とおく．ここで，ある $\boldsymbol{x} \in \mathscr{X}$ が存在して，任意の $a \in \mathbb{A}$ について $h_{\boldsymbol{x}}(a) = \infty$ とすれば，任意の $\delta \in \mathscr{D}^*$ の事後リスクは $R_{\pi}(\delta \mid \boldsymbol{x}) = \infty$ となる．よって，任意の $\boldsymbol{x} \in \mathscr{X}$ について $c(\boldsymbol{x}) = \inf_{a \in \mathbb{A}} h_{\boldsymbol{x}}(a) < \infty$ と仮定してよい．

いま，ある $\boldsymbol{x} \in \mathscr{X}$ で非確率的ベイズ決定関数が存在しないと仮定して対偶を示す．その仮定と $c(\boldsymbol{x})$ の定義より $h_{\boldsymbol{x}}(b) = c(\boldsymbol{x})$ となる $b \in \mathbb{A}$ は存在しない．ここで，$\delta$ を任意の確率的決定関数とする．このとき

$$B_n = \left\{ a \mid h_{\boldsymbol{x}}(a) \geq c(\boldsymbol{x}) + \frac{1}{n} \right\} \quad (n \in \mathbb{N})$$

とおくと，$\{a \mid h_{\boldsymbol{x}}(a) = c(\boldsymbol{x})\} = \emptyset$ であるから十分大きい $n$ について

$$E_{\delta}\left[ \chi_{B_n}(\dot{A}) \right] > 0$$

となる．ただし，$\dot{A}$ は c.p.d.f. または c.p.m.f. $p_{\delta(\boldsymbol{x})}(a)$ をもつ条件付分布に従う確率変数とし，$E_{\delta}[\cdot]$ はその分布による期待値とする．よって，十分大きい $n$ について

$$\begin{aligned}
E_{\delta}\left[ h_{\boldsymbol{x}}(\dot{A}) \right] &\geq c(\boldsymbol{x}) E_{\delta}\left[ \chi_{B_n^c}(\dot{A}) \right] + E_{\delta}\left[ h_{\boldsymbol{x}}(\dot{A}) \chi_{B_n}(\dot{A}) \right] \\
&\geq c(\boldsymbol{x}) E_{\delta}\left[ \chi_{B_n^c}(\dot{A}) \right] + \left\{ c(\boldsymbol{x}) + \frac{1}{n} \right\} E_{\delta}\left[ \chi_{B_n}(\dot{A}) \right] \\
&> c(\boldsymbol{x})
\end{aligned}$$

になり，$c(\boldsymbol{x})$ の定義より，$a_0 (\in \mathbb{A})$ が存在して

$$c(\boldsymbol{x}) < h_{\boldsymbol{x}}(a_0) < E_{\delta}\left[ h_{\boldsymbol{x}}(\dot{A}) \right]$$

となるから $\delta$ は確率的ベイズ決定関数でない．　　　　　　　　　□

**問 2.3.1**　$X_1, \ldots, X_n$ をベルヌーイ分布 $\mathrm{Ber}(\theta)$ $(\theta \in \Theta = (0,1))$ からの無作

為標本とし，$\theta$ の事前分布を（区間 $[0,1]$ 上の）**一様分布** $\mathrm{U}(0,1)$ とする．また，行動空間を $\mathbb{A} = \{a_0, a_1\}$ とし，$\Theta \times \mathbb{A}$ 上の損失関数を

$$L(\theta, a) = \begin{cases} 0 & (\text{``} 0 \le \theta \le \tfrac{1}{2},\, a = a_0 \text{''} \text{ または ``} \tfrac{1}{2} < \theta \le 1,\, a = a_1 \text{''}), \\ 1 & (\text{その他}) \end{cases}$$

とする．このとき，$Y = \sum_{i=1}^{n} X_i$ に基づく確率的ベイズ決定関数を求めよ．

**注意 2.3.1**[14]
ベイズ的決定論において，事前分布の選択が重要になる．$\mathscr{F}$ を p.d.f. または p.m.f. $f(\boldsymbol{x}, \boldsymbol{\theta})$ をもつ分布族とし，$\Pi$ を事前分布族とする．このとき，任意の $f \in \mathscr{F}$，$\Pi$ の任意の事前分布，任意の $\boldsymbol{x} \in \mathscr{X}$ について，事後分布が $\Pi$ に属するとき，$\Pi$ が $\mathscr{F}$ に対して**共役事前分布族** (a family of conjugate prior distributions) であるという．通常は事前分布として共役（事前）分布をとることが多い．たとえば，指数型分布族は指数型分布族に対して共役事前分布族になる．

**注意 2.3.2**
母数空間 $\Theta$ を有限集合とすれば，適当な条件の下ですべての事前分布に関する確率的ベイズ決定関数全体の集合は完全類になり，許容的な確率的ベイズ決定関数全体の集合は最小完全類になる[15]．

次に，決定問題において

$$\sup_{\boldsymbol{\theta} \in \Theta} R(\boldsymbol{\theta}, \delta_M) = \inf_{d \in \mathscr{D}} \sup_{\boldsymbol{\theta} \in \Theta} R(\boldsymbol{\theta}, d)$$

となる $\delta_M (\in \mathscr{D})$ を**ミニマックス** (minimax) **決定関数**という．特に，$\Theta$ 上の関数 $g(\boldsymbol{\theta})$ の推定問題においては，$\mathbb{A} = g(\Theta)$ として $\delta_M$ は $g(\boldsymbol{\theta})$ の**ミニマックス推定量**という．

【**例 2.3.1**】（ポアソン分布）　確率変数 $X$ が p.m.f.

$$p(x; \theta) = \frac{e^{-\theta} \theta^x}{x!} \quad (x = 0, 1, 2, \dots;\ \theta \in \mathbf{R}_+)$$

[14]赤平 [A19] の 1.2.3 項 (pp.9-13) 参照．

[15]Ferguson, T. S. [F67]. *Mathematical Statistics*, Academic Press の p.87; 鍋谷清治 (1978). 『数理統計学』（共立出版）の pp.142-143; LeCam, L. (1955). An extension of Wald's theory of statistical decision functions. *Ann. Math. Statist.*, **26**, 69-81 参照．

をもつ**ポアソン分布** (Poisson distribution) Po($\theta$) に従うとし，$\theta$ の事前
分布を p.d.f.

$$\pi(\theta) = \frac{1}{\beta\Gamma(\alpha)} \left(\frac{\theta}{\beta}\right)^{\alpha-1} e^{-\theta/\beta} \chi_{(0,\infty)}(\theta) \quad ((\alpha,\ \beta) \in \mathbf{R}_+^2)$$

をもつ**ガンマ分布** G($\alpha,\beta$) とする．このとき，事後 p.d.f. は各 $x = 0,1,$
$2,\ldots$ について

$$\pi(\theta\,|\,x) = \frac{1}{\Gamma(x+\alpha)} \left(1 + \frac{1}{\beta}\right)^{x+\alpha} \theta^{x+\alpha-1} e^{-\theta(\beta+1)/\beta} \chi_{(0,\infty)}(\theta) \quad (2.3.2)$$

となり，これはガンマ分布 G($x+\alpha, (\beta+1)/\beta$) の p.d.f. となる（前節の
脚注 [7] 参照）．よって，(2.3.2) より各 $j \in \mathbb{N}$ について $g_j(\theta) = \theta^j$ の推定
問題において，そのベイズ推定量の値は

$$\hat{g}_{\pi j}(x) = E_\pi[g_j(\theta)\,|\,X=x] = c(x) \int_0^\infty \theta^{j+x+\alpha-1} e^{-\theta(\beta+1)/\beta} d\theta$$

になるから，ベイズ推定量は

$$\begin{aligned}
\hat{g}_{\pi j}(X) &= \frac{c(X)\Gamma(j+X+\alpha)}{(1+\beta^{-1})^{j+X+\alpha}} \\
&= \frac{(j+X+\alpha-1)\cdots(X+\alpha)}{(1+\beta^{-1})^j}
\end{aligned}$$

となる．ただし，$c(x) = (1+\beta^{-1})^{x+\alpha}/\Gamma(x+\alpha)$ とする．特に，$j=1$ の
ときは $\hat{g}_{\pi 1}(X) = (X+\alpha)\beta/(\beta+1)$ になる．

次に，$\int_\Theta \pi(\boldsymbol{\theta})d\boldsymbol{\theta} = \infty$ または $\sum_{\boldsymbol{\theta}\in\Theta} \pi(\boldsymbol{\theta}) = \infty$ となる $\pi(\boldsymbol{\theta})$ ($\boldsymbol{\theta} \in \Theta \subset$
$\mathbf{R}^k$) をもつ分布を**一般** (improper) **事前分布**といい，(2.3.1) を最小にする
$\delta(\boldsymbol{x}) = \delta_{\mathrm{GB}}(\boldsymbol{x}) \in \mathbb{A}$ が存在すれば，$\delta_{\mathrm{GB}}(\boldsymbol{X})$ を $\pi$ に関する**一般ベイズ**
(generalized Bayes，略して GB) **決定関数**という．特に，$\boldsymbol{\theta}(\in \Theta \subset \mathbf{R}^k)$
の関数 $g(\boldsymbol{\theta})$ の推定問題においては，$\mathbb{A} = g(\Theta)$ として，$\delta_{\mathrm{GB}}$ は **GB 推定**
**量**になる．

**【例 2.1.1（続 2）】**　$X_1,\ldots,X_n$ を正規分布 N($\mu,\sigma^2$) からの無作為標本と
する．ただし，$\mu(\in \Theta = \mathbf{R}^1)$ は未知で，$\sigma^2$ は既知とする．いま，$\mu$ の推
定問題において $\pi(\mu) \equiv 1$ となる一般事前分布と 2 乗損失の下で，一般事

後 p.d.f. は

$$\pi(\mu \mid \boldsymbol{x})$$

$$= \exp\left\{-\frac{1}{2\sigma^2}\sum_{i=1}^{n}(x_i-\mu)^2\right\} \Big/ \int_{-\infty}^{\infty}\exp\left\{-\frac{1}{2\sigma^2}\sum_{i=1}^{n}(x_i-\mu)^2\right\}d\mu$$

となり，$\sum_{i=1}^{n}(x_i-\mu)^2 = \sum_{i=1}^{n}(x_i-\bar{x})^2+n(\bar{x}-\mu)^2$ となるから $\hat{\delta}_{\mathrm{GB}}(\boldsymbol{x}) = E_\pi[\mu \mid \boldsymbol{X}=\boldsymbol{x}] = \bar{x}$ になる．ただし，$\bar{x} = (1/n)\sum_{i=1}^{n}x_i$ とする．よって，$\mu$ の GB 推定量は $\hat{\delta}_{\mathrm{GB}}(\boldsymbol{X}) = \overline{X} = (1/n)\sum_{i=1}^{n}X_i$ となる．

ここで，$\boldsymbol{\theta}(\in \Theta \subset \mathbf{R}^k)$ の関数 $g(\boldsymbol{\theta})$ の推定問題において，一定のリスクをもつ推定量がミニマックスになる場合について考える．

| 定理 2.3.2 |

$\Theta$ 上の事前 p.d.f. または事前 p.m.f. を $\pi(\boldsymbol{\theta})$ とし，$g(\boldsymbol{\theta})$ の $\pi$ に関するベイズ推定量を $\hat{g}_\pi$ とし，$\Theta_0 = \{\boldsymbol{\theta} \mid R(\boldsymbol{\theta},\hat{g}_\pi) = \sup_{\boldsymbol{\theta}\in\Theta} R(\boldsymbol{\theta},\hat{g}_\pi)\}$ とする．また，$\int_{\Theta_0}\pi(\boldsymbol{\theta})d\boldsymbol{\theta} = 1$ または $\sum_{\boldsymbol{\theta}\in\Theta_0}\pi(\boldsymbol{\theta}) = 1$ とする．このとき，$\hat{g}_\pi$ は $g(\boldsymbol{\theta})$ のミニマックス推定量である．さらに，$\hat{g}_\pi$ が $g(\boldsymbol{\theta})$ の $\pi$ に関する唯一のベイズ推定量ならば，$\hat{g}_\pi$ は唯一のミニマックス推定量でもある．

**証明** （連続型）$g(\boldsymbol{\theta})$ の任意の推定量を $\hat{g} = \hat{g}(\boldsymbol{X})$ とすると

$$\begin{aligned}\sup_{\boldsymbol{\theta}\in\Theta} R(\boldsymbol{\theta},\hat{g}) &\geq \int_{\Theta_0} R(\boldsymbol{\theta},\hat{g})\pi(\boldsymbol{\theta})d\boldsymbol{\theta} \\ &\geq \int_{\Theta_0} R(\boldsymbol{\theta},\hat{g}_\pi)\pi(\boldsymbol{\theta})d\boldsymbol{\theta} = \sup_{\boldsymbol{\theta}\in\Theta} R(\boldsymbol{\theta},\hat{g}_\pi)\end{aligned} \tag{2.3.3}$$

となる．また，$\hat{g}_\pi$ を $g(\boldsymbol{\theta})$ の $\pi$ に関する唯一のベイズ推定量とすれば，(2.3.3) の最後の不等号は $>$ になるので，$\hat{g}_\pi$ は唯一のミニマックス推定量になる．離散型の場合も同様に示される． □

定理 2.3.2 より，ベイズ推定量 $\hat{g}_\pi$ のリスクが定数ならば，$\hat{g}_\pi$ はミニマックス推定量になることがわかる．

**【例 1.2.1（続 1）】** $X_1,\ldots,X_n$ をベルヌーイ分布 $\mathrm{Ber}(\theta)$ からの無作為標

本とする. ただし, $\theta \in \Theta = (0,1)$ とする. このとき, $\theta$ の推定問題を 2 乗損失の下で考える. まず, $\overline{X} = (1/n)\sum_{i=1}^{n} X_i$ は, $\theta$ の UMVU 推定量になるが, その分散は $V_\theta(\overline{X}) = \theta(1-\theta)/n$ となり $\theta$ に依存する[16]. 次に, $T = T(\boldsymbol{X}) = \sum_{i=1}^{n} X_i$ は 2 項分布 $\mathrm{Bi}(n,\theta)$ に従うことがわかり, ここで $\theta$ の事前分布を p.d.f.

$$\pi(\theta) = \frac{1}{\mathrm{B}(\alpha,\beta)}\theta^{\alpha-1}(1-\theta)^{\beta-1}\chi_{(0,1)}(\theta) \quad ((\alpha,\beta) \in \mathbf{R}_+^2) \tag{2.3.4}$$

をもつベータ (beta) **分布** $\mathrm{Be}(\alpha,\beta)$ とする. ただし, $\mathrm{B}(\alpha,\beta)$ はベータ関数 (beta function), すなわち $\mathrm{B}(\alpha,\beta) = \int_0^1 x^{\alpha-1}(1-x)^{\beta-1}dx$ とする. このとき, $(T,\theta)$ の同時分布は

$$f_{T,\theta}(t;\theta) = \binom{n}{t}\frac{1}{\mathrm{B}(\alpha,\beta)}\theta^{t+\alpha-1}(1-\theta)^{n-t+\beta-1}$$

$$(t = 0,1,\ldots,n;\ \theta \in \Theta;\ (\alpha,\beta) \in \mathbf{R}_+^2)$$

となる. また, $T$ の**周辺** (marginal (m.))**p.m.f.** は

$$f_T(t) = \binom{n}{t}\frac{\mathrm{B}(t+\alpha,n-t+\beta)}{\mathrm{B}(\alpha,\beta)} \quad (t = 0,1,\ldots,n;\ (\alpha,\beta) \in \mathbf{R}_+^2)$$

になり, これは**ベータ 2 項分布** (beta-binomial distribution) と呼ばれている. よって, $T = t$ を与えたときの $\theta$ の事後分布はベータ分布 $\mathrm{Be}(t+\alpha, n-t+\beta)$ になるから, 2 乗損失の下で $\theta$ のベイズ推定量の値は一意的に

$$\hat{\theta}_\pi(t) = E_\pi[\theta\,|\,T = t] = \frac{t+\alpha}{\alpha+\beta+n}$$

となるので, $\theta$ のベイズ推定量は

$$\hat{\theta}_\pi(T(\boldsymbol{X})) = \frac{n}{\alpha+\beta+n}\overline{X} + \frac{\alpha+\beta}{\alpha+\beta+n}\cdot\frac{\alpha}{\alpha+\beta} \tag{2.3.5}$$

となる. ここで, (2.3.5) より $\hat{\theta}_\pi$ は $\overline{X}$ と $\theta$ の事前分布 $\mathrm{Be}(\alpha,\beta)$ の平均

---

[16]赤平 [A19] の例 1.1.2 (続 6) (p.50), 例 1.1.2 (続 8) (p.64) 参照.

$\alpha/(\alpha+\beta)$ の凸結合[17]になる. また, 2乗損失の下で $\hat\theta_\pi$ のリスクは

$$R\left(\theta,\hat\theta_\pi\right)=E_\theta\left[\left\{\frac{n}{\alpha+\beta+n}(\overline{X}-\theta)+\frac{\alpha+\beta}{\alpha+\beta+n}\left(\frac{\alpha}{\alpha+\beta}-\theta\right)\right\}^2\right]$$
$$=\frac{1}{(\alpha+\beta+n)^2}\left\{n\theta(1-\theta)+(\alpha-(\alpha+\beta)\theta)^2\right\}$$

となり, これが $\theta$ に無関係になるための必要十分条件は, $\alpha=\beta=\sqrt{n}/2$ になる. このとき

$$\hat\theta_\pi=\hat\theta_\pi^*=\frac{1}{n+\sqrt{n}}\left(n\overline{X}+\frac{\sqrt{n}}{2}\right)$$

になり, そのリスクは $R(\theta,\hat\theta_\pi^*)=1/\{4(1+\sqrt{n})\}^2$ になり, $\theta$ に無関係になるから, 定理 2.3.2 より $\hat\theta_\pi^*$ は $\theta$ の唯一のミニマックス推定量になる.

実は, ミニマックス推定量は損失関数に依存する. 実際, 損失関数 $L(\theta,a)=(a-\theta)^2/\{\theta(1-\theta)\}$ の下で, $\overline{X}$ のリスクは $R(\theta,\overline{X})=V_\theta(\overline{X})/\{\theta(1-\theta)\}=1/n$ となる. また, 事前分布を一様分布 $U(0,1)$, すなわち (2.3.4) で $\alpha=\beta=1$ としてベータ分布 $Be(1,1)$ とすれば, $T=\sum_{i=1}^n X_i=t$ を与えたときの $\theta$ の条件付分布, すなわち $\theta$ の事後分布はベータ分布 $Be(t+1,n-t+1)$ になる. ここで, 上記の損失関数の下で, 事後リスク $R_\pi(\delta|T)$ を最小にする $\delta$ は一意的に $\hat\theta_\pi(T)=B(T+1,n-T)/B(T,n-T)=T/n=\overline{X}$ となる. よって, 定理 2.3.2 より $\overline{X}$ は $\theta$ の唯一のミニマックス推定量になる.

定理 2.3.3

$\Theta_0\subset\Theta$ とし, 関数 $g(\boldsymbol\theta)$ $(\boldsymbol\theta\in\Theta_0)$ のミニマックス推定量を $\hat g(\boldsymbol X)$ とする. このとき

$$\sup_{\boldsymbol\theta\in\Theta}R(\boldsymbol\theta,\hat g)=\sup_{\boldsymbol\theta\in\Theta_0}R(\boldsymbol\theta,\hat g)\tag{2.3.6}$$

ならば, $\hat g$ は $g(\boldsymbol\theta)$ $(\boldsymbol\theta\in\Theta)$ のミニマックス推定量である.

---

[17]一般に, $\mathbf{R}^n$ の点 $\boldsymbol x_1,\dots,\boldsymbol x_m$ に対して, $\sum_{i=1}^m c_i=1$ を満たす非負の実数 $c_1,\dots,c_m$ を用いた $\sum_{i=1}^m c_i\boldsymbol x_i$ の形の表現式を $\boldsymbol x_1,\dots,\boldsymbol x_m$ の凸結合 (convex combination) という.

**証明** いま，$g(\boldsymbol{\theta})$ $(\boldsymbol{\theta} \in \Theta)$ の推定量 $\hat{g}^*(\boldsymbol{X})$ が存在して

$$\sup_{\boldsymbol{\theta} \in \Theta} R(\boldsymbol{\theta}, \hat{g}^*) < \sup_{\boldsymbol{\theta} \in \Theta} R(\boldsymbol{\theta}, \hat{g})$$

であるとする．このとき，(2.3.6) より

$$\sup_{\boldsymbol{\theta} \in \Theta_0} R(\boldsymbol{\theta}, \hat{g}^*) \le \sup_{\boldsymbol{\theta} \in \Theta} R(\boldsymbol{\theta}, \hat{g}^*) < \sup_{\boldsymbol{\theta} \in \Theta} R(\boldsymbol{\theta}, \hat{g}) = \sup_{\boldsymbol{\theta} \in \Theta_0} R(\boldsymbol{\theta}, \hat{g})$$

となり，$\hat{g}$ が $g(\boldsymbol{\theta})$ $(\boldsymbol{\theta} \in \Theta_0)$ のミニマックス推定量であることに矛盾する．よって，$\hat{g}$ は $g(\boldsymbol{\theta})$ $(\boldsymbol{\theta} \in \Theta)$ のミニマックス推定量になる． $\square$

**【例 2.1.1（続 3）】** $X_1, \ldots, X_n$ を正規分布 $N(\mu, \sigma^2)$ からの無作為標本とする．ただし，$\boldsymbol{\theta} = (\mu, \sigma^2)(\in \mathbf{R}^1 \times \mathbf{R}_+)$ は未知とする．このとき，2 乗損失の下で $\mu$ の推定問題を考える．まず，正の定数 $c$ について $\Theta = \mathbf{R}^1 \times (0, c]$ とし，$\Theta_0 = \mathbf{R}^1 \times \{c\}$ とする．ここで，$\Theta_0$ において $\mu$ の推定について考える．いま，$\mu$ の事前分布を $N(\xi, \tau^2)$ とし，その p.d.f. を $\pi(\mu; \xi, \tau^2)$ とすると，$\boldsymbol{X} = \boldsymbol{x}$ を与えたときの $\mu$ の条件付分布，すなわち $\mu$ の事後分布は $N(\tilde{\mu}(\boldsymbol{x}), \tilde{\sigma}^2)$ になる[18]．ただし，$\boldsymbol{x} = (x_1, \ldots, x_n)$, $\bar{x} = (1/n)\sum_{i=1}^n x_i$ として

$$\begin{aligned}
\tilde{\mu}(\boldsymbol{x}) &= E_\pi(\mu|\bar{x}) = \frac{c}{n\tau^2 + c}\xi + \frac{n\tau^2}{n\tau^2 + c}\bar{x}, \\
\tilde{\sigma}^2 &= V_\pi(\mu \mid \boldsymbol{x}) = \frac{c\tau^2}{n\tau^2 + c}
\end{aligned} \tag{2.3.7}$$

とする[19]．このとき，$\mu$ のベイズ推定量は $\hat{\mu}_\pi(\boldsymbol{X}) = E_\pi(\mu \mid \boldsymbol{X}) = \tilde{\mu}(\boldsymbol{X})$ になる．また，$\overline{X} = (1/n)\sum_{i=1}^n X_i$ は $\mu$ のミニマックス推定量になる．実際，$\mu$ の任意の推定量 $\hat{\mu} = \hat{\mu}(\boldsymbol{X})$ について，$R(\boldsymbol{\theta}, \hat{\mu}) = E_{\boldsymbol{\theta}}\left[\{\hat{\mu}(\boldsymbol{X}) - \mu\}^2\right]$ となるから

---

[18] 赤平 [A03] の例 A.7.3.2(p.218) 参照.

[19] **条件付平均** (conditional mean) $E(\mu \mid \boldsymbol{x})$, **条件付分散** (conditional variance) $V(\mu \mid \boldsymbol{x})$ の定義については赤平 [A03] の p.62 参照.

$$\sup_{\boldsymbol{\theta} \in \Theta_0} R(\boldsymbol{\theta}, \hat{\mu}) \geq \int_{-\infty}^{\infty} R(\boldsymbol{\theta}, \hat{\mu})\pi(\mu; \xi, \tau^2)d\mu$$

$$\geq \int_{-\infty}^{\infty} R(\boldsymbol{\theta}, \tilde{\mu})\pi(\mu; \xi, \tau^2)d\mu$$

$$= \int_{-\infty}^{\infty} E_{\boldsymbol{\theta}}\left[\{\tilde{\mu}(\boldsymbol{X}) - \mu\}^2\right]\pi(\mu; \xi, \tau^2)d\mu$$

$$= E\left[E_{\pi}\left[\{\mu - \tilde{\mu}(\boldsymbol{X})\}^2 \mid \boldsymbol{X}\right]\right] = \tilde{\sigma}^2 \qquad (2.3.8)$$

になる. ここで, (2.3.7) において $\tau^2 \to \infty$ とすると $\tilde{\sigma}^2 \to c/n$ となるので, (2.3.8) より

$$\sup_{\boldsymbol{\theta} \in \Theta_0} R(\boldsymbol{\theta}, \hat{\mu}) \geq \frac{\sigma^2}{n} = \sup_{\boldsymbol{\theta} \in \Theta_0} R(\boldsymbol{\theta}, \overline{X}) \qquad (2.3.9)$$

となる. よって, $\overline{X}$ は $\Theta_0$ において $\mu$ のミニマックス推定量になる. 次に, $\Theta$ において $\mu$ の推定について考える. この場合には, (2.3.7)〜(2.3.9) において $c$ を $\sigma^2$ に変えればよいので

$$\sup_{\boldsymbol{\theta} \in \Theta} R(\boldsymbol{\theta}, \hat{\mu}) \geq \frac{\sigma^2}{n} = \sup_{\boldsymbol{\theta} \in \Theta} R(\boldsymbol{\theta}, \overline{X}) \qquad (2.3.10)$$

になる. また, $\theta \in \Theta$ より $\sigma^2 \leq c$ となるから, (2.3.9), (2.3.10) より

$$\sup_{\boldsymbol{\theta} \in \Theta_0} R(\boldsymbol{\theta}, \overline{X}) = \frac{c}{n} \geq \sup_{\boldsymbol{\theta} \in \Theta} R(\boldsymbol{\theta}, \overline{X})$$

となるので, $\sup_{\boldsymbol{\theta} \in \Theta_0} R(\boldsymbol{\theta}, \overline{X}) = \sup_{\boldsymbol{\theta} \in \Theta} R(\boldsymbol{\theta}, \overline{X})$ となり, (2.3.6) が満たされるから $\overline{X}$ は $\Theta$ において $\mu$ のミニマックス推定量になる. さらに, $\Theta = \mathbf{R}^1 \times \mathbf{R}_+$ として, $\mu$ の推定について考える. いま, $\hat{\mu} = \hat{\mu}(\boldsymbol{X})$ を $\mu$ の任意の推定量とする. $\sigma^2 (\in \mathbf{R}_+)$ を任意に固定すると (2.3.10) が成り立つ. そこで, $\sigma^2 \to \infty$ とすると, $\mu$ の任意の推定量 $\hat{\mu}$ について $\sup_{\boldsymbol{\theta} \in \Theta} R(\boldsymbol{\theta}, \hat{\mu}) = \infty$ となり, 任意の $\hat{\mu}$ が $\mu$ のミニマックス推定量となり, ミニマックス性が無意味になる.

**定理 2.3.4**

$g(\boldsymbol{\theta})(\boldsymbol{\theta} \in \Theta \subset \mathbf{R}^k)$ の推定量 $\hat{g} = \hat{g}(\boldsymbol{X})$ のリスクが定数でかつ $\hat{g}$ が許容的ならば, $\hat{g}$ は $g(\boldsymbol{\theta})$ のミニマックス推定量である. また, 損失関数

$L(\boldsymbol{\theta}, a)$ が，各 $\boldsymbol{\theta} \in \Theta$ について $a(\in \mathbb{A})$ の狭義の凸関数[20]ならば，$\hat{g}$ は $g(\boldsymbol{\theta})$ の唯一のミニマックス推定量である．

**証明** まず，$\hat{g}$ とは別の，$\sup_{\boldsymbol{\theta} \in \Theta} R(\boldsymbol{\theta}, \hat{g}^*) \leq R(\boldsymbol{\theta}, \hat{g}) = R_{\hat{g}}$ となる（$g(\boldsymbol{\theta})$ の）推定量 $\hat{g}^* = \hat{g}^*(\boldsymbol{X})$ が存在するとする．このとき，$\hat{g}$ は許容的であるから，任意の $\boldsymbol{\theta} \in \Theta$ について $R(\boldsymbol{\theta}, \hat{g}^*) = R_{\hat{g}}$ となり，$\hat{g}$ は $g(\boldsymbol{\theta})$ のミニマックス推定量になる．次に，$L(\boldsymbol{\theta}, a)$ を各 $\boldsymbol{\theta} \in \Theta$ について $a(\in \mathbb{A})$ の狭義の凸の損失関数とし，$\hat{g}_0 = \hat{g}_0(\boldsymbol{X})$ を $g(\boldsymbol{\theta})$ の別のミニマックス推定量とすると，任意の $\boldsymbol{\theta} \in \Theta$ について

$$R\left(\boldsymbol{\theta}, \frac{1}{2}(\hat{g} + \hat{g}_0)\right) < \frac{1}{2}\{R(\boldsymbol{\theta}, \hat{g}) + R(\boldsymbol{\theta}, \hat{g}_0)\} = R_{\hat{g}}$$

となるから，$\hat{g}$ は非許容的になり，これは矛盾になる．よって，狭義の凸の損失関数について，$\hat{g}$ は唯一のミニマックス推定量になる． $\square$

次に，$\Theta$ 上の関数 $g(\boldsymbol{\theta})$ の推定問題において，$\{\pi_n(\boldsymbol{\theta})\}$ を $\boldsymbol{\theta}$ の事前 p.d.f. または事前 p.m.f. の列とし，各 $n \in \mathbb{N}$ について $\hat{g}_{\pi_n} = \hat{g}_{\pi_n}(\boldsymbol{X})$ を $\pi_n$ に関する $g(\boldsymbol{\theta})$ のベイズ推定量とする．ここで，$\hat{g}_{\pi_n}$ のベイズリスクについて

$$B(\pi_n, \hat{g}_{\pi_n}) \to c \quad (n \to \infty) \tag{2.3.11}$$

と仮定する．このとき，任意の事前 p.d.f. または事前 p.m.f. $\pi$ に関する $g(\boldsymbol{\theta})$ のベイズ推定量 $\hat{g}_\pi = \hat{g}_\pi(\boldsymbol{X})$ について

$$B(\pi, \hat{g}_\pi) \leq c \tag{2.3.12}$$

となれば，$\{\pi_n(\boldsymbol{\theta})\}$ を**最も不利** (least favorable) であるという．

**定理 2.3.5**

$\{\pi_n(\boldsymbol{\theta})\}$ をベイズリスクが (2.3.11) を満たすような $\boldsymbol{\theta}$ の事前 p.d.f. または事前 p.m.f. の列とする．また，$\hat{g}^* = \hat{g}^*(\boldsymbol{X})$ を

---

[20] 2.1 節の脚注 [3] 参照．

$$\sup_{\boldsymbol{\theta} \in \Theta} R(\boldsymbol{\theta}, \hat{g}^*) = c \tag{2.3.13}$$

となる $g(\boldsymbol{\theta})$ の推定量とする．このとき，$\hat{g}^*$ が $g(\boldsymbol{\theta})$ のミニマックス推定量であり，$\{\pi_n(\boldsymbol{\theta})\}$ が最も不利である．

**証明** （連続型）$g(\boldsymbol{\theta})$ の任意の推定量を $\hat{g} = \hat{g}(\boldsymbol{X})$ とすると，任意の $n \in \mathbb{N}$ について

$$\sup_{\boldsymbol{\theta} \in \Theta} R(\boldsymbol{\theta}, \hat{g}) \geq \int_{\Theta} R(\boldsymbol{\theta}, \hat{g}) \pi_n(\boldsymbol{\theta}) d\boldsymbol{\theta} \geq B(\pi_n, \hat{g}_{\pi_n})$$

となるから，(2.3.11), (2.3.13) より

$$\sup_{\boldsymbol{\theta} \in \Theta} R(\boldsymbol{\theta}, \hat{g}) \geq \sup_{\boldsymbol{\theta} \in \Theta} R(\boldsymbol{\theta}, \hat{g}^*)$$

となる．よって $\hat{g}^*$ は $\boldsymbol{\theta}$ のミニマックス推定量になる．次に，任意の事前 p.d.f. を $\pi(\boldsymbol{\theta})$ とし，それに関するベイズ推定量 $\hat{g}_\pi = \hat{g}_\pi(\boldsymbol{X})$ とすると，(2.3.13) より

$$B(\pi, \hat{g}_\pi) = \int_{\Theta} R(\boldsymbol{\theta}, \hat{g}_\pi) \pi(\boldsymbol{\theta}) d\boldsymbol{\theta} \leq \int_{\Theta} R(\boldsymbol{\theta}, \hat{g}^*) \pi(\boldsymbol{\theta}) d\boldsymbol{\theta}$$

$$\leq \sup_{\boldsymbol{\theta} \in \Theta} R(\boldsymbol{\theta}, \hat{g}^*) = c$$

になる．よって，(2.3.12) より $\{\pi_n(\boldsymbol{\theta})\}$ は最も不利になる．$\boldsymbol{\theta}$ が離散型の場合も同様に示される． $\square$

> **注意 2.3.3**
> 2 乗損失の下で，事前 p.d.f. または事前 p.m.f. $\pi$ に関する $g(\boldsymbol{\theta})$ のベイズ推定量は $\hat{g}_\pi(\boldsymbol{X}) = E[g(\boldsymbol{\theta}) \,|\, \boldsymbol{X}]$ となるので，そのベイズリスクを $B(\pi, \hat{g}_\pi)$ とすると
> $$B(\pi, \hat{g}_\pi) = E_\pi \left[ E_{\boldsymbol{\theta}} \left[ \{\hat{g}_\pi(\boldsymbol{X}) - g(\boldsymbol{\theta})\}^2 \right] \right]$$
> $$= E \left[ E_\pi \left[ \left\{ g(\boldsymbol{\theta}) - E_\pi \left[ g(\boldsymbol{\theta}) \,|\, \boldsymbol{X} \right] \right\}^2 \,|\, \boldsymbol{X} \right] \right]$$
> $$= E \left[ V_\pi(g(\boldsymbol{\theta}) \,|\, \boldsymbol{X}) \right]$$
> となる．すなわち $\hat{g}_\pi$ のベイズリスクは $\boldsymbol{X}$ を与えたときの $g(\boldsymbol{\theta})$ の条件付分散の期待値になる．また，$V_\pi(g(\boldsymbol{\theta}) \,|\, \boldsymbol{X})$ が $\boldsymbol{X}$ に無関係，すなわち $V_\pi(g(\boldsymbol{\theta}) \,|\, \boldsymbol{X}) = c_\pi$ となれば，$B(\pi, \hat{g}_\pi) = c_\pi$ になる．

**【例 2.1.1** （続 4）**】** $X_1, \ldots, X_n$ を正規分布 $\mathrm{N}(\theta, \sigma^2)$ $((\theta, \sigma^2) \in \mathbf{R}^1 \times \mathbf{R}_+)$ からの無作為標本とする．ただし，$\sigma^2$ は既知とする．このとき，2 乗損失の下で $g(\theta) = \theta$ の推定問題を考える．まず，$\theta$ の事前分布を $\mathrm{N}(\xi, \tau^2)$

とし，その p.d.f. を $\pi_\tau(\theta; \xi, \tau^2)$ とする．ただし，$\xi$ を既知，$\tau$ を未知とする．2.3 節の例 2.1.1（続 3）より $\theta$ のベイズ推定量は

$$\hat{\theta}_{\pi_\tau}(\boldsymbol{X}) = E_{\pi_\tau}(\theta \mid \boldsymbol{X}) = \frac{\sigma^2}{n\tau^2 + \sigma^2}\xi + \frac{n\tau^2}{n\tau^2 + \sigma^2}\overline{X} \qquad (2.3.14)$$

となり，また条件付分散 $V_{\pi_\tau}(\theta \mid \boldsymbol{X}) = \sigma^2\tau^2/(n\tau^2 + \sigma^2)$ は $\boldsymbol{X}$ に無関係になる．ただし，$\boldsymbol{X} = (X_1, \ldots, X_n), \overline{X} = (1/n)\sum_{i=1}^n X_i$ とする．よって，注意 2.3.3，(2.3.14) より

$$B(\pi_\tau, \hat{\theta}_{\pi_\tau}) = \frac{\sigma^2\tau^2}{n\tau^2 + \sigma^2} \qquad (2.3.15)$$

となり，$\tau \to \infty$ とすると $B(\pi_\tau, \hat{\theta}_{\pi_\tau}) \to \sigma^2/n$ になる．一方，$R(\theta, \overline{X}) = V_\theta(\overline{X}) = \sigma^2/n$ となるから，定理 2.3.5 より $\overline{X}$ は $\theta$ のミニマックス推定量になる．また，(2.3.15) より $B(\pi_\tau, \hat{\theta}_{\pi_\tau}) \leq \sigma^2/n$ となるから，(2.3.12) より $\{\pi_\tau(\theta)\}$ は最も不利になる．

## 2.4　最小分散不偏性と十分性

母数 $\theta$ をもつ分布からの無作為標本を $X_1, \ldots, X_n$ とし，$\boldsymbol{X} = (X_1, \ldots, X_n)$ に基づく $\theta$ の関数 $g(\theta)$ の不偏推定量のクラスを $\mathscr{U}$ とする．いま，$g(\theta)$ のある不偏推定量 $\hat{g}^* = \hat{g}^*(\boldsymbol{X})$ が存在して，任意の $\theta \in \Theta$ について

$$\min_{\hat{g} \in \mathscr{U}} V_\theta(\hat{g}) = V_\theta(\hat{g}^*) \qquad (2.4.1)$$

となるとき，$\hat{g}^*$ を**一様最小分散不偏**（uniformly minimum variance unbiased，略して UMVU）推定量という．また，ある $\theta_0 \in \Theta$ において (2.4.1) が成り立つ $g(\theta)$ の不偏推定量を**局所最小分散不偏** (locally (L)MVU) 推定量という．なお，LMVU 推定量は $\theta_0$ に依存することに注意．

さて，確率ベクトル $\boldsymbol{X} = (X_1, \ldots, X_n)$ の j.p.d.f. または j.p.m.f. を $f_{\boldsymbol{X}}(\boldsymbol{x}; \theta)$ $(\boldsymbol{x} \in \mathscr{X} \subset \mathbf{R}^n; \theta \in \Theta \subset \mathbf{R}^1)$ とし，$\Theta$ を開区間とする．注意 2.2.1 で述べられているように，定理 2.2.1 において，$\hat{b}(\theta) \equiv 0$，すな

わち任意の $\theta \in \Theta$ について $E_\theta[\hat{g}(\boldsymbol{X})] = g(\theta)$ とすると $\hat{g}$ は $g(\theta)$ の不偏推定量となり，その定理の正則条件の下で，C-R の不等式は

$$V_\theta(\hat{g}) \geq \frac{\{g'(\theta)\}^2}{I_{\boldsymbol{X}}(\theta)} \quad (\theta \in \Theta) \tag{2.4.2}$$

になる．そして (2.4.2) で等号が成立するのは

$$\frac{\partial}{\partial \theta} \log f_{\boldsymbol{X}}(\boldsymbol{x};\theta) = I_{\boldsymbol{X}}(\theta)\frac{\hat{g}(\boldsymbol{x}) - g(\theta)}{g'(\theta)} \quad a.s. \tag{2.4.3}$$

となるときに限る[21]．

　2.2 節の注意 2.2.2 より，ある $\theta_0(\in \Theta)$ で (2.4.3) を満たす ($g(\theta)$ の) 不偏推定量は $\theta_0$ において有効推定量であり，これは LMVU 推定量でもある．また，任意の $\theta \in \Theta$ について (2.4.3) を満たす ($g(\theta)$ の) 不偏推定量は UMVU 推定量になる．

　ここで，C-R の不等式 (2.4.2) の等号成立条件 (2.4.3) を満たす分布について考えてみよう．定理 2.2.1 の正則条件において，各 $\boldsymbol{x} \in \mathscr{X}$ について，$f_{\boldsymbol{X}}(\boldsymbol{x};\theta)$ の $\theta$ に関する偏微分可能を連続微分可能に変えて，(2.4.3) の両辺を $\theta$ で積分すれば，$f_{\boldsymbol{X}}$ は

$$f_{\boldsymbol{X}}(\boldsymbol{x};\theta) = \exp\left\{\tilde{Q}(\theta)\hat{g}(\boldsymbol{x}) + \tilde{C}(\theta) + \tilde{S}(\boldsymbol{x})\right\} \quad (\boldsymbol{x} \in \mathscr{X})$$

の形になり，(2.2.12) よりこれは 1 母数指数型分布族の j.p.d.f. または j.p.m.f. になる．逆に $f_{\boldsymbol{X}}$ が (2.2.12) の形で，$C(\theta), Q(\theta)$ が 2 回連続微分可能で $Q'(\theta) \not\equiv 0$ であれば，$g(\theta) = -C'(\theta)/Q(\theta)$ とするとき，(2.2.12) の $T(\boldsymbol{X})$ は (2.4.2) の下界を達成し，$g(\theta)$ の UMVU 推定量になる．

　上記の C-R 不等式のような情報不等式について，多母数の場合や精密化等を考えることができる[22]．また，C-R 不等式 (2.2.6) が成り立つためには，定理 2.2.1 における正則条件が満たされなければならないが，一様分布 U$(0,\theta)$ の $\theta$ の不偏推定を考えるときに，この分布は正則条件を満たさないので，C-R の不等式を用いることはできない．そこで，UMVU 推

[21]証明については，赤平 [A03] の定理 7.4.1 の証明 (pp.118-119) 参照.
[22]赤平 [A19] の第 2 章参照.

定量を求める別のアプローチとして，十分統計量に基づく方法を考える.

　まず，母数 $\theta(\in \Theta)$ をもつ分布からの大きさ $n$ の無作為標本を $X_1, \ldots,$ $X_n$ とし，$\boldsymbol{T}$ を $\mathscr{X}(\subset \mathbf{R}^n)$ から $\mathbf{R}^m$ への関数[23]とする. ただし，$1 \leq m$ $\leq n$ とする. また，$\boldsymbol{T}$ の値域を $\mathscr{T}(\subset \mathbf{R}^m)$ とする. ここで，$\boldsymbol{X} = (X_1,$ $\ldots, X_n)$ に基づく $\boldsymbol{T} = \boldsymbol{T}(\boldsymbol{X})$ を $(m$ 次元$)$ **統計量** (statistic) という. 一般には統計量 $\boldsymbol{T}(\boldsymbol{X})$ は $\boldsymbol{X}$ がもつ $\theta$ に関する情報を損失するが，そうならないような統計量を考える. いま，$f_{\boldsymbol{X},\boldsymbol{T}}(\boldsymbol{x}, \boldsymbol{t}; \theta)$ を $(\boldsymbol{X}, \boldsymbol{T})$ の j.p.d.f. または j.p.m.f. とし，$f_{\boldsymbol{T}}(\boldsymbol{t}; \theta)$ は $\boldsymbol{T}$ の周辺 (marginal(m.)) p.d.f. または m.p.m.f. とする.

### 定義 2.4.1

$\boldsymbol{T} = \boldsymbol{t}(\in \mathscr{T})$ を与えたとき，$\boldsymbol{X}$ の c.p.d.f. または c.p.m.f.

$$f_{\boldsymbol{X}|\boldsymbol{T}}^{\theta}(\boldsymbol{x} \mid \boldsymbol{t}) = \frac{f_{\boldsymbol{X},\boldsymbol{T}}(\boldsymbol{x}, \boldsymbol{t}; \theta)}{f_{\boldsymbol{T}}(\boldsymbol{t}; \theta)}$$

が $\theta$ に無関係であるとき，$\boldsymbol{T}$ は $(\theta$ に対する$)$ **十分統計量** (sufficient statistic) であるという. ただし，$f_{\boldsymbol{T}}(\boldsymbol{t}; \theta) > 0$ とする. なお，$f_{\boldsymbol{T}}(\boldsymbol{t}; \theta)$ $= 0$ のときは $f_{\boldsymbol{X}|\boldsymbol{T}}^{\theta}(\boldsymbol{x} \mid \boldsymbol{t}) = 0$ とする.

　十分統計量を求める際に，定義 2.4.1 から直接求めるよりも，次の**ネイマンの因子分解定理** (Neyman's factorization theorem) が有用である.

### 定理 2.4.1 （ネイマンの因子分解定理）

　確率ベクトル $\boldsymbol{X} = (X_1, \ldots, X_n)$ の j.p.d.f. または j.p.m.f. を $f_{\boldsymbol{X}}(\boldsymbol{x}; \theta)$ $(\boldsymbol{x} \in \mathscr{X}, \theta \in \Theta)$ とする. このとき，$\boldsymbol{T} = \boldsymbol{T}(\boldsymbol{X})$ が $\theta$ に対する十分統計量であるための必要十分条件は，任意の $\theta \in \Theta$ と任意の $\boldsymbol{x} = (x_1, \ldots, x_n)$ $\in \mathscr{X}$ について

$$f_{\boldsymbol{X}}(\boldsymbol{x}; \theta) = g_{\theta}(\boldsymbol{T}(\boldsymbol{x})) \, h(\boldsymbol{x})$$

である. ただし，$h(\boldsymbol{x})$ は非負値関数で $\theta$ に無関係であり，$g_{\theta}(\boldsymbol{T}(\boldsymbol{x}))$ は

---

[23]厳密には可測関数 （1.1 節の脚注 [1]) の伊藤 (1964) 参照).

$T$ を通しての $x$ の非負値関数で $\theta$ に依存する.

証明は省略[24].

ここで, $\boldsymbol{X}$ に基づく統計量 $\boldsymbol{T} = \boldsymbol{T}(\boldsymbol{X})$ の p.d.f. または p.m.f. を $f_{\boldsymbol{T}}(\boldsymbol{t}; \theta)$ $(\boldsymbol{t} \in \mathscr{T})$ とし, 各 $\boldsymbol{t} \in \mathscr{T}$ に対して $f_{\boldsymbol{T}}(\boldsymbol{t}; \theta)$ が $\theta$ に関して偏微分可能とすれば, $\boldsymbol{T}$ の(もつ $\theta$ に関する)F 情報量を $I_{\boldsymbol{T}}(\theta) = E_\theta\big[\{(\partial/\partial\theta) \log f_{\boldsymbol{T}}(\boldsymbol{T}; \theta)\}^2\big]$ で定義し, $0 < I_{\boldsymbol{T}}(\theta) < \infty$ $(\theta \in \Theta)$ とする. ただし, $\Theta \subset \mathbf{R}^1$ とする.

## 系 2.4.1

$\boldsymbol{T} = \boldsymbol{T}(\boldsymbol{X})$ が $\theta$ に対する十分統計量ならば,

$$I_{\boldsymbol{T}}(\theta) = I_{\boldsymbol{X}}(\theta) \quad (\theta \in \Theta)$$

である.

**証明** (離散型) $\boldsymbol{T} = \boldsymbol{T}(\boldsymbol{X})$ を $\theta$ に対する十分統計量とすれば, 定理 2.4.1 より, 任意の $\theta \in \Theta$ と任意の $\boldsymbol{x} \in \mathscr{X}$ について

$$f_{\boldsymbol{X}}(\boldsymbol{x}; \theta) = g_\theta\left(\boldsymbol{T}(\boldsymbol{x})\right) h(\boldsymbol{x})$$

であるから

$$I_{\boldsymbol{X}}(\theta) = E_\theta\left[\left\{\frac{\partial}{\partial\theta} \log f_{\boldsymbol{X}}(\boldsymbol{X}; \theta)\right\}^2\right] = E_\theta\left[\left\{\frac{\partial}{\partial\theta} \log g_\theta(\boldsymbol{T}(\boldsymbol{X}))\right\}^2\right]$$

になる. 一方, $\boldsymbol{T}$ の p.m.f. は, 任意の $\theta \in \Theta$ と任意の $\boldsymbol{t} \in \mathscr{T}$ について

$$f_{\boldsymbol{T}}(\boldsymbol{t}; \theta) = \sum_{\boldsymbol{x}: \boldsymbol{T}(\boldsymbol{x})=\boldsymbol{t}} f_{\boldsymbol{X}}(\boldsymbol{x}; \theta) = \sum_{\boldsymbol{x}: \boldsymbol{T}(\boldsymbol{x})=\boldsymbol{t}} g_\theta\left(\boldsymbol{T}(\boldsymbol{x})\right) h(\boldsymbol{x})$$

$$= g_\theta(\boldsymbol{t}) \sum_{\boldsymbol{x}: \boldsymbol{T}(\boldsymbol{x})=\boldsymbol{t}} h(\boldsymbol{x})$$

となる. ここで, $f_{\boldsymbol{T}}(\boldsymbol{t}; \theta) > 0$ となる $\theta \in \Theta$ があるとしてよい[25]. よって, 任

---

[24] 証明については, 赤平 [A19] の定理 1.4.1 の証明 (pp.27-28) 参照. また, 測度論による厳密な証明については, 鍋谷清治 (1978). 『数理統計学』(共立出版) の pp.70-71 参照.

[25] その理由については, 赤平 [A03] の注意 A.5.7.1(p.210) 参照.

意の $\theta \in \Theta$ と任意の $t \in \mathscr{T}$ について $(\partial/\partial\theta)\log f_{\boldsymbol{T}}(\boldsymbol{t};\theta) = (\partial/\partial\theta)\log g_\theta(\boldsymbol{t})$ となるから

$$I_{\boldsymbol{T}}(\theta) = E_\theta\left[\left\{\frac{\partial}{\partial\theta}\log g_\theta(\boldsymbol{T})\right\}^2\right] = E_\theta\left[\left\{\frac{\partial}{\partial\theta}\log f_{\boldsymbol{X}}(\boldsymbol{X};\theta)\right\}^2\right]$$
$$= I_{\boldsymbol{X}}(\theta)$$

になる. 連続型の場合も同様に示される. □

### 注意 2.4.1

系 2.4.1 より, $\theta$ に対する十分統計量 $\boldsymbol{T} = \boldsymbol{T}(\boldsymbol{X})$ の F 情報量は, 元のデータ $\boldsymbol{X}$ の (もつ $\theta$ に関する) F 情報量と等しくなるという意味で, $\boldsymbol{T}$ は $\boldsymbol{X}$ の情報をすべて保存する.

一般に, $\theta$ に対する十分統計量は一意的ではなく, 多くの十分統計量が存在する. そこで, たとえばできるだけ低次元の十分統計量が望ましい.

### 定義 2.4.2

十分統計量 $\boldsymbol{T}^* = \boldsymbol{T}^*(\boldsymbol{X})$ が存在して, 任意の他の十分統計量 $\boldsymbol{T}(\boldsymbol{X})$ に対して, $\boldsymbol{T}^*(\boldsymbol{x})$ が $\boldsymbol{T}(\boldsymbol{x})$ の関数であるとき, $\boldsymbol{T}^*$ を**最小十分統計量** (minimal sufficient statistic) という.

最小十分統計量を求めるときに, 次の定理が有用になる.

### 定理 2.4.2

確率ベクトル $\boldsymbol{X} = (X_1,\ldots,X_n)$ の j.p.d.f. または j.p.m.f. を $f_{\boldsymbol{X}}(\boldsymbol{x};\theta)$ $(\boldsymbol{x} \in \mathscr{X}, \theta \in \Theta)$ とし, 前者の場合には $\Theta \subset \mathbf{R}^k$ で各 $\boldsymbol{x} \in \mathscr{X}$ について $f_{\boldsymbol{X}}(\boldsymbol{x};\theta)$ は $\theta$ に関して連続であるとする. ある関数 $\boldsymbol{T}(\boldsymbol{x})$ が存在して, 任意に固定した $\boldsymbol{x}, \boldsymbol{y} \in \mathscr{X}$ について $\boldsymbol{T}(\boldsymbol{x}) = \boldsymbol{T}(\boldsymbol{y})$ であることが, $\theta$ に無関係なある正の定数 $C$ について $f_{\boldsymbol{X}}(\boldsymbol{x};\theta) = Cf_{\boldsymbol{X}}(\boldsymbol{y};\theta)$ であることと同値であるとする. このとき, $\boldsymbol{T}(\boldsymbol{X})$ は $\theta$ に対する最小十分統計量である.

証明は省略[26)].

　上記では十分統計量の情報量について論じたが，一般の統計量の情報量については元のデータ $\boldsymbol{X}$ の情報量より大きくならないことが予想されるので，それについて考えてみよう．まず，確率ベクトル $\boldsymbol{X} = (X_1,\ldots,X_n)$ の j.p.d.f. または j.p.m.f. を $f_{\boldsymbol{X}}(\boldsymbol{x};\theta)$ とする．ただし，$\boldsymbol{x} = (x_1,\ldots,x_n)$ $\in \mathbf{R}^n, \theta \in \Theta \subset \mathbf{R}^1$ とし，$\Theta$ は開区間とする．このとき，定理 2.2.1（C-R の不等式）におけるような次の条件を設ける．

(A1)　$f_{\boldsymbol{X}}$ の台 $\mathscr{X} = \{\boldsymbol{x} \,|\, f_{\boldsymbol{X}}(\boldsymbol{x};\theta) > 0\}$ は $\theta$ に無関係である．

(A2)　各 $\boldsymbol{x} \in \mathscr{X}$ について，$f_{\boldsymbol{X}}(\boldsymbol{x};\theta)$ は $\theta$ に関して偏微分可能である．

(A3)　任意の $\theta \in \Theta$ について，正数 $\delta$ と $\boldsymbol{x}$ の非負値関数 $G(\boldsymbol{x},\theta)$ が存在して，任意の $\eta \in (\theta - \delta, \theta + \delta)$ について

$$\left| \frac{f_{\boldsymbol{X}}(\boldsymbol{x};\eta) - f_{\boldsymbol{X}}(\boldsymbol{x};\theta)}{\eta - \theta} \right| \leq G(\boldsymbol{x},\theta) \quad (\boldsymbol{x} \in \mathscr{X}),$$
$$E_\theta\left[G(\boldsymbol{X},\theta)\right] < \infty$$

である．

(A4)　$0 < I_{\boldsymbol{X}}(\theta) = E_\theta\left[\left\{\frac{\partial}{\partial\theta}\log f_{\boldsymbol{X}}(\boldsymbol{X},\theta)\right\}^2\right] < \infty$

　このとき，次の定理が成り立つ．

### 定理 2.4.3

　上記の正則条件 (A1)〜(A4) を仮定する．また，$\boldsymbol{X}$ に基づく統計量 $\boldsymbol{T} = \boldsymbol{T}(\boldsymbol{X})$ の p.d.f. または p.m.f. を $f_{\boldsymbol{T}}(\boldsymbol{t};\theta)$ $(\boldsymbol{t} \in \mathscr{T})$ とし，各 $\boldsymbol{t} \in \mathscr{T}$ に対して $f_{\boldsymbol{T}}(\boldsymbol{t};\theta)$ が $\theta$ について偏微分可能とし，$\boldsymbol{T}$ の F 情報量 $I_{\boldsymbol{T}}(\theta) = E_\theta\left[\{(\partial/\partial\theta)\log f_{\boldsymbol{T}}(\boldsymbol{T};\theta)\}^2\right]$ が存在し，$0 < I_{\boldsymbol{T}}(\theta) < \infty$ とする．このとき

$$I_{\boldsymbol{T}}(\theta) \leq I_{\boldsymbol{X}}(\theta) \quad (\theta \in \Theta) \tag{2.4.4}$$

---

[26)]証明については，赤平 [A19] の定理 1.4.2 の証明 (pp.31-32) 参照．

が成り立つ. ここで, 等号が成立するのは $\boldsymbol{T}$ が $\theta$ に対する十分統計量であることと同値である.

**証明**　（離散型）$\boldsymbol{T}$ の p.m.f. は $f_{\boldsymbol{T}}(\boldsymbol{t};\theta) = \sum_{\boldsymbol{x}:\boldsymbol{T}(\boldsymbol{x})=t} f_{\boldsymbol{X}}(\boldsymbol{x};\theta)$ となるから

$$
E_\theta\left[\left.\frac{\partial}{\partial\theta}\log f_{\boldsymbol{X}}(\boldsymbol{X};\theta)\,\right|\,\boldsymbol{T}=\boldsymbol{t}\right] = \sum_{\boldsymbol{x}:\boldsymbol{T}(\boldsymbol{x})=t}\left\{\frac{\partial}{\partial\theta}\log f_{\boldsymbol{X}}(\boldsymbol{x};\theta)\right\}\frac{f_{\boldsymbol{X}}(\boldsymbol{x};\theta)}{f_{\boldsymbol{T}}(\boldsymbol{t};\theta)}
$$

$$
= \frac{1}{f_{\boldsymbol{T}}(\boldsymbol{t};\theta)}\sum_{\boldsymbol{x}:\boldsymbol{T}(\boldsymbol{x})=t}\frac{\partial}{\partial\theta}f_{\boldsymbol{X}}(\boldsymbol{x};\theta)
$$

となる. ここで, 条件 (A3) より

$$
E_\theta\left[\left.\frac{\partial}{\partial\theta}\log f_{\boldsymbol{X}}(\boldsymbol{X};\theta)\,\right|\,\boldsymbol{T}=\boldsymbol{t}\right] = \frac{1}{f_{\boldsymbol{T}}(\boldsymbol{t};\theta)}\frac{\partial}{\partial\theta}f_{\boldsymbol{T}}(\boldsymbol{t};\theta)
$$

$$
= \frac{\partial}{\partial\theta}\log f_{\boldsymbol{T}}(\boldsymbol{t};\theta)
$$

になり, これを用いれば, 各 $\theta\in\Theta$ について

$$
0 \leq E_\theta\left[\left\{\frac{\partial}{\partial\theta}\log f_{\boldsymbol{X}}(\boldsymbol{X};\theta) - \frac{\partial}{\partial\theta}\log f_{\boldsymbol{T}}(\boldsymbol{T};\theta)\right\}^2\right]
$$

$$
= I_{\boldsymbol{X}}(\theta) + I_{\boldsymbol{T}}(\theta) - 2E_\theta\left[\left\{\frac{\partial}{\partial\theta}\log f_{\boldsymbol{T}}(\boldsymbol{T};\theta)\right\}E_\theta\left[\left.\frac{\partial}{\partial\theta}\log f_{\boldsymbol{X}}(\boldsymbol{X};\theta)\,\right|\,\boldsymbol{T}\right]\right]
$$

$$
= I_{\boldsymbol{X}} - I_{\boldsymbol{T}}(\theta) \tag{2.4.5}
$$

となる. よって, (2.4.4) が成り立つ. 次に, $\boldsymbol{T}$ が $\theta$ に対する十分統計量であれば, 系 2.4.1 より (2.4.4) は成り立つ. また, (2.4.4) で等号が成り立つとすれば, (2.4.5) の不等号が等号になるので, 任意の $\boldsymbol{x}\in\mathscr{X}$ で

$$
\frac{\partial}{\partial\theta}\log f_{\boldsymbol{X}}(\boldsymbol{x};\theta) = \frac{\partial}{\partial\theta}\log f_{\boldsymbol{T}}(\boldsymbol{T}(\boldsymbol{x});\theta)
$$

となるから

$$
f_{\boldsymbol{X}}(\boldsymbol{x};\theta) = f_{\boldsymbol{T}}(\boldsymbol{T}(\boldsymbol{x});\theta)h(\boldsymbol{x}) \tag{2.4.6}
$$

になる. ただし, $h(\boldsymbol{x})$ は $\theta$ に無関係な $\boldsymbol{x}$ の関数とする. よって, (2.4.6) よりネイマンの因子分解定理（定理 2.4.1）から $\boldsymbol{T}$ は $\theta$ に対する十分統計量になる. 連続型の場合も同様に示される.　　　　　　　　　　　　　　　　　　□

**注意 2.4.2**

定理 2.4.3 において，$L_T(\theta) = I_X(\theta) - I_T(\theta)$ とすれば，$L_T$ は $X$ の F 情報量に対する統計量 $T = T(X)$ の**情報（量）損失** (loss of information (amount)) と呼ばれている．実は，$X = (X_1, \ldots, X_n)$ が p.d.f. または p.m.f. $p(x; \theta)$ をもつ分布からの無作為標本とすれば，$I_X(\theta) = n I_{X_1}(\theta)$ となるから，$L_T(\theta) = n I_{X_1}(\theta) - I_T(\theta)$ となり，さらに

$$L_T(\theta) = E_\theta \left[ V_\theta \left( \sum_{i=1}^n \frac{\partial}{\partial \theta} \log p(X_i; \theta) \ \middle| \ T \right) \right]$$

となることが知られている[27]．これは，$T$ を与えたときの**スコア関数** (score function) $(\partial/\partial\theta) \log \prod_{i=1}^n p(X_i; \theta)$ の条件付分散の期待値になっている．この事実は，高次漸近理論においてよく用いられている[28]．

次に，$\Theta \subset \mathbf{R}^k$ とし $\Theta$ 上の関数 $g(\boldsymbol{\theta})$ の推定問題において十分統計量に基づく推定量について考える．

**定理 2.4.4** （ラオ・ブラックウェル (Rao-Blackwell) の定理）

$g(\Theta) = \mathbb{A} \subset \mathbf{R}^p$ とし，$\Theta \times \mathbb{A}$ 上の損失関数を $L(\boldsymbol{\theta}, \boldsymbol{a}) = \|\boldsymbol{a} - g(\boldsymbol{\theta})\|^2$ とする[29]．また，$T = T(X)$ を $\boldsymbol{\theta}$ に対する十分統計量とする．このとき，$g(\boldsymbol{\theta})$ の任意の推定量 $\hat{g} = \hat{g}(X)$ に対して $T$ に基づく $g(\boldsymbol{\theta})$ の推定量 $\hat{g}^* = \hat{g}^*(T)$ が存在して，任意の $\boldsymbol{\theta} \in \Theta$ について

$$E_{\boldsymbol{\theta}} [\hat{g}^*(T)] = E_{\boldsymbol{\theta}} [\hat{g}(X)], \tag{2.4.7}$$

$$R(\boldsymbol{\theta}, \hat{g}^*) \leq R(\boldsymbol{\theta}, \hat{g}) \tag{2.4.8}$$

が成り立つ．

---

[27] Fisher, R. A. (1925). Theory of statistical estimation. *Proc. Cambridge Philos. Soc.*, **22**, 700-725; Rao, C. R. (1961). Asymptotic efficiency and limiting information. *Proc. Fourth Berkeley Symp. Math. Statist. Prob.*, **1**, 531-545 参照.

[28] Ghosh, J. K. (1994). *Higher Order Asymptotics*. NSF-CBMS Regional Cof. Ser. Probab. Statist., **4**, Inst. of Math. Statist. の Chap.4; Akahira, M. and Takeuchi, K. (1995). *Non-Regular Statistical Estimation*. Springer の Chap.4 参照.

[29] 一般に，ベクトル $\boldsymbol{b}$ の**転置ベクトル** (transposed vector) を $\boldsymbol{b}^\top$ で表し，$\boldsymbol{b}$ のノルム (norm) を $\|\boldsymbol{b}\| = \sqrt{\boldsymbol{b}\boldsymbol{b}^\top}$ とする.

**証明**　まず，$\boldsymbol{T}$ は $\boldsymbol{\theta}$ に対する十分統計量であるから，$\boldsymbol{T}$ を与えたときの $\hat{g} = \hat{g}(\boldsymbol{X})$ の条件付期待値は $\boldsymbol{\theta}$ に無関係なので

$$\hat{g}^*(\boldsymbol{T}) = E\left[\hat{g}(\boldsymbol{X}) \,|\, \boldsymbol{T}\right]$$

を $g(\boldsymbol{\theta})$ の推定量にすれば，その期待値は $\hat{g}$ のそれに等しい．よって，(2.4.7) が成り立つ．次に，(2.4.7) より任意の $\boldsymbol{\theta} \in \Theta$ について

$$\begin{aligned}
R(\boldsymbol{\theta}, \hat{g}) &= E_{\boldsymbol{\theta}}\left[\|\hat{g}(\boldsymbol{X}) - g(\boldsymbol{\theta})\|^2\right] = E_{\boldsymbol{\theta}}\left[E[\|\hat{g}(\boldsymbol{X}) - g(\boldsymbol{\theta})\|^2 \,|\, \boldsymbol{T}]\right] \\
&= E_{\boldsymbol{\theta}}\big[E\left[\|\hat{g}(\boldsymbol{X}) - \hat{g}^*(\boldsymbol{T})\|^2\right] \\
&\quad + 2E\left[\{\hat{g}(\boldsymbol{X}) - \hat{g}^*(\boldsymbol{T})\} \,|\, \boldsymbol{T}\right](E[\hat{g}^*(\boldsymbol{T})] - g(\boldsymbol{\theta}))^{\top} \\
&\quad + \|\hat{g}^*(\boldsymbol{T}) - g(\boldsymbol{\theta})\|^2 \,|\, \boldsymbol{T}]\big] \\
&= E_{\boldsymbol{\theta}}\left[\|\hat{g}(\boldsymbol{X}) - \hat{g}^*(\boldsymbol{T})\|^2\right] + R(\boldsymbol{\theta}, \hat{g}^*) \geq R(\boldsymbol{\theta}, \hat{g}^*)
\end{aligned}$$

となるから，(2.4.8) が成り立つ．　　　　　　　　□

**注意 2.4.3**

$\mathscr{C}$ を $g(\boldsymbol{\theta})$ の推定量全体の集合とし，$\mathscr{C}_0$ を十分統計量 $\boldsymbol{T}$ に基づく $g(\boldsymbol{\theta})$ の推定量全体とすれば，定理 2.4.4 より 2 乗損失のときに $\mathscr{C}_0$ は本質的完全類になる．

　ここで，ラオ・ブラックウェルの定理を UMVU 推定において用いるために完備性の概念を導入する．

**定義 2.4.3**

　統計量 $\boldsymbol{T} = \boldsymbol{T}(\boldsymbol{X})$ について，$\boldsymbol{T}$ の p.d.f. または p.m.f. の族を $\mathscr{F} = \{f_{\boldsymbol{T}}(\boldsymbol{t}; \boldsymbol{\theta}) \,|\, \boldsymbol{\theta} \in \Theta\}$ とする．$\boldsymbol{T}$ の関数 $h(\boldsymbol{T})$ が，任意の $\boldsymbol{\theta} \in \Theta$ に対して $E_{\boldsymbol{\theta}}[h(\boldsymbol{T})] = 0$ ならば，任意の $\boldsymbol{\theta} \in \Theta$ について $P_{\boldsymbol{\theta}}\{h(\boldsymbol{T}) = 0\} = 1$ となるとき[30]，$\mathscr{F}$ は**完備** (complete) であるという．また，$\boldsymbol{T}$ は（$\mathscr{F}$ に対して，または $\boldsymbol{\theta}$ に対して）完備であるともいう．

　ここで，完備（である）十分統計量が存在するとき，$g(\boldsymbol{\theta})$ の不偏推定量

---

[30] 連続型の場合には，$P_{\boldsymbol{\theta}}\{h(\boldsymbol{T}) = 0\} = \int_{\{\boldsymbol{t} \,|\, h(\boldsymbol{t})=0\}} f_{\boldsymbol{T}}(\boldsymbol{t}; \boldsymbol{\theta})d\boldsymbol{t}$ となり，離散型の場合には $P_{\boldsymbol{\theta}}\{h(\boldsymbol{T}) = 0\} = \sum_{\boldsymbol{t}:h(\boldsymbol{t})=0} f_{\boldsymbol{T}}(\boldsymbol{t}; \boldsymbol{\theta})$ となる．

全体のクラス $\mathscr{U}_g$ において，次のことが成り立つ.

**定理 2.4.5** （レーマン・シェッフェ (Lehmann-Scheffé) の定理）

$g(\Theta) = \mathbb{A} \subset \mathbf{R}^1$ とし，$\Theta \times \mathbb{A}$ 上の損失関数を $L(\boldsymbol{\theta}, a) = (a - g(\boldsymbol{\theta}))^2$ とする．母数 $\boldsymbol{\theta}$ に対する完備十分統計量を $\boldsymbol{T} = \boldsymbol{T}(\boldsymbol{X})$ とする．このとき，$g(\boldsymbol{\theta})$ の不偏推定量が存在すれば，$\boldsymbol{T}$ に基づく $g(\boldsymbol{\theta})$ の唯一の不偏推定量 $\hat{g}^* = \hat{g}^*(\boldsymbol{T})$ が存在して，任意の $\hat{g} = \hat{g}(\boldsymbol{X}) \in \mathscr{U}_g$ と任意の $\boldsymbol{\theta} \in \Theta$ について

$$V_{\boldsymbol{\theta}}\left(\hat{g}^*\right) \le V_{\boldsymbol{\theta}}\left(\hat{g}\right)$$

が成り立つ.

**証明** ラオ・ブラックウェルの定理（定理 2.4.4）より，任意の $\hat{g} \in \mathscr{U}_g$ に対して $\hat{g}^* = \hat{g}^*(\boldsymbol{T}) = E[\hat{g}(\boldsymbol{X}) \,|\, \boldsymbol{T}] \in \mathscr{U}_g$ が存在して，任意の $\boldsymbol{\theta} \in \Theta$ について $V_{\boldsymbol{\theta}}\left(\hat{g}^*\right) = R(\boldsymbol{\theta}, \hat{g}^*) \le R(\boldsymbol{\theta}, \hat{g}) = V_{\boldsymbol{\theta}}\left(\hat{g}\right)$ になる．次に，$\boldsymbol{T}$ に基づく $g(\boldsymbol{\theta})$ の不偏推定量が2つ，すなわち $\hat{g}_1^* = \hat{g}_1^*(\boldsymbol{T})$, $\hat{g}_2^* = \hat{g}_2^*(\boldsymbol{T})$ があったとする．このとき，$h(\boldsymbol{T}) = \hat{g}_1^*(\boldsymbol{T}) - \hat{g}_2^*(\boldsymbol{T})$ とおくと，任意の $\boldsymbol{\theta} \in \Theta$ について $E_{\boldsymbol{\theta}}[h(\boldsymbol{T})] = 0$ となる．よって，$\boldsymbol{T}$ の完備性より，任意の $\boldsymbol{\theta} \in \Theta$ について $P_{\boldsymbol{\theta}}\{h(\boldsymbol{T}) = 0\} = P_{\boldsymbol{\theta}}\{\hat{g}_1^*(\boldsymbol{T}) = \hat{g}_2^*(\boldsymbol{T})\} = 1$ という意味で一意的になる，すなわち確率1での一意性が成り立つ. $\square$

**系 2.4.2**

母数 $\boldsymbol{\theta}$ に対する完備十分統計量を $\boldsymbol{T} = \boldsymbol{T}(\boldsymbol{X})$ とする．このとき，$\boldsymbol{T}$ に基づく $g(\boldsymbol{\theta})$ の不偏推定量 $\hat{g}^*(\boldsymbol{T})$ は $g(\boldsymbol{\theta})$ の唯一の UMVU 推定量である.

証明はレーマン・シェッフェの定理（定理 2.4.5）より明らか．この系から，$\mathscr{U}_g$ に属する $\boldsymbol{T}$ の関数を求めれば，それが唯一の UMVU 推定量になる．また，$\hat{g}(\boldsymbol{X})(\in \mathscr{U}_g)$ を1つ見つけると $\hat{g}^*(\boldsymbol{T}) = E[\hat{g} \,|\, \boldsymbol{T}]$ が $g(\boldsymbol{\theta})$ の唯一の UMVU 推定量になる．なお，完備統計量は $\boldsymbol{\theta}$ に関する意味のある情報を含んで，完備十分統計量が最小十分統計量になると考えられる（[A19] の問 1.5.2(p.41) 参照）.

**【例 2.4.1】**（指数型分布族）　確率ベクトル $\boldsymbol{X} = (X_1, \ldots, X_n)$ が j.p.d.f. または j.p.m.f.

$$f_{\boldsymbol{X}}(\boldsymbol{x}; \boldsymbol{\theta}) = \exp\left\{\sum_{j=1}^{k} Q_j(\boldsymbol{\theta})T_j(\boldsymbol{x}) + C(\boldsymbol{\theta}) + S(\boldsymbol{x})\right\} \quad (\boldsymbol{x} \in \mathscr{X})$$

をもつ **$k$ 母数指数型分布族** (k-parameter exponential family of distributions) とする．ただし，$\boldsymbol{\theta} = (\theta_1, \ldots, \theta_k) \in \Theta$ で $\Theta$ を $\mathbf{R}^k$ の開区間[31]とし，$\mathscr{X}$ は $\boldsymbol{\theta}$ に無関係で，$T_1, \ldots, T_k$ と $S$ は $\mathscr{X}$ 上で定義される実数値関数とし，$Q_1, \ldots, Q_k$ と $C$ は $\Theta$ 上の実数値関数とし，$k \leq n$ とする．このとき，$\boldsymbol{Q} = (Q_1, \ldots, Q_k)$ の値域が $\mathbf{R}^k$ の開区間を含むならば，$\boldsymbol{T}(\boldsymbol{X}) = (T_1(\boldsymbol{X}), \ldots, T_k(\boldsymbol{X}))$ は $\boldsymbol{\theta}$ に対する十分統計量でかつ完備である[32]．

**【例 2.3.1（続 1）】** $X_1, \ldots, X_n$ をポアソン分布 $\mathrm{Po}(\theta)$ $(\theta \in \Theta = \mathbf{R}_+)$ からの無作為標本とする．このとき，例 2.4.1 より $T = \sum_{i=1}^{n} X_i$ は $\theta$ に対する完備十分統計量になる[33]．いま，$g(\theta) = P_\theta\{X_1 = 0\} = e^{-\theta}$ の推定問題を考える．まず，$\hat{g}^*(T) = \{1 - (1/n)\}^T$ が $g(\theta)$ の UMVU 推定量になり[34]，$T$ もポアソン分布 $\mathrm{Po}(n\theta)$ に従うから $\hat{g}^*$ の分散は $V_\theta(\hat{g}^*) = e^{-2\theta}(e^{\theta/n} - 1)$ となる．一方，$X_1$ の F 情量は $I_{X_1}(\theta) = 1/\theta$ になり，$g'(\theta) = -e^{-\theta}$ となるから，(2.4.2) より C-R の不等式は，任意の不偏推定量 $\hat{g} = \hat{g}(\boldsymbol{X})$ について

$$V_\theta(\hat{g}) \geq \frac{\theta e^{-2\theta}}{n}$$

となる．よって，任意の $\theta \in \Theta$ について

---

[31] $\mathbf{R}^k$ の開区間は $\{\boldsymbol{\theta} = (\theta_1, \ldots, \theta_k) \,|\, a_i < \theta_i < b_i \,(i = 1, \ldots, k)\}$ とする．ただし，$-\infty \leq a_i < b_i \leq \infty$ $(i = 1, \ldots, k)$ とする．

[32] ネイマンの因子分解定理（定理 2.4.1）より $\boldsymbol{T}(\boldsymbol{X})$ が十分統計量であることは明らか．また，完備性の証明については，E.L. レーマン [L59]『統計的検定論』（渋谷・竹内訳）岩波書店の pp.149-150 参照．

[33] $T$ の完備性については，定義からも示される（赤平 [A19] の例 1.4.1（続 1）(p.37) 参照）．

[34] 詳細については，赤平 [A19] の例 1.4.1（続 2）(pp.50-51) 参照．

$$V_\theta(\hat{g}^*) = \left(e^{\theta/n} - 1\right) e^{-2\theta} > \frac{\theta e^{-2\theta}}{n}$$

となって，$g(\theta)$ の UMVU 推定量 $\hat{g}^*$ は C-R の下界を達成しない.

次に，元のデータ $X$ がもつ $\theta$ に関するすべての情報を保存する統計量として十分統計量を把握したが，それとは裏腹に $\theta$ に関する情報を全くもたない統計量を考える.

### 定義 2.4.4

統計量 $T = T(X)$ の分布が $\theta$ に無関係であるとき，$T$ を $\theta$ に対する**補助統計量** (ancillary statistic) という.

補助統計量は $\theta$ に関する情報を全くもたないが，他の統計量と組み合わせることによって，$\theta$ に関するすべての情報をもつ十分統計量になる場合がある. また，完備性が，十分統計量が補助統計量と独立になるための十分条件になる.

### 定理 2.4.6 (バスー (Basu) の定理)

$T = T(X)$ が $\theta$ に対する完備十分統計量ならば，$T$ は $\theta$ に対する任意の補助統計量と独立である.

証明は省略[35].

**【例 2.1.1 （続 5）】** $X_1, X_2, X_3$ を正規分布 N$(\theta, 1)$ $(\theta \in \Theta = \mathbf{R}^1)$ からの無作為標本とする. このとき，定理 2.4.2 より，$S = \sum_{i=1}^{3} X_i$ は $\theta$ に対する最小十分統計量になる. 一方，$T = X_1 - X_2$ とすると，$T$ は N$(0,2)$ に従い，これは $\theta$ に無関係なので $T$ は補助統計量になる. また，$(X_1, X_3)$ は $\theta$ に対する十分統計量ではないが，$(X_1, X_3, T)$ は $\theta$ に対する十分統計量になる.

---

[35]証明については，赤平 [A19] の定理 1.5.1 の証明 (pp.41-42) 参照.

【**例 2.4.2**】（2 変量正規分布）　確率ベクトル $\boldsymbol{X} = (X_1, X_2)$ が 2 変量正規分布 $\mathrm{N}_2(\boldsymbol{0}, \Sigma_\theta)$ に従うとする[36]．ただし，$\boldsymbol{0} = (0, 0)$, $\theta \in \Theta = (-1, 1)$ で $\theta$ は未知とし

$$\Sigma_\theta = \begin{pmatrix} 1 & \theta \\ \theta & 1 \end{pmatrix}$$

とする．なお，$\theta$ は相関係数であることに注意．このとき，各 $i = 1, 2$ について $X_i$ の分布は $\mathrm{N}(0, 1)$ となり，$\theta$ に無関係なので，補助統計量となる．しかし，$(X_1, X_2)$ は $\theta$ に対する十分統計量になる．

【**例 2.4.3**】（一様分布）　$X_1, \ldots, X_n$ を一様分布 $\mathrm{U}(0, \theta)$ $(\theta \in \Theta = \mathbf{R}_+)$ からの無作為標本とする．このとき，$X_{(n)} = \max_{1 \le i \le n} X_i$ は $\theta$ に対する完備十分統計量になる[37]．また，$X_{(1)} = \min_{1 \le i \le n} X_i$ とすると，$T = X_{(n)}/X_{(1)}$ の分布は $\theta$ に無関係になるので，$T$ は補助統計量になる．よって，バスーの定理（定理 2.4.6）より，$X_{(n)}$ は $T$ と独立になる．

**問 2.4.1**　例 2.4.3 において，$T$ の分布が $\theta$ に無関係になることを示せ．

## 2.5　同時推定と縮小推定

決定論において，$\boldsymbol{\theta}(\in \Theta \subset \mathbf{R}^k)$ の $\mathbf{R}^p$ への関数を $g$ とし，$\boldsymbol{\eta} = g(\boldsymbol{\theta})$ として，$\mathbb{A} = g(\Theta)$ とする．ただし，$p \le k$ とする．また，損失関数 $L(\boldsymbol{\theta}, \boldsymbol{a})$ を $\Theta \times \mathbb{A}$ 上の非負値関数とする．特に，2 乗損失（関数）は

---

[36]一般に，$p$ 次元確率ベクトル $\boldsymbol{X}$ が p.d.f.

$$f_{\boldsymbol{X}}(\boldsymbol{x}; \boldsymbol{\theta}, \Sigma) = (2\pi)^{-p/2} |\Sigma|^{-1/2} \exp \left\{ -\frac{1}{2} (\boldsymbol{x} - \boldsymbol{\theta}) \Sigma^{-1} (\boldsymbol{x} - \boldsymbol{\theta})^\top \right\}$$
$$(\boldsymbol{x} = (x_1, \ldots, x_p) \in \mathbf{R}^p; \boldsymbol{\theta} \in \mathbf{R}^p)$$

をもつ分布に従うとき，$\boldsymbol{X}$ は **$p$ 変量正規分布**（$p$-variate normal distribution）$\mathrm{N}_p(\boldsymbol{\theta}, \Sigma)$ に従うという．ただし，$|\Sigma|$ は $\Sigma$ の行列式とする．このとき，$\Sigma$ は $\boldsymbol{X}$ の（分散）共分散行列になる．

[37]赤平 [A19] の例 1.2.2（続 6）(p.37) 参照．

$$L(\boldsymbol{\theta}, \boldsymbol{a}) = \|\boldsymbol{a} - \boldsymbol{\eta}\|^2 = \sum_{i=1}^{p} (a_i - \eta_i)^2 \tag{2.5.1}$$

になる. ただし, $\boldsymbol{a} = (a_1, \ldots, a_p)$, $\boldsymbol{\eta} = (\eta_1, \ldots, \eta_p)$ とする. このとき, 推定量 $\hat{\boldsymbol{\eta}} = \hat{\boldsymbol{\eta}}(\boldsymbol{X}) = (\hat{\eta}_1(\boldsymbol{X}), \ldots, \hat{\eta}_p(\boldsymbol{X}))$ が, 任意の $\boldsymbol{\eta}$ について $E_{\boldsymbol{\eta}}(\hat{\boldsymbol{\eta}}) = \boldsymbol{\eta}$ が成り立つとき[38], $\hat{\boldsymbol{\eta}}$ は $\boldsymbol{\eta}$ の不偏推定量になる. ここで, 2乗損失 (2.5.1) の下で, 各 $i = 1, \ldots, p$ について $\hat{\eta}_i(\boldsymbol{X})$ が $\eta_i$ の UMVU 推定量になるとき, $\hat{\boldsymbol{\eta}}$ は $\boldsymbol{\eta}$ の UMVU 推定量という. また, ベイズ推定量においても同様に考える.

**【例 2.5.1】**(多項分布) 確率ベクトル $\boldsymbol{X} = (X_0, X_1, \ldots, X_k)$ が j.p.m.f.

$$f_{\boldsymbol{X}}(\boldsymbol{x}; \boldsymbol{\theta}) = \frac{n!}{x_0! x_1! \cdots x_k!} p_0^{x_0} p_1^{x_1} \cdots p_k^{x_k}$$

をもつ**多項分布** (multinomial distribution) に従うとする. ただし, $\boldsymbol{x} = (x_0, x_1, \ldots, x_k)$ で $x_0, x_1, \ldots, x_k$ は非負の整数で, $x_0 + x_1 + \cdots + x_k = n$ とし, また, $\boldsymbol{\theta} \in \Theta = \{(p_0, p_1, \ldots, p_k) \in \mathbf{R}^{k+1} \,|\, 0 < p_i < 1 (i = 0, 1, \ldots, k), \sum_{i=0}^{k} p_i = 1\}$ とする. ここで, $\boldsymbol{\theta}$ の事前分布として p.d.f.

$$\pi(\boldsymbol{\theta}) = \frac{\Gamma(\alpha_0 + \alpha_1 + \cdots + \alpha_k)}{\Gamma(\alpha_0)\Gamma(\alpha_1)\cdots\Gamma(\alpha_k)} p_0^{\alpha_0 - 1} p_1^{\alpha_1 - 1} \cdots p_k^{\alpha_k - 1} \chi_{\Theta}(\boldsymbol{\theta})$$

をもつ**ディリクレ** (Dirichlet) **分布** $\mathrm{Dir}(\alpha_0, \alpha_1, \ldots, \alpha_k)$ をとる. ただし, $\Gamma(\cdot)$ はガンマ関数で $\alpha_0, \alpha_1, \ldots, \alpha_k$ は既知の正の定数とする. 特に $k = 1$ とすると, (2.3.4) より $\mathrm{Dir}(\alpha_0, \alpha_1)$ はベータ分布 $\mathrm{Be}(\alpha_0, \alpha_1)$ になる. このとき, $\boldsymbol{X} = \boldsymbol{x}$ を与えたときの $\boldsymbol{\theta}$ の事後分布は, $\mathrm{Dir}(\alpha_0 + x_0, \alpha_1 + x_1, \ldots, \alpha_k + x_k)$ となるから, ディリクレ事前分布は共役分布になる (注意 2.3.1 参照). よって, 2乗損失 $L(\boldsymbol{\theta}, \boldsymbol{a}) = \|\boldsymbol{a} - \boldsymbol{\theta}\|^2$ ($\boldsymbol{a} = (a_0, a_1, \ldots, a_k)$) の下で, $\boldsymbol{\theta}$ のベイズ推定量は $\hat{\boldsymbol{\theta}} = \hat{\boldsymbol{\theta}}(\boldsymbol{X}) = (\hat{p}_0(\boldsymbol{X}), \hat{p}_1(\boldsymbol{X}), \ldots, \hat{p}_k(\boldsymbol{X}))$ になる. ただし

$$\hat{p}_i(\boldsymbol{X}) = \frac{\alpha_i + X_i}{\alpha_0 + \alpha_1 + \cdots + \alpha_k + n} \quad (i = 0, 1, \ldots, k)$$

---

[38] $E_{\boldsymbol{\eta}}(\hat{\boldsymbol{\eta}}) = (E_{\boldsymbol{\eta}}(\hat{\eta}_1), \ldots, E_{\boldsymbol{\eta}}(\hat{\eta}_p))$

とする.

次に,確率ベクトル $\boldsymbol{X} = (X_1, \ldots, X_p)$ が $p$ 変量正規分布 $\mathrm{N}_p(\boldsymbol{\theta}, I_p)$ に従うとし,$\boldsymbol{\theta} \in \mathbf{R}^p$ とする.ただし,$I_p$ を $p$ 次の単位行列とする.このとき,2乗損失 (2.5.1) の下で,$p \geq 3$ として $\boldsymbol{X}$ より小さいリスクをもつ $\boldsymbol{\theta}$ の推定量として

$$\hat{\boldsymbol{\theta}}_c(\boldsymbol{X}) = \boldsymbol{X} - \frac{p-2}{\|\boldsymbol{X}-\boldsymbol{c}\|^2}(\boldsymbol{X}-\boldsymbol{c}) \tag{2.5.2}$$

とする[39].ただし,$\boldsymbol{c} \in \mathbf{R}^p$ とする.ここで,このような形の推定量の導出の誘因を探ってみよう.まず,定かではないが多分 $\boldsymbol{\theta} = \boldsymbol{c}$ であろうと想定する.そして,仮説 H : $\boldsymbol{\theta} = \boldsymbol{c}$,対立仮説 K : $\boldsymbol{\theta} \neq \boldsymbol{c}$ の(有意)水準 $\alpha$ の**尤度比検定** (likelihood ratio test)[40]を考え,H が受容されれば $\boldsymbol{\theta}$ を $\boldsymbol{c}$ と推定し,H が棄却されたら $\boldsymbol{\theta}$ を $\boldsymbol{X}$ と推定する.このとき,尤度比検定の棄却域は $\|\boldsymbol{X}-\boldsymbol{c}\|^2 > k$ の形になる.ただし,$k$ は $\alpha$ に依存するある正数とする.そこで,$\boldsymbol{\theta}$ の推定量として

$$\chi_{(k,\infty)}(\|\boldsymbol{X}-\boldsymbol{c}\|^2)\boldsymbol{X} + \{1 - \chi_{(k,\infty)}(\|\boldsymbol{X}-\boldsymbol{c}\|^2)\}\boldsymbol{c}$$

をとり,さらに,この変形として,$\mathbf{R}_+$ から $[0,1]$ へのある滑らかな関数 $\varphi$ を用いて

$$\tilde{\boldsymbol{\theta}}_c(\boldsymbol{X}) = \varphi(\|\boldsymbol{X}-\boldsymbol{c}\|^2)\boldsymbol{X} + \{1 - \varphi(\|\boldsymbol{X}-\boldsymbol{c}\|^2)\}\boldsymbol{c} \tag{2.5.3}$$

の形の $\boldsymbol{\theta}$ の推定量を考えることができる.ここで,(2.5.3) の右辺は $\boldsymbol{c}$ の方に $\boldsymbol{X}$ を縮めているので,$\tilde{\boldsymbol{\theta}}_c$ の形の推定量を**縮小推定量** (shrinkage estimator) という.いま,$X_1, \ldots, X_n$ を正規分布 $\mathrm{N}(\theta, \sigma^2)$ $(\theta \in \mathbf{R}^1, \sigma^2 \in \mathbf{R}_+)$ からの無作為標本とする.ただし,$\sigma^2$ を既知とする.このとき,$\theta$ の事前 p.d.f. $\pi_\tau(\theta; \xi, \tau^2)$ $(\xi \in \mathbf{R}^1, \tau^2 \in \mathbf{R}_+)$ を $\mathrm{N}(\xi, \tau^2)$ の p.d.f. とし,$\xi$

---

[39]$\hat{\boldsymbol{\theta}}_c$ は James, W. and Stein, C. (1961). Estimation with quadratic loss. *Proc. Fourth Berkeley Symp. Math. Statist. Prob.*, **1**, 311-319 において提案され,ジェームス・スタイン (James-Stein, 略して JS) **推定量**と呼ばれている.

[40]赤平 [A03] の 9.6 節参照.

を既知, $\tau$ を未知とすると, 2 乗損失の下で $\theta$ のベイズ推定量は, (2.3.14) より

$$\hat{\theta}_{\pi_\tau}(\boldsymbol{X}) = E_{\pi_\tau}(\theta \mid \boldsymbol{X}) = \beta_\tau \xi + (1 - \beta_\tau)\overline{X} \qquad (2.5.4)$$

になるが, $\hat{\theta}_{\pi_\tau}$ は未知母数 $\tau$ に依存するので推定量ではない. ただし, $\beta_\tau = \sigma^2/(n\tau^2 + \sigma^2)$ とする. そこで, (2.5.4) において $1 - \beta_\tau$ を $\varphi(\|\boldsymbol{X} - \xi\mathbf{1}\|^2)$ で推定して代用すれば, (2.5.3) の右辺の形になり, その縮小推定量 $\tilde{\theta}_\xi$ は経験ベイズ推定量[41]と見なされる. ただし, $\mathbf{1} = (1,\ldots,1)$ とする.

---

**定理 2.5.1**

　確率ベクトル $\boldsymbol{X} = (X_1,\ldots,X_p)$ が $p$ 変量正規分布 $\mathrm{N}_p(\boldsymbol{\theta}, I_p)$ $(p \geq 3)$ に従うとする. このとき, $\boldsymbol{\theta}$ の推定量

$$\hat{\boldsymbol{\theta}}_{\boldsymbol{c},r} = \boldsymbol{X} - \frac{r(p-2)}{\|\boldsymbol{X} - \boldsymbol{c}\|^2}(\boldsymbol{X} - \boldsymbol{c}) \qquad (2.5.5)$$

の 2 乗損失 (2.5.1) の下でのリスクは, 任意の $\boldsymbol{\theta} \in \mathbf{R}^p$ について

$$R(\boldsymbol{\theta}, \hat{\boldsymbol{\theta}}_{\boldsymbol{c},r}) = p - (2r - r^2)(p-2)^2 E_{\boldsymbol{\theta}}\left[\|\boldsymbol{X} - \boldsymbol{c}\|^{-2}\right] \qquad (2.5.6)$$

である. ただし, $\boldsymbol{c}(\in \mathbf{R}^p)$, $r(\in \mathbf{R}^1)$ は既知の定数とする.

**証明**　まず, $E_{\boldsymbol{\theta}}(\boldsymbol{X}) = \boldsymbol{\theta}$ であるから, $\boldsymbol{Y} = \boldsymbol{X} - \boldsymbol{c}$ とおくと

$$R(\boldsymbol{\theta}, \hat{\boldsymbol{\theta}}_{\boldsymbol{c},r}) = E_{\boldsymbol{\theta}}[\|\hat{\boldsymbol{\theta}}_{\boldsymbol{c},r} - \boldsymbol{\theta}\|^2]$$

$$= E_{\boldsymbol{\theta}}\left[\left\|\left\{1 - \frac{r(p-2)}{\|\boldsymbol{Y}\|^2}\right\}\boldsymbol{Y} - E_{\boldsymbol{\theta}}(\boldsymbol{Y})\right\|^2\right]$$

になり, $\boldsymbol{c} = \mathbf{0} = (0,\ldots,0)$ としても一般性を失わない. ここで, (2.5.6) の右辺を $h(\boldsymbol{\theta})$ とする. 次に, $\boldsymbol{\theta}$ の事前分布を $\mathrm{N}_p(\mathbf{0}, \alpha I_p)$ とすると, その p.d.f. は $\pi_\alpha(\boldsymbol{\theta}) = (2\pi\alpha)^{-p/2} e^{-\|\boldsymbol{\theta}\|^2/(2\alpha)}$ になる. ただし, $\alpha > 0$ とする. ここで,

---

[41] 一般に, 事前分布の母数 $\tau$ を**超母数** (hyperparameter) といい, それを $\boldsymbol{X}$ の周辺分布から推定して, ベイズ推定量の $\tau$ に代入したものを**経験ベイズ** (empirical Bayes) **推定量**という.

$U = r(p-2)/\|\boldsymbol{X}\|^2,\ \beta = 1/(\alpha+1)$ とおく. このとき

$$\int_{\mathbf{R}^p} R\left(\boldsymbol{\theta}, \hat{\boldsymbol{\theta}}_{\mathbf{0},r}\right)\pi_\alpha(\boldsymbol{\theta})d\boldsymbol{\theta}$$

$$= E\left[\|(1-U)\boldsymbol{X}-\boldsymbol{\theta}\|^2\right]$$

$$= E\left[E_{\pi_\alpha}\left[\|(1-U)\boldsymbol{X}-\boldsymbol{\theta}\|^2 \mid \boldsymbol{X}\right]\right]$$

$$= E\left[E_{\pi_\alpha}\left[\|\boldsymbol{\theta}-E(\boldsymbol{\theta}\mid\boldsymbol{X})\|^2 \mid \boldsymbol{X}\right] + \|E(\boldsymbol{\theta}\mid\boldsymbol{X})-(1-U)\boldsymbol{X}\|^2\right] \quad (2.5.7)$$

となり, $\boldsymbol{X}$ を与えたときの $\boldsymbol{\theta}$ の条件付分布は $\mathrm{N}_p((1-\beta)\boldsymbol{X},(1-\beta)I_p)$ であり, $E[\|\boldsymbol{X}\|^{-2}] = \beta/(p-2)$, $E[\|\boldsymbol{X}\|^2] = p/\beta$ となるから, (2.5.7) より

$$\int_{\mathbf{R}^p} R\left(\boldsymbol{\theta}, \hat{\boldsymbol{\theta}}_{\mathbf{0},r}\right)\pi_\alpha(\boldsymbol{\theta})d\boldsymbol{\theta}$$

$$= E\left[p(1-\beta)+(U-\beta)^2\|\boldsymbol{X}\|^2\right]$$

$$= p(1-\beta)+E\left[\beta^2\|\boldsymbol{X}\|^2-2\beta r(p-2)+r^2(p-2)^2\right]$$

$$= p - \frac{1}{\alpha+1}(2r-r^2)(p-2) \quad (2.5.8)$$

となる. 一方, $\boldsymbol{X}$ の分布は, $\boldsymbol{\theta}$ を与えたときの $\boldsymbol{X}$ の条件付分布, すなわち $\mathrm{N}_p(\boldsymbol{\theta},I_p)$ になるから

$$\int_{\mathbf{R}^p} h(\boldsymbol{\theta})\pi_\alpha(\boldsymbol{\theta})d\boldsymbol{\theta} = p-(2r-r^2)(p-2)^2 E_{\pi_\alpha}\left[E_{\boldsymbol{\theta}}\left[\|\boldsymbol{X}\|^{-2}\mid\boldsymbol{\theta}\right]\right]$$

$$= p-(2r-r^2)(p-2)^2 E\left(\|\boldsymbol{X}\|^{-2}\right) \quad (2.5.9)$$

となる. ここで, $\boldsymbol{X}$ の周辺分布は $\mathrm{N}_p(\mathbf{0},(\alpha+1)I_p)$ であるから, $\|\boldsymbol{X}\|^2/(\alpha+1)$ は自由度 $p$ のカイ 2 乗分布に従うので, $E(\|\boldsymbol{X}\|^{-2}) = 1/\{(p-2)(\alpha+1)\}$ になる. よって, (2.5.9) より

$$\int_{\mathbf{R}^p} h(\boldsymbol{\theta})\pi_\alpha(\boldsymbol{\theta})d\boldsymbol{\theta} = p - \frac{1}{\alpha+1}(2r-r^2)(p-2) \quad (2.5.10)$$

になるから, (2.5.8) と (2.5.10) より任意の $\alpha\in\mathbf{R}_+$ について

$$\int_{\mathbf{R}^p} R(\boldsymbol{\theta},\hat{\boldsymbol{\theta}}_{\mathbf{0},r})\pi_\alpha(\boldsymbol{\theta})d\boldsymbol{\theta} = \int_{\mathbf{R}^p} h(\boldsymbol{\theta})\pi_\alpha(\boldsymbol{\theta})d\boldsymbol{\theta} \quad (2.5.11)$$

となる. いま, $R(\boldsymbol{\theta},\hat{\boldsymbol{\theta}}_{\mathbf{0},r})$ と $h(\boldsymbol{\theta})$ は $\|\boldsymbol{X}\|^2$, $\boldsymbol{\theta}\boldsymbol{X}^\top$, $\|\boldsymbol{\theta}\|^2$ の関数の期待値であることに注意して, $Z_1 = \boldsymbol{\theta}\boldsymbol{X}^\top/\|\boldsymbol{\theta}\|$, $E(Z_i) = 0$ $(i=2,\ldots,p)$ でかつ $V(\boldsymbol{Z}) = I_p$ となるような $\boldsymbol{X}$ から $\boldsymbol{Z} = (Z_1,\ldots,Z_p)$ への直交変換を行う.

このとき，$R(\boldsymbol{\theta}, \hat{\boldsymbol{\theta}}_{\mathbf{0},r})$ と $h(\boldsymbol{\theta})$ は $Z_1, \sum_{i=2}^{p} Z_i^2, \|\boldsymbol{\theta}\|^2$ の関数の期待値となるので，これらは $\|\boldsymbol{\theta}\|^2$ の関数になる．ここで，p.d.f. $\pi_\alpha(\boldsymbol{\theta})$ $(\alpha \in \mathbf{R}_+)$ をもつ正規分布族 $\{N_p(\mathbf{0}, \alpha I_p) \,|\, \alpha \in \mathbf{R}_+\}$ において $\|\boldsymbol{\theta}\|^2$ は完備十分（統計量）であるから，定義 2.4.3 と (2.5.11) より，確率 1 で $\boldsymbol{\theta}$ について $R(\boldsymbol{\theta}, \hat{\boldsymbol{\theta}}_{\mathbf{0},r}) = h(\boldsymbol{\theta})$ が成り立つ．また，$\boldsymbol{X}$ は $p$ 変量正規分布に従うので，$R(\boldsymbol{\theta}, \hat{\boldsymbol{\theta}}_{\mathbf{0},r}), h(\boldsymbol{\theta})$ は $\|\boldsymbol{\theta}\|^2$ の連続関数になるから，任意の $\boldsymbol{\theta} \in \mathbf{R}^p$ について $R(\boldsymbol{\theta}, \hat{\boldsymbol{\theta}}_{\mathbf{0},r}) = h(\boldsymbol{\theta})$ となり，(2.5.6) が成り立つ．　　　　　□

**注意 2.5.1**

定理 2.5.1 より，$p \geq 3, 0 < r < 2$ のとき，2 乗損失 (2.5.1) の下で任意の $\boldsymbol{\theta} \in \mathbf{R}^p$ について $R(\boldsymbol{\theta}, \hat{\boldsymbol{\theta}}_{\boldsymbol{c},r}) < R(\boldsymbol{\theta}, \boldsymbol{X}) = p$ となり，$\boldsymbol{X}$ は非許容的になる．また，$p = 1$ のときは，2.2 節の例 2.1.1（続 1）より $X_1$ は 2 乗損失の下で許容的になる．さらに $p = 2$ のときも 2 乗損失の下で $\boldsymbol{X}$ が許容的になる[42]．次に，$r = 1$ のとき (2.5.5) の推定量 $\hat{\boldsymbol{\theta}}_{\boldsymbol{c},r}$ は，(2.5.2) の JS 推定量 $\hat{\boldsymbol{\theta}}_{\boldsymbol{c}}$ になり，$r \neq 1$ のとき $\hat{\boldsymbol{\theta}}_{\boldsymbol{c}}$ は $\hat{\boldsymbol{\theta}}_{\boldsymbol{c},r}$ より良くなる．実際，$r(2-r) < 1$ $(r \neq 1)$ となるから，(2.5.6) より

$$R(\boldsymbol{\theta}, \hat{\boldsymbol{\theta}}_{\boldsymbol{c}}) = R(\boldsymbol{\theta}, \hat{\boldsymbol{\theta}}_{\boldsymbol{c},1}) < R(\boldsymbol{\theta}, \hat{\boldsymbol{\theta}}_{\boldsymbol{c},r})$$

となり，$\hat{\boldsymbol{\theta}}_{\boldsymbol{c}}$ は $\hat{\boldsymbol{\theta}}_{\boldsymbol{c},r}$ を支配する．また，$\boldsymbol{\theta} = \boldsymbol{c}$ のときに，JS 推定量 $\hat{\boldsymbol{\theta}}_{\boldsymbol{c}}$ を考えると，$\|\boldsymbol{X} - \boldsymbol{c}\|^2$ は $\chi_p^2$ 分布に従うので，$E_{\boldsymbol{c}}[\|\boldsymbol{X} - \boldsymbol{c}\|^{-2}] = 1/(p-2)$ となり，(2.5.6) より $R(\boldsymbol{c}, \hat{\boldsymbol{\theta}}_{\boldsymbol{c}}) = 2$ になる．よって，$\boldsymbol{\theta} = \boldsymbol{c}$ のとき，$R(\boldsymbol{\theta}, \boldsymbol{X})/R(\boldsymbol{\theta}, \hat{\boldsymbol{\theta}}_{\boldsymbol{c}}) = p/2$ になるので，$p$ が大きいときに，$\boldsymbol{\theta} = \boldsymbol{c}$ の近傍では，この比は大きくなる．

**注意 2.5.2**

実は，JS 推定量 $\hat{\boldsymbol{\theta}}_{\boldsymbol{c}}$ も非許容的になる．実際，推定量

$$\hat{\boldsymbol{\theta}}_{\boldsymbol{c}}^* = \boldsymbol{X} - \min\left\{1, \frac{p-2}{\|\boldsymbol{X} - \boldsymbol{c}\|^2}\right\}(\boldsymbol{X} - \boldsymbol{c})$$

は，$\hat{\boldsymbol{\theta}}_{\boldsymbol{c}}$ より良い推定量になるが，$\hat{\boldsymbol{\theta}}_{\boldsymbol{c}}^*$ もまた非許容的になる[43]．

---

[42] Stein, C. (1956). Inadmissibility of the usual estimator for the mean of a multivariate distribution. *Proc. Third Berkeley Symp. Math. Statist. Prob.*, **1**, 197-206; 篠崎信雄 (1991). Stein タイプの縮小推定量とその応用. 応用統計学 **20**, 59-76; 久保川達也 (2004). スタインのパラドクスと縮小推定の世界. 『モデル選択』（岩波書店）, pp.139-197 参照.

[43] Lehmann, E. L. and Casella, G. [LC98]. *Theory of Point Estimation*. Springer の pp.356-358 参照.

## 2.6   不変性と推移性

決定問題が何らかの作用に関して不変であれば，用いる決定関数を不変になるように制約することは自然である．本節では主として推定について考える．

### 定義 2.6.1

標本空間を $\mathscr{X}(\subset \mathbf{R}^n)$ とし，$\mathscr{X}$ から $\mathscr{X}$ の上への 1-1 変換 $g$ の集合 $G$ が次の (i), (ii) を満たすとき，$\mathscr{X}$ の**変換群** (group of transformations) という.

(i) 任意の $g_1 \in G$ に対して $g_2 \in G$ が存在して，任意の $\boldsymbol{x} \in \mathscr{X}$ について $g_2(g_1(\boldsymbol{x})) = \boldsymbol{x}$ である.

(ii) 任意の $g_1, g_2 \in G$ に対して $g_3 \in G$ が存在して，任意の $\boldsymbol{x} \in \mathscr{X}$ について $g_2(g_1(\boldsymbol{x})) = g_3(\boldsymbol{x})$ である.

なお，(i), (ii) より，任意の $\boldsymbol{x} \in \mathscr{X}$ について $e(\boldsymbol{x}) = \boldsymbol{x}$ となる $e$ は $G$ に属することが示される.

【例 1.2.1（続 2）】　確率変数 $X$ が 2 項分布 $\mathrm{Bi}(n,\theta)$ $(0 < \theta < 1)$ に従うとすると，$X$ の p.m.f. は

$$p(x;\theta) = \binom{n}{x}\theta^x(1-\theta)^{n-x} \quad (x = 0, 1, \dots, n) \tag{2.6.1}$$

になる．ここで，$\mathscr{X} = \{0, 1, \dots, n\}$ とし，任意の $x \in \mathscr{X}$ について $g_1(x) = n - x$, $g_2(x) = x$ として，$G = \{g_1, g_2\}$ とする．このとき，$g_1, g_2$ は $\mathscr{X}$ から $\mathscr{X}$ の上への 1-1 変換になり，また，定義 2.6.1 の (i), (ii) は満たされるから，$G$ は $\mathscr{X}$ の変換群になる.

**問 2.6.1**　例 1.2.1（続 2）において $G$ が定義 2.6.1 の (i), (ii) を満たすことを示せ.

次に，分布について不変性を定義する．

### 定義 2.6.2

確率ベクトル $\boldsymbol{X}$ の j.p.d.f. または j.p.m.f. からなるモデルを $\mathscr{F} = \{f(\boldsymbol{x};\theta)\,|\,\theta \in \Theta\}$ とし，$G$ を $\mathscr{X}$ の変換群とする．このとき，任意の $\theta \in \Theta$, $g \in G$ に対して，唯一の $\vartheta \in \Theta$ が存在して，$\boldsymbol{X}$ が $f(\boldsymbol{x};\theta)$ をもつ分布に従うとき $\boldsymbol{X}' = g(\boldsymbol{X})$ が j.p.d.f. または j.p.m.f. $f(\boldsymbol{x}';\vartheta)$ をもつ分布に従えば，$\mathscr{F}$ は $G$ の下で**不変** (invariant) であるという．

【例 1.2.1（続 3）】 確率変数 $X$ が (2.6.1) の p.m.f. $p(x;\theta)$ をもつ 2 項分布 $\mathrm{Bi}(n,\theta)$ $(0 < \theta < 1)$ に従うとすると，$g_1(X) = n - X$ は $\mathrm{Bi}(n,1-\theta)$ に従う．また，$g_2(X) = X$ は $\mathrm{Bi}(n,\theta)$ に従うので，2 項モデル $\mathscr{F} = \{p(x;\theta)\,|\,0 < \theta < 1\}$ は変換群 $G = \{g_1,g_2\}$ の下で不変になる．

【例 2.1.1（続 6）】 $X_1,\ldots,X_n$ を正規分布 $\mathrm{N}(\mu,\sigma^2)$ からの無作為標本とし，$\mu(\in \mathbf{R}^1)$ と $\sigma^2(\in \mathbf{R}_+)$ はともに未知とする．ここで，任意の $a \in \mathbf{R}^1$ について

$$g_a(\boldsymbol{x}) = (x_1 + a,\ldots,x_n + a)$$

として $G = \{g_a\,|\,a \in \mathbf{R}^1\}$ とすると，$G$ は $\mathscr{X} = \mathbf{R}^n$ の変換群になる．ただし，$\boldsymbol{x} = (x_1,\ldots,x_n)$ とする．実際，まず，$g_a(\in G)$ は $\mathscr{X}$ から $\mathscr{X}$ の上への 1-1 変換となる．また，$g_a \in G$ について

$$g_{-a}(g_a(\boldsymbol{x})) = g_{-a}(x_1 + a,\ldots,x_n + a) = (x_1,\ldots,x_n) = \boldsymbol{x}$$

となるから，定義 2.6.1 の (i) は成り立つ．さらに，$g_{a_1},g_{a_2} \in G$ に対して

$$g_{a_2}(g_{a_1}(\boldsymbol{x})) = g_{a_2}(x_1 + a_1,\ldots,x_n + a_1) = g_{a_1+a_2}(\boldsymbol{x})$$

となり，$a_1 + a_2 \in \mathbf{R}^1$ より $g_{a_1+a_2} \in G$ となるから，定義 2.6.1 の (ii) は成り立つので，$G$ は変換群になる．次に，$\boldsymbol{\theta} = (\mu,\sigma^2)$ とおいて，$\boldsymbol{X}$ の j.p.d.f. を $f(\boldsymbol{x};\boldsymbol{\theta})$ とし，それからなるモデルを $\mathscr{F} = \{f(\boldsymbol{x};\boldsymbol{\theta})\,|\,\boldsymbol{\theta} \in \mathbf{R}^1 \times \mathbf{R}_+\}$ とする．このとき，任意の $a \in \mathbf{R}^1$ について $\boldsymbol{X}' = (X_1',\ldots,X_n')$ を

$$\boldsymbol{X}' = g_a(\boldsymbol{X}) = (X_1 + a, \ldots, X_n + a)$$

と定義すると，$X_1' \ldots, X_n'$ は $\mathrm{N}(\mu + a, \sigma^2)$ からの無作為標本になる．よって，$\boldsymbol{\vartheta} = (\mu + a, \sigma^2)$ とおくと $\boldsymbol{\vartheta} \in \mathbf{R}^1 \times \mathbf{R}_+$ となり，$\boldsymbol{X}'$ の j.p.d.f. は $f(\boldsymbol{x}'; \boldsymbol{\vartheta})$ となるから，定義 2.6.2 より $\mathscr{F}$ は $G$ の下で不変になる．

　次に，推定問題において不変性がどのように影響を与えるかについて考える．いま，モデル $\mathscr{F} = \{f(\boldsymbol{x}; \theta) \,|\, \theta \in \Theta\}$ は変換群 $G$ の下で不変であるとする．$\boldsymbol{X}' = g(\boldsymbol{X})$ が j.p.d.f. または j.p.m.f. $f(\boldsymbol{x}'; \vartheta)$ をもつとき，$\vartheta = \bar{g}(\theta)$ は $\Theta$ から $\Theta$ 上への変換であり，$\theta_1 \neq \theta_2$ について $f(\boldsymbol{x}; \theta_1) \neq f(\boldsymbol{x}; \theta_2)$ とすれば $\bar{g}(\theta)$ は 1-1 変換になる．そのような $\bar{g}$ の集合 $\bar{G}$ は $\Theta$ の変換群になる．このとき，その期待値が存在するような関数 $\psi$ について

$$E_\theta[\psi(g(\boldsymbol{X}))] = E_{\bar{g}(\theta)}[\psi(\boldsymbol{X})] \tag{2.6.2}$$

となる．

**【例 2.6.1】**　2 つの確率ベクトルを $\boldsymbol{X} = (X_1, \ldots, X_m), \boldsymbol{Y} = (Y_1, \ldots, Y_n)$ とし，$(\boldsymbol{X}, \boldsymbol{Y})$ の j.p.d.f. を

$$f(\boldsymbol{x} - \xi, \boldsymbol{y} - \eta) = f(x_1 - \xi, \ldots, x_m - \xi, y_1 - \eta, \ldots, y_n - \eta)$$

とすると，これからなるモデルは

$$g(\boldsymbol{x}, \boldsymbol{y}) = (\boldsymbol{x} + a, \boldsymbol{y} + b), \quad \bar{g}(\xi, \eta) = (\xi + a, \eta + b) \tag{2.6.3}$$

をもつ変換群 $G, \bar{G}$ の下で不変になる．ただし，$\xi, \eta, a, b \in \mathbf{R}^1$ とし，ベクトル $\boldsymbol{z} = (z_1, \ldots, z_n)$ について $\boldsymbol{z} + a = (z_1 + a, \ldots, z_n + a)$ とする．このとき，$\theta = \eta - \xi$ の推定問題を考える．ここで

$$\boldsymbol{x}' = \boldsymbol{x} + a, \; \boldsymbol{y}' = \boldsymbol{y} + b, \; \xi' = \xi + a, \; \eta' = \eta + b \tag{2.6.4}$$

とすれば，$\theta$ は $\theta' = \theta + (b - a)$ に変換される．よって，$\theta$ の推定値を $d$ とすると，変換 (2.6.4) の下で $\theta'$ の推定値は

$$d' = d + (b - a) \tag{2.6.5}$$

になる. この問題において不変性を保存するために, $\mathbf{R}^2$ 上の損失関数 $L(\theta, d)$ について

$$L(\theta', d') = L(\theta, d) \tag{2.6.6}$$

を満たすとすると, (2.6.6) であるための必要十分条件は, $L(\theta, d)$ が $\theta - d$ のみの関数

$$L(\theta, d) = \rho(\theta - d) \tag{2.6.7}$$

となることである. 次に, $h(\xi, \eta) = \xi^2 + \eta^2$ の推定問題を考える. ここで, $\theta = h(\xi, \eta)$ とおいて変換 (2.6.3) を用いると

$$\theta' = h(\bar{g}(\xi, \eta)) = h(\xi + a, \eta + b) = (\xi + a)^2 + (\eta + b)^2$$

となり, これは $h(\xi, \eta)$ のみを通した $(\xi, \eta)$ の関数とならない. よって, 不変性を考えるときには推定すべき関数が重要であることがわかる.

**問 2.6.2** 損失関数 $L(\theta, d)$ が (2.6.6) を満たすための必要十分条件が (2.6.7) であることを示せ.

いま, モデル $\mathscr{F} = \{f(\boldsymbol{x}; \theta) \mid \theta \in \Theta\}$ において, 変換群 $G, \bar{G}$ の下で不変であるとき, $\theta$ の関数 $h(\theta)$ の推定問題を考える. ここでは, 変換を $\boldsymbol{X}' = g(\boldsymbol{X})$ $(g \in G)$, $\theta' = \bar{g}(\theta)$ $(\bar{g} \in \bar{G})$ とする. また, 任意の $\bar{g} \in \bar{G}$ について $h(\bar{g}(\theta))$ は $h(\theta)$ を通してのみ $\theta$ に依存する, すなわち

$$h(\theta_1) = h(\theta_2) \Rightarrow h(\bar{g}(\theta_1)) = h(\bar{g}(\theta_2)) \tag{2.6.8}$$

であると仮定する. これは, $h(\theta)$ が同じ値をとるすべての $\theta$ について $h(\bar{g}(\theta))$ は共通の値をとることを意味する. このとき

$$g^*(h(\theta)) = h(\bar{g}(\theta)) \quad (\theta \in \Theta) \tag{2.6.9}$$

とし, $\mathscr{H} = h(\Theta)$ とすれば, $g^*$ は $\mathscr{H}$ から $\mathscr{H}$ 上への 1-1 変換になる.

また, $\bar{g} \in \bar{G}$ であるとき, $g^*$ の集合 $G^*$ は $\mathscr{H}$ の変換群になる. ここで,
$h(\theta)$ の推定値を $d$ とすると, 変換 $g^* \in G^*$ の下で $g^*(h(\theta))$ の推定値は

$$d' = g^*(d)$$

となる. よって, $(\boldsymbol{X}, \theta, d)$ に関して $h(\theta)$ を推定, または $(\boldsymbol{X}', \theta', d')$ に
関して $h(\theta')$ を推定する問題は形式的に同じであるから, 損失関数は
$L(\theta', d') = L(\theta, d)$ を満たす必要がある.

### 定義 2.6.3

　モデル $\mathscr{F} = \{ f(\boldsymbol{x}; \theta) \,|\, \theta \in \Theta \}$ において, 変換群 $G$ の下で不変で, 損失
関数 $L$ が

$$L(\bar{g}(\theta), g^*(d)) = L(\theta, d) \quad ((\theta, d) \in \Theta \times \mathscr{H}) \tag{2.6.10}$$

を満たし, $h(\theta)$ が (2.6.8) を満たすとき, 損失関数 $L$ で $h(\theta)$ を推定する
問題は $G, \bar{G}$ の下で不変であるという.

　さて, $h(\theta)$ の推定量として $\hat{h}(\boldsymbol{X})$ を用いると, 任意の関数 $\phi$ について
$\phi(h(\theta))$ の推定量として $\phi(\hat{h}(\boldsymbol{X}))$ を用いることは自然である. ここで,
$d$ を $h(\theta)$ の推定値とすると, $g^*(d)$ は $g^*(h(\theta))$ の推定値とした方がよい.
そこで, $\phi = g^*$ とすると $g^*(h(\theta))$ の推定量は $g^*(\hat{h}(\boldsymbol{X}))$ になる.
　一方, $h(\theta)$ の推定の, 変換 $g \in G$, $\bar{g} \in \bar{G}$, $g^* \in G^*$ の下での不変
性から, $(\boldsymbol{X}, \theta, d)$ に関して $h(\theta)$ を推定する問題と $(\boldsymbol{X}', \theta', d')$ に関して
$g^*(h(\theta))$ を推定する問題は形式的に同じであると考えられる. よって,
(2.6.9) より $h(\bar{g}(\theta))$ を推定するために $\hat{h}(\boldsymbol{X}') = \hat{h}(g(\boldsymbol{X}))$ を用いる方が
よい. 上記のことから

$$\hat{h}(g(\boldsymbol{X})) = g^*(\hat{h}(\boldsymbol{X})) \tag{2.6.11}$$

となることが望ましい.

2.6 不変性と推移性    75

**定義 2.6.4**

不変な推定問題において，$h(\theta)$ の推定量 $\hat{h}(\boldsymbol{X})$ が任意の $g \in G$ について (2.6.11) を満たすとき，**共変** (equivariant) であるという.

**【例 2.6.1（続 1）】** 例 2.6.1 において，$h(\xi,\eta) = \eta - \xi$ とする．ここで，(2.6.5) より $g^*(d) = d + (b - a)$ となる．このとき，(2.6.3), (2.6.11) より

$$\hat{h}(\boldsymbol{x} + a, \boldsymbol{y} + b) = \hat{h}(\boldsymbol{x}, \boldsymbol{y}) + b - a$$

となる．そして，$\hat{\xi}(\boldsymbol{X})$, $\hat{\eta}(\boldsymbol{Y})$ をそれぞれ $\xi$, $\eta$ の位置共変推定量[44]とすれば，$\hat{h}(\boldsymbol{X}, \boldsymbol{Y}) = \hat{\eta}(\boldsymbol{Y}) - \hat{\xi}(\boldsymbol{X})$ は $\eta - \xi$ の共変推定量になる．

一般に，次のことが成り立つ．

**定理 2.6.1**

変換群 $G$ の下で不変な推定問題において，$h(\theta)$ の推定量を $\hat{h}(\boldsymbol{X})$ とすると，$\hat{h}$ のリスクは任意の $\theta \in \Theta$ について

$$R(\bar{g}(\theta), \hat{h}) = R(\theta, \hat{h})$$

を満たす．

**証明** (2.1.2) によって

$$R(\bar{g}(\theta), \hat{h}) = E_{\bar{g}(\theta)}[L(\bar{g}(\theta), \hat{h}(\boldsymbol{X}))]$$

となるから，(2.6.2), (2.6.10) より任意の $\theta \in \Theta$ について

$$E_{\bar{g}(\theta)}[L(\bar{g}(\theta), \hat{h}(\boldsymbol{X}))] = E_\theta[L(\bar{g}(\theta), g^*(\hat{h}(\boldsymbol{X})))]$$
$$= E_\theta[L(\theta, \hat{h}(\boldsymbol{X}))] = R(\theta, \hat{h})$$

になる．                      □

---

[44]一般に，$\boldsymbol{X} = (X_1, \ldots, X_n)$ の j.p.d.f. を $f(\boldsymbol{x}; \theta)$ ($\theta \in \Theta = \mathbf{R}^1$) とし，$\theta$ の推定量 $\hat{\theta}(\boldsymbol{X})$ について，任意の $\boldsymbol{x} = (x_1, \ldots, x_n)$ と任意の定数 $c$ に対して $\hat{\theta}(x_1 + c, \ldots, x_n + c) = \hat{\theta}(x_1, \ldots, x_n) + c$ であるとき，$\hat{\theta}(\boldsymbol{X})$ を $\theta$ の**位置共変** (location equivariant) 推定量という．

## 定義 2.6.5

ある空間 $\mathscr{Z}$ の変換群を $\mathscr{G}$ とするとき,任意の $z_1, z_2 \in \mathscr{Z}$ について変換 $g \in \mathscr{G}$ が存在して $g(z_1) = z_2$ となるとき $\mathscr{G}$ は($\mathscr{Z}$ 上で)**推移的** (transitive) であるという.

## 系 2.6.1

定理 2.6.1 の条件の下で,$\Theta$ の変換群 $\bar{G}$ が推移的ならば,任意の共変推定量のリスクは $\theta$ に無関係な定数である.

**証明**   $\bar{G}$ が推移的であるから,任意の $\theta_1, \theta_2 \in \Theta$ について $\bar{g}_{12} \in G$ が存在して $\bar{g}_{12}(\theta_1) = \theta_2$ となる.また,定理 2.6.1 より

$$R(\theta_1, \hat{h}) = R(\bar{g}_{12}(\theta_1), \hat{h}) = R(\theta_2, \hat{h})$$

となるから,$R(\theta, \hat{h})$ は $\theta$ に無関係な定数になる.     □

さて,任意の共変推定量のリスクが定数であるとき,その定数のリスクを最小にすることによって,最良共変推定量(最小リスク共変推定量)が得られる.

**【例 2.6.1(続2)】**   例 2.6.1 において,$\theta = (\xi, \eta)$, $\bar{g}(\theta) = (\xi + a, \eta + b)$ とする.任意の $(\xi, \eta)$, $(\xi', \eta')$ について $a, b$ が存在して $\xi + a = \xi'$, $\eta + b = \eta'$ となるから $\bar{g}$ からなる $\Theta$ の変換群 $\bar{G}$ は推移的になる.また,系 2.6.1 を用いれば最良共変推定量が求められうる.

## 定義 2.6.6

$\Theta$ の変換群 $\bar{G}$ の下で,$\theta_1, \theta_2 \in \Theta$ について $\bar{g} \in \bar{G}$ が存在して $\bar{g}(\theta_1) = \theta_2$ となるとき,$\theta_1$ と $\theta_2$ は**同値** (equivalent) であるという.任意に与えられた $\theta \in \Theta$ と同値になる点全体の集合 $\bar{G}_\theta = \{\bar{g}(\theta) \,|\, \bar{g} \in \bar{G}\}$ を $\bar{G}$ の**軌道** (orbit) という.

### 注意 2.6.1
$\bar{G}_\theta = \Theta$ であるとき,定義 2.6.5 より $\bar{G}_\theta$ は ($\Theta$ 上で)推移的になる.

### 注意 2.6.2
$\mathscr{X}$ の変換群 $G$ の下で,$\boldsymbol{x}_1$ と $\boldsymbol{x}_2$ が同値,すなわち $\boldsymbol{x}_1, \boldsymbol{x}_2$ に対して $g \in G$ が存在して $g(\boldsymbol{x}_1) = \boldsymbol{x}_2$ となるとき,$\boldsymbol{x}_1 \sim \boldsymbol{x}_2$ と表すと,この関係 $\boldsymbol{x}_1 \sim \boldsymbol{x}_2$ は**同値関係** (equivalence relation) をもつ.すなわち

(i) (反射律)任意の $\boldsymbol{x} \in \mathscr{X}$ について $\boldsymbol{x} \sim \boldsymbol{x}$
(ii) (対称律)$\boldsymbol{x}_1 \sim \boldsymbol{x}_2$ ならば $\boldsymbol{x}_2 \sim \boldsymbol{x}_1$
(iii) (推移律)$\boldsymbol{x}_1 \sim \boldsymbol{x}_2, \boldsymbol{x}_2 \sim \boldsymbol{x}_3$ ならば $\boldsymbol{x}_1 \sim \boldsymbol{x}_3$

を満たす.また,$G$ の軌道は $\mathscr{X}$ の分割を与える.なぜなら,$G_{\boldsymbol{x}}$ を軌道とすると $\boldsymbol{x}_1 \sim \boldsymbol{x}_2$ ならば $G_{\boldsymbol{x}_1} = G_{\boldsymbol{x}_2}$ となり,そうでなければ $G_{\boldsymbol{x}_1} \cap G_{\boldsymbol{x}_2} = \emptyset$ となる.(i) より,$\mathscr{X}$ の各点は少なくとも 1 つの $G_{\boldsymbol{x}}$ に属する.よって,軌道は同値関係 $\sim$ によって定義された同値類[45]になり,その全体 $\{G_{\boldsymbol{x}} \,|\, \boldsymbol{x} \in \mathscr{X}\}$ は空間の分割をつくる.

注意 2.6.2 より,$\mathscr{X}$ 上のある関数 $T(\boldsymbol{x})$ が**不変**である,すなわち任意の $\boldsymbol{x} \in \mathscr{X}$,任意の $g \in G$ について $T(g(\boldsymbol{x})) = T(\boldsymbol{x})$ であるための必要十分条件は,その関数が各軌道上で一定であることがわかる.そこで,関数 $T$ が不変であって,$\boldsymbol{x}_1, \boldsymbol{x}_2 \in \mathscr{X}$ について $T(\boldsymbol{x}_1) = T(\boldsymbol{x}_2)$ ならば $g \in G$ が存在して $g(\boldsymbol{x}_1) = \boldsymbol{x}_2$ であるとき,$T$ は**最大不変量** (maximal invariant) であるという.すなわち $T$ は各軌道上で定数であるが,それぞれの軌道上では異なる値をとる.

### 定理 2.6.2
$T(\boldsymbol{x})$ を変換群 $G$ の下で最大不変量であるとする.このとき,$\mathscr{X}$ 上の関数 $\phi(\boldsymbol{x})$ が $G$ の下で不変であるための必要十分条件は $\phi$ が $T(\boldsymbol{x})$ を通してのみ $\boldsymbol{x}$ に依存することである,すなわち $\mathscr{X}$ 上の関数 $h$ が存在して,任意の $\boldsymbol{x} \in \mathscr{X}$ について $\phi(\boldsymbol{x}) = h(T(\boldsymbol{x}))$ となることである.

**証明** $\phi$ が不変であるとする.$T$ が最大不変量であるから,$T(\boldsymbol{x}_1) = T(\boldsymbol{x}_2)$ と

---

[45]同値関係 $\sim$ の与えられた集合において,$\boldsymbol{x}$ と同値な元全体のなす部分集合を $\boldsymbol{x}$ の**同値類** (equivalence class) という.

すれば $g \in G$ が存在して $g(\boldsymbol{x}_1) = \boldsymbol{x}_2$ となるから $\phi(\boldsymbol{x}_1) = \phi(g(\boldsymbol{x}_1)) = \phi(\boldsymbol{x}_2)$ となり，$\phi(\boldsymbol{x})$ は $T(\boldsymbol{x})$ の関数になる．一方，$\phi(\boldsymbol{x}) = h(T(\boldsymbol{x}))$ とすれば，$T$ は不変であるから $\phi(g(\boldsymbol{x})) = h(T(g(\boldsymbol{x}))) = h(T(\boldsymbol{x})) = \phi(\boldsymbol{x})$ となる．よって $\phi$ は不変である． $\square$

**【例 2.1.1（続 7）】** $X_1, \ldots, X_n$ を正規分布 $\mathrm{N}(\mu, \sigma^2)$ からの無作為標本とし，$(\mu, \sigma^2) \in \Theta = \mathbf{R}^1 \times \mathbf{R}_+$ とする．任意の $a \in \mathbf{R}_+$ について

$$\bar{g}_a(\mu, \sigma^2) = (a\mu, a^2\sigma^2)$$

とすると，$\bar{G}_{\mu, \sigma^2} = \{\bar{g}_a(\mu, \sigma^2) \,|\, a \in \mathbf{R}_+\}$ は $\Theta$ の変換群になる．このとき，$(\mu_1, \sigma_1^2)$ と $(\mu_2, \sigma_2^2)$ が同じ軌道上にあるための必要十分条件は $\mu_1/\sigma_1 = \mu_2/\sigma_2$ である．実際，$\mu_1/\sigma_1 = \mu_2/\sigma_2$ とすると，$\mu_2/\mu_1 = \sigma_1/\sigma_2 = c \in \mathbf{R}_+$ となるから $(\mu_2, \sigma_2^2) = (c\mu_1, c^2\sigma_1^2) = \bar{g}_c(\mu_1, \sigma_1^2) \in \bar{G}_{\mu_1, \sigma_1^2}$ となり，$(\mu_1, \sigma_1^2)$ と $(\mu_2, \sigma_2^2)$ は同じ軌道上にある．逆に，$(\mu_1, \sigma_1^2)$ と $(\mu_2, \sigma_2^2)$ が同じ軌道上にあれば，$\bar{G}(\mu_1, \sigma_1^2) = \{(a\mu_1, a^2\sigma_1^2) \,|\, a \in \mathbf{R}_+\} \ni (\mu_2, \sigma_2^2)$ より，$a\mu_1 = \mu_2, \ a^2\sigma_1^2 = \sigma_2^2$ となるから $\mu_2/\mu_1 = a, \ \sigma_2^2/\sigma_1^2 = a^2$ より，$\mu_1/\sigma_1 = \mu_2/\sigma_2$ となる．

### 系 2.6.2

定理 2.6.1 の条件の下で，任意の共変推定量のリスクは $\bar{G}$ の軌道上で定数である．

**証明** $\bar{G}$ は変換群であるから軌道上で推移的になる．よって，系 2.6.1 より任意の共変推定量は軌道上で定数になる． $\square$

**【例 2.6.2】** $\boldsymbol{x} = (x_1, \ldots, x_n) \in \mathscr{X} = \mathbf{R}^n$ とし，任意の $a \in \mathbf{R}^1$ について

$$g_a(\boldsymbol{x}) = (x_1 + a, \ldots, x_n + a)$$

として，$G = \{g_a \,|\, a \in \mathbf{R}^1\}$ とすると，$G$ は $\mathscr{X}$ の変換群になる．また，$T(\boldsymbol{x}) = (x_1 - x_n, \ldots, x_{n-1} - x_n)$ は $G$ の下で不変になる．ただし，$n \geq 2$ とする．また，$\boldsymbol{x}' = (x_1', \ldots, x_n')$ として $T(\boldsymbol{x}) = T(\boldsymbol{x}')$，すなわち $x_i -$

$x_n = x_i' - x_n' \ (i = 1, \ldots, n-1)$ とする. ここで, $a = x_n' - x_n$ とおくと, $x_i' = x_i + a \ (i = 1, \ldots, n-1)$ となるから, $g_a(\boldsymbol{x}) = \boldsymbol{x}'$ となる. よって, $T(\boldsymbol{x})$ は最大不変量になる. ほかにも, $T_1(\boldsymbol{x}) = (x_1 - x_2, x_2 - x_3, \ldots, x_{n-1} - x_n)$, $T_2(\boldsymbol{x}) = (x_1 - \bar{x}, \ldots, x_n - \bar{x})$ なども最大不変量になる. ただし, $\bar{x} = (1/n)\sum_{i=1}^{n} x_i$ とする. $n = 1$ のときは, $\mathscr{X}$ が1つの軌道であり, 注意 2.6.1 より $G$ は ($\mathscr{X}$ 上で) 推移的になる. このときは, 不変な関数は定数関数のみになる. 次に, 任意の $c \neq 0$ について

$$g_c(\boldsymbol{x}) = (cx_1, \ldots, cx_n)$$

として, $G' = \{g_c \,|\, c \neq 0\}$ とする. ここで, $P\{X_1 \neq 0, \ldots, X_n \neq 0\} = 1$ ならば $T(\boldsymbol{x}) = (x_1/x_n, \ldots, x_{n-1}/x_n)$ が確率 1 で最大不変量になる.

> **注意 2.6.3**
> 本節の例 1.2.1（続 3）において, 確率変数 $X$ は 2 項分布 $\mathrm{Bi}(n, \theta)$ $(\theta \in \Theta = (0,1))$ に従うとき, $\bar{g}_1(\theta) = \theta, \bar{g}_2(\theta) = 1 - \theta$ とすると $\bar{G} = \{\bar{g}_1, \bar{g}_2\}$ は $\Theta$ の変換群であるが, 推移的ではない.

## 2.7 最尤推定と非逐次推定の限界

確率ベクトル $\boldsymbol{X} = (X_1, \ldots, X_n)$ の j.p.d.f. または j.p.m.f. を $f_{\boldsymbol{X}}(\boldsymbol{x}; \boldsymbol{\theta})$ $(\boldsymbol{\theta} \in \Theta \subset \mathbf{R}^k)$ とする. ここで, $\boldsymbol{X} = \boldsymbol{x} = (x_1, \ldots, x_n)$ であるとき

$$L(\boldsymbol{\theta}; \boldsymbol{x}) = f_{\boldsymbol{X}}(\boldsymbol{x}; \boldsymbol{\theta})$$

とおいて, これを $\boldsymbol{\theta}$ の関数と見なして $\boldsymbol{\theta}$ の**尤度関数** (likelihood function) といい, $\boldsymbol{\theta}$ の尤もらしさの度合いを表す. そこで, $\bar{\Theta}$ を $\Theta$ の閉包[46]とし, $\bar{\Theta}$ において尤度関数を最大にする, すなわち

$$\max_{\boldsymbol{\theta} \in \bar{\Theta}} L(\boldsymbol{\theta}; \boldsymbol{x}) = L(\hat{\boldsymbol{\theta}}^*; \boldsymbol{x})$$

---

[46] 一般に, $\mathbf{R}^k$ の部分集合 $A$ の**閉包** (closure) とは, $A$ および $A$ の集積点全体の集合で $\bar{A}$ と表される. なお, 点 $a$ が $A$ の集積点であるとは, $A$ の要素からなる点列 $\{a_n\}$ で $a_n \neq a, \lim_{n \to \infty} a_n = a$ となるものが存在することをいう.

となる $\boldsymbol{\theta} = \hat{\boldsymbol{\theta}}^*(\boldsymbol{x})$ を $\boldsymbol{\theta}$ の**最尤推定値** (maximum likelihood estimate) といい，$\hat{\boldsymbol{\theta}}^*(\boldsymbol{X})$ を $\boldsymbol{\theta}$ の**最尤推定量** (maximum likelihood estimator, 略して，MLE) という．また，$\Theta$ を $\mathbf{R}^k$ の開集合とし，$\boldsymbol{\theta} = (\theta_1, \ldots, \theta_k) \in \Theta$ とするとき，各 $j = 1, \ldots, k$ について $L(\boldsymbol{\theta}; \boldsymbol{x})$ が $\theta_j$ について偏微分可能ならば，最尤推定値 $\hat{\boldsymbol{\theta}}(\boldsymbol{x}) = (\hat{\theta}_1(\boldsymbol{x}), \ldots, \hat{\theta}_k(\boldsymbol{x}))$ は**尤度方程式** (likelihood equation)

$$\frac{\partial}{\partial \theta_j} \log L(\boldsymbol{\theta}; \boldsymbol{x}) = 0 \quad (j = 1, \ldots, k) \tag{2.7.1}$$

を満たすので，最尤推定量 $\hat{\boldsymbol{\theta}}(\boldsymbol{X}) = (\hat{\theta}_1(\boldsymbol{X}), \ldots, \hat{\theta}_k(\boldsymbol{X}))$ は (2.7.1) の解として得られることも多い．

### 定理 2.7.1

$X_1, \ldots, X_n$ を p.d.f. $p(x; \theta)$ $(\theta \in \Theta)$ からの無作為標本とし，$\Theta$ を $\mathbf{R}^1$ の開区間とする．ここで，次の条件を仮定する．

(C1)　$p(x; \theta)$ の台 $D = \{x \,|\, p(x; \theta) > 0\}$ は $\theta$ に無関係である．

(C2)　任意の $x \in D$ について，$p(x; \theta)$ は $\theta$ に関して 3 回連続偏微分可能である．

(C3)　$\int_D p(x; \theta) dx$ は積分記号下で $\theta$ に関して 3 回偏微分可能である．

(C4)　$0 < I(\theta) = E_\theta\left[\left\{\frac{\partial}{\partial \theta} \log p(X_1; \theta)\right\}^2\right] < \infty$

(C5)　任意の $\theta_0 \in \Theta$ に対して，正数 $c$ と関数 $M(x)$ が存在して

$$\left|\frac{\partial^3}{\partial \theta^3} \log p(x; \theta)\right| \le M(x) \quad (x \in D, \ \theta_0 - c < \theta < \theta_0 + c)$$

でかつ $E_{\theta_0}[M(X_1)] < \infty$ である．

このとき，$\theta$ の MLE $\hat{\theta}_n = \hat{\theta}_n(X_1, \ldots, X_n)$ について

$$\mathcal{L}\left(\sqrt{n}\left(\hat{\theta}_n - \theta\right)\right) \to \mathrm{N}\left(0, \frac{1}{I(\theta)}\right) \quad (n \to \infty)$$

が成り立つ．

証明は省略[47].

**【例 2.7.1】** 確率ベクトル $\boldsymbol{X} = (X_1, X_2)$ の j.p.d.f. を

$$f_{\boldsymbol{X}}(\boldsymbol{x}; \theta) = \left\{ \exp\left( -\theta x_1 - \frac{x_2}{\theta} \right) \right\} \chi_{\mathbf{R}_+^2}(x_1, x_2)$$

とし，$\theta \in \mathbf{R}_+$ とする．このとき，定理 2.4.2 より $\boldsymbol{X}$ は $\theta$ に対する最小十分統計量になる．一方，$\theta$ の MLE は $\hat{\theta}_{\mathrm{ML}} = \sqrt{X_2/X_1}$ になるが，$\theta$ に対する十分統計量ではない．しかし，$T = X_1 X_2$ とおくと，$T$ の p.d.f. が $\theta$ に無関係になるから補助統計量になり，これを取り込むと $(\hat{\theta}_{\mathrm{ML}}, T)$ は $\theta$ に対する最小十分統計量になる．

---

**定理 2.7.2** (**デルタ法** (delta method))

$X_n$ $(n \in \mathbb{N})$ を確率変数とし，$g$ を $\mathbf{R}^1$ 上で定義された微分可能な実数値関数とし，$x = a$ において $g'(x)$ は連続で $g'(a) \neq 0$ とする．また，$\{c_n\}$ を $n \to \infty$ のとき $c_n \uparrow \infty$ となる正数列とする．このとき，$c_n(X_n - a) \xrightarrow{L} X$ $(n \to \infty)$ ならば，$c_n\{g(X_n) - g(a)\} \xrightarrow{L} g'(a)X$ $(n \to \infty)$ である．

証明は省略[48].

---

**定理 2.7.3**

$\boldsymbol{X}_j = (X_{1j}, \ldots, X_{kj})$ $(j \in \mathbb{N})$ をたがいに独立な確率ベクトルの列とし，各 $j \in \mathbb{N}$ について $E(X_{ij}) = \xi_i$ $(i = 1, \ldots, k)$, $\mathrm{Cov}(X_{ij}, X_{i'j}) = \sigma_{ii'}$ $(i, i' = 1, \ldots, k)$ とする．また，各 $i = 1, \ldots, k$ について $\overline{X}_i = (1/n) \sum_{j=1}^n X_{ij}$ とし，$g$ を連続な 1 次偏導関数をもつ $k$ 変数の実数値関数とする．このとき

$$v^2 = \sum_{i=1}^k \sum_{i'=1}^k \sigma_{ii'} \frac{\partial g}{\partial \xi_i} \frac{\partial g}{\partial \xi_{i'}} > 0$$

---

[47] 証明の概略については，赤平 [A19] の定理 A.2.4.2(pp.159-161) 参照.

[48] 証明の概略については，赤平 [A03] 定理 A.2.6.1(p.214) 参照．なお，$c_n \uparrow \infty$ は $c_n$ が単調に増加して $\infty$ に発散することを意味する.

ならば

$$\mathcal{L}\left(\sqrt{n}\left(g\left(\overline{X}_1,\ldots,\overline{X}_k\right)-g(\xi_1,\ldots,\xi_k)\right)\right)\to \mathrm{N}(0,v^2)\quad(n\to\infty)$$

が成り立つ.

証明については, $g$ のテイラー展開

$$g(x_1,\ldots,x_k)=g(\xi_1,\ldots,\xi_k)+\sum_{i=1}^{k}(x_i-\xi_i)\left(\frac{\partial g}{\partial\xi_i}+R_i\right)$$

を用いればよい[49]. ただし, 各 $i=1,\ldots,k$ について $x_i\to\xi_i$ のとき $R_i\to 0$ とする.

【例 2.7.2】 $X_1,\ldots,X_n$ を 4 次のモーメントをもつ分布からの無作為標本とする. このとき, 標本分散 $S_n^2=(1/n)\sum_{j=1}^{n}(X_j-\overline{X})^2$ の漸近分布を求めよう. ただし, $\overline{X}=(1/n)\sum_{j=1}^{n}X_j$ とする. まず, $E(X_1)=0$, $V(X_1)=\sigma^2$ と仮定しても一般性を失わない. ここで, $S_n^2=(1/n)\sum_{j=1}^{n}X_j^2$ $-\overline{X}^2$ と変形できるので, 定理 2.7.3 において $k=2$ とし, 各 $j=1,\ldots,n$ について $X_{1j}=X_j^2$, $X_{2j}=X_j$ とすれば, $g(x_1,x_2)=x_1-x_2^2$, $\xi_2=0$, $\xi_1=V(X_1)=\sigma^2$ となるから

$$\mathcal{L}\left(\sqrt{n}(S_n^2-\sigma^2)\right)\to \mathrm{N}(0,v^2)\quad(n\to\infty)$$

になる. ただし, $v^2=V(X_1^2)$ とする. さらに, $h(x)=x^\alpha$ $(x\in\mathbf{R}_+,\alpha\neq 0)$ とすると, 定理 2.7.2 より

$$\mathcal{L}(\sqrt{n}(S_n^{2\alpha}-\sigma^{2\alpha}))\to \mathrm{N}(0,v^2\alpha^2\sigma^{4(\alpha-1)})\quad(n\to\infty)$$

となる.

次に, 固定標本に基づいて推定すると望ましい推定量が存在しない場合が起こりうることを示す.

---

[49] Lehmann, E. L. (1999). *Elements of Large-Sample Theory.* Springer の pp.313–315 参照.

**定理 2.7.4** [50]

$X_1, \ldots, X_n$ を p.d.f. $(1/\sigma)p((x-\theta)/\sigma)$ $((\theta, \sigma) \in \mathbf{R}^1 \times \mathbf{R}_+)$ をもつ分布からの無作為標本とし，$\theta, \sigma$ はともに未知とする．また，$\theta$ の推定値を $a(\in \mathbf{R}^1)$ として損失関数を

$$L(\theta, a) = L_0(|a - \theta|)$$

とし，$L_0(|u|)$ は $|u|$ の非減少関数[51]で $M = \sup_{u \in \mathbf{R}^1} L_0(|u|) \leq \infty$ とする．このとき，任意の正数 $K(< M)$ に対して

$$\sup_{(\theta, \sigma) \in \mathbf{R}^1 \times \mathbf{R}_+} E_{\theta, \sigma}\left[ L(\theta, \hat{\theta}(\boldsymbol{X})) \right] \leq K \qquad (2.7.2)$$

となるような $(\theta \, \mathcal{O})$ 推定量 $\hat{\theta}(\boldsymbol{X})$ は存在しない．ただし，$\boldsymbol{X} = X_1, \ldots, X_n)$ とする．

**証明** $n = 1$ としても一般性を失わないので $\boldsymbol{X} = X_1 = X$ とする．まず，$M$ の定義と $L_0$ に関する条件から $K < K' < M$ で，かつある $c(> 0)$ について $|u| > c$ のとき $L_0(|u|) > K'$ とする．また，$K'(1 - (1/N)) > K$ とし，$i \neq j$ について $|\theta_i - \theta_j| > 2c$ となる $\theta_1, \ldots, \theta_{2N}$ をとる．そして，$\theta$ の任意の推定量を $\hat{\theta}(X)$ とし，各 $i = 1, \ldots, 2N$ について $S_i = \{x \,|\, |\hat{\theta}(x) - \theta_i| \leq c\}$ とすると，$S_i \cap S_j = \emptyset$ $(i \neq j)$ になる．そこで，任意の $i = 1, \ldots, 2N$ について

$$
|P_{\theta_i, \sigma}(S_i) - P_{\theta_1, \sigma}(S_i)|
$$
$$
= \left| \int_{S_i} \frac{1}{\sigma} p\left( \frac{x - \theta_i}{\sigma} \right) dx - \int_{S_i} \frac{1}{\sigma} p\left( \frac{x - \theta_1}{\sigma} \right) dx \right|
$$
$$
= \left| \int_{S_i^*} p\left( t - \frac{\theta_i - \theta_1}{\sigma} \right) dt - \int_{S_i^*} p(t) dt \right| \to 0 \quad (\sigma \to \infty)
$$

---

[50] Lehmann, E. L. (1950). *Notes on the Theory of Estimation*. University of California.

[51] $L_0(|u|)$ が $|u|$ の非減少関数であるとは，$u > 0$ のとき $u$ の非減少関数で，$u < 0$ のとき $u$ の非増加関数であることを意味する．

となる[52]. ただし, $S_i^* = \{t \mid |\hat{\theta}(\theta_1 + t\sigma) - \theta_i| \le c\}$ $(i = 1, \ldots, 2N)$ とする. よって, $\sigma_0(> 0)$ が存在して, $\sigma > \sigma_0$ について

$$|P_{\theta_i, \sigma}(S_i) - P_{\theta_1, \sigma}(S_i)| < \frac{1}{2N} \quad (i = 1, \ldots, 2N)$$

となり,

$$\sum_{i=1}^{2N} P_{\theta_i, \sigma}(S_i) \le \sum_{i=1}^{2N} \left\{ P_{\theta_1, \sigma}(S_i) + \frac{1}{2N} \right\} = P_{\theta_1, \sigma} \left( \bigcup_{i=1}^{2N} S_i \right) + 1 \le 2$$

となるから, $\min_{1 \le i \le 2N} P_{\theta_i, \sigma}(S_i) \le 1/N$ となる. 一方, 各 $i = 1, \ldots, 2N$ について

$$E_{\theta_i, \sigma}[L(\theta_i, \hat{\theta}(X))] = E_{\theta_i, \sigma}[L_0(|\hat{\theta}(X) - \theta_i|)]$$
$$\ge K' P_{\theta_i, \sigma}\{|\hat{\theta}(X) - \theta_i| > c\}$$
$$= K'\{1 - P_{\theta_i, \sigma}(S_i)\}$$

となるから, $\sigma > \sigma_0$ について

$$\max_{1 \le i \le 2N} E_{\theta_i, \sigma}[L(\theta_i, \hat{\theta}(X))] \ge K' \left( 1 - \frac{1}{N} \right) > K$$

になる. よって,

$$\sup_{(\theta, \sigma) \in \mathbf{R}^1 \times \mathbf{R}_+} E_{\theta, \sigma}[L(\theta, \hat{\theta}(X))] > K$$

となるから, (2.7.2) を満たすような $\theta$ の推定量は存在しない. □

**【例 2.1.1 (続 8)】** $X_1, \ldots, X_n$ を正規分布 $\mathrm{N}(\theta, \sigma^2)$ $((\theta, \sigma) \in \mathbf{R}^1 \times \mathbf{R}_+)$ からの無作為標本とし, $\theta, \sigma^2$ はともに未知とする. このとき, $0 < \alpha < 1, d > 0$ をあらかじめ定めておき, $\theta$ の推定値 $a$ の損失関数を

$$L(\theta, a) = \begin{cases} 0 & (|a - \theta| \le d), \\ 1 & (|a - \theta| > d) \end{cases}$$

---

[52] シェッフェ (Scheffé) の定理「$p(x)$, $p_n(x)$ を $\mathscr{X}$ 上の p.d.f. とし, $\lim_{n \to \infty} p_n(x) = p(x)$ a.s. とすれば, $\lim_{n \to \infty} \int_{\mathscr{X}} |p_n(x) - p(x)| \, dx = 0$ が成り立つ」による (Billingsley, P. (1968). *Convergence of Probability Measures*, Wiley の p.224 参照).

とする．ここで，$M = 1$ とすると，$\alpha < M$ となる．よって，定理 2.7.4 より，

$$\inf_{(\theta,\sigma)\in\mathbf{R}^1\times\mathbf{R}_+} P_{\theta,\sigma}\{|\hat{\theta}(\boldsymbol{X}) - \theta| \leq d\} \geq 1 - \alpha$$

となる $\theta$ の推定量 $\hat{\theta}(\boldsymbol{X})$ は存在しない．つまり，固定標本の場合には，$\sigma^2$ が未知のときに，信頼係数が $(\theta,\sigma)$ に関して一様に，少なくとも $1 - \alpha$ となるような固定幅をもつ信頼区間を構成できない．

　また，$\theta$ の推定値 $a$ の損失関数を $L(\theta,a) = (a - \theta)^2$ とすると $M = \infty$ となる．このとき，定理 2.7.4 より任意の有限な $K$ について

$$\sup_{(\theta,\sigma)\in\mathbf{R}^1\times\mathbf{R}_+} E_{\theta,\sigma}[L(\theta,\hat{\theta}(\boldsymbol{X}))] \leq K$$

となる $\theta$ の推定量 $\hat{\theta}(\boldsymbol{X})$ は存在しない．つまり，固定標本の場合には，$(\theta,\sigma)$ に関して一様有界なリスクをもつ $\theta$ の推定量は存在しない．

　非逐次の推定の限界を打破するためには，逐次推定は有用なアプローチになる．

# 第 **3** 章

# 逐次決定と推定

　前章において論じた非逐次の場合に UMVU 推定量を求めるために用いた十分性，完備性のような概念は逐次の場合にも考えることができるが，与えられた停止則について完備十分統計量に基づく複数の不偏推定方式が存在することがある．また，2 乗損失のときでも十分統計量に基づく決定関数全体の集合は本質的完全類にならないことがある[1]．そのような状況を検討するとともにクラメール・ラオ型の情報不等式についても考え，さらに，ベイズ逐次推定，不変逐次推定等についても論じる．

## 3.1　停止則と最終決定方式

　まず，$X_1, X_2, \ldots$ を確率変数列，$\boldsymbol{X} = (X_1, X_2, \ldots)$ とし，各 $j \in \mathbb{N}$ について $X_j$ の標本空間を $\mathscr{X}_j$ とし，$\mathscr{X} = \mathscr{X}_1 \times \mathscr{X}_2 \times \cdots$ とする．そして，各 $j \in \mathbb{N}$ について $x_j \in \mathscr{X}_j$ とすれば，$\boldsymbol{x} = (x_1, x_2, \ldots) \in \mathscr{X}$ となる．また，$\boldsymbol{X}$ の分布は母数 $\theta(\in \Theta)$ に依存するとし，任意の $j \in \mathbb{N}$ について，$\boldsymbol{X}_j = (X_1, \ldots, X_j)$ の分布について考える．ただし，$\boldsymbol{X}_1$ を $X_1$ と表す．さらに，$c_0(\theta)$ を $\Theta$ 上の，$c_j(\theta, \boldsymbol{x}_j)$ を $\Theta \times \mathscr{X}_1 \times \cdots \times \mathscr{X}_j$ 上の実数値関数とし，$\{c_0(\theta), c_j(\theta, \boldsymbol{x}_j)\ (j \in \mathbb{N})\}$ を**費用**（コスト）（関数）の集合とする．ただし，$\boldsymbol{x}_j = (x_1, \ldots, x_j)\ (j \in \mathbb{N})$ とし，$\boldsymbol{x}_1$ を $x_1$ と表す．ここでは，任意

---

[1] 非逐次の場合については，注意 2.4.3 参照.

の $\theta \in \Theta$ と任意の $\boldsymbol{x} \in \mathscr{X}$ について $c_0(\theta) \geq 0$, $c_j(\theta, \boldsymbol{x}_j) < c_{j+1}(\theta, \boldsymbol{x}_{j+1})$ $(j \in \mathbb{N})$ で

$$\lim_{j \to \infty} c_j(\theta, \boldsymbol{x}_j) = \infty$$

であると仮定する．特に，無限個の標本抽出にかかる費用は無限大としている．応用の場面では，1標本当たりの，すなわち1標本を抽出するのにかかる費用を定数 $c(> 0)$ として，$c_j(\theta, x_1, \ldots, x_j) = jc$ $(j \in \mathbb{N})$ とすることが多い．なお，標本抽出をある実験の観測と置き換えてもよい．

　上記の設定と仮定の下で，標本 $X_j$ を逐次的に抽出し，標本抽出を停止する時刻と停止して起こす最終行動を決める．その際，費用と期待損失の和を最小にすることが目的であるが，標本抽出にかかる費用を小さくしようとすると期待損失は大きくなり，決定論の観点からは，停止則と最終決定方式に基づく決定問題として捉えられる．

### 3.1.1　停止則

　$\varphi_0$ を $0 \leq \varphi_0 \leq 1$ となる定数とし，各 $j \in \mathbb{N}$ について $\varphi_j(\boldsymbol{x}_j)$ を $\mathscr{X}_1 \times \cdots \times \mathscr{X}_j$ 上の関数で $0 \leq \varphi_j(\boldsymbol{x}_j) \leq 1$ とし，$\boldsymbol{\varphi}(\boldsymbol{x}) = (\varphi_0, \varphi_1(x_1), \varphi_2(\boldsymbol{x}_2), \ldots, \varphi_j(\boldsymbol{x}_j), \ldots)$ を**停止則** (stopping rule) という．つまり，$\varphi_0$ は標本を全く抽出しない確率で，各 $j \in \mathbb{N}$ について $\varphi_j(\boldsymbol{x}_j)$ を $X_1 = x_1, \ldots, X_j = x_j$ を与えた（抽出した）ときに，その時点で標本抽出を停止する条件付確率を表す．また，$\psi_0$ を $0 \leq \psi_0 \leq 1$ となる定数とし，各 $j \in \mathbb{N}$ について $\psi_j(\boldsymbol{x}_j)$ を $X_1 = x_1, \ldots, X_j = x_j$ を与えたときに $(j-1)$ 番目の標本まで抽出を継続し，$j$ 番目の標本抽出後に停止する条件付確率として，停止則 $\boldsymbol{\psi}(\boldsymbol{x}) = (\psi_0, \psi_1(x_1), \psi_2(\boldsymbol{x}_2), \ldots, \psi_j(\boldsymbol{x}_j), \ldots)$ を定義する．すると $\boldsymbol{\psi}$ は $\boldsymbol{\varphi}$ を用いて，$\psi_0 = \varphi_0$ で，各 $j \in \mathbb{N}$ について

$$\psi_j(\boldsymbol{x}_j) = (1 - \varphi_0)(1 - \varphi_1(x_1)) \cdots (1 - \varphi_{j-1}(\boldsymbol{x}_{j-1}))\varphi_j(\boldsymbol{x}_j) \qquad (3.1.1)$$

と表せる．このとき，時刻 $n$ での停止確率は $E_\theta[\psi_n(\boldsymbol{X}_n)]$ となり，標本抽出を停止する確率は

$$\sum_{n=0}^{\infty} E_\theta[\psi_n(\boldsymbol{X}_n)] \tag{3.1.2}$$

になる．ここで，期待費用を有限にするためには，任意の $\theta \in \Theta$ について確率 (3.1.2) が 1 であることを仮定する必要がある．

停止則 $\boldsymbol{\varphi}$ または $\boldsymbol{\psi}$ を与えたとき，確率変数 $N$ を停止時刻とすると，$\boldsymbol{X} = \boldsymbol{x}$ を与えたときの $N$ の条件付確率は，$\theta$ に無関係に

$$P_\theta\{N = n \mid \boldsymbol{X} = \boldsymbol{x}\} = \psi_n(\boldsymbol{x}_n) \quad (n \in \mathbb{N})$$

$$P_\theta\{N = \infty \mid \boldsymbol{X} = \boldsymbol{x}\} = 1 - \sum_{j=0}^{\infty} \psi_j(\boldsymbol{x}_j)$$

によって定義される．ここで，$P\{N = 0\} = \psi_0(x_0) = \psi_0$ とする．このとき，各 $j \in \mathbb{N}$ について

$$\varphi_j(\boldsymbol{x}_j) = P_\theta\{N = j \mid N \geq j, \boldsymbol{X} = \boldsymbol{x}\}$$

と表される．

### 3.1.2 最終決定方式

決定問題 $(\Theta, \mathbb{A}, L, \mathscr{D}^*)$ において，$L(\theta, a)$ を $\Theta \times \mathbb{A}$ 上の非負値の損失関数とし，各 $j = 0, 1, 2, \ldots$ について確率的決定関数 $\delta_j$ のリスク $R(\theta, \delta_j)$ $= E_\theta[L(\theta, \delta_j(\boldsymbol{X}_j))]$ が存在して有限とする．ただし，$\delta_0(\boldsymbol{X}_0) = \delta_0$ で $0 \leq \delta_0 \leq 1$ とする．このとき，$\boldsymbol{\delta}(\boldsymbol{x}) = (\delta_0, \delta_1(x_1), \delta_2(\boldsymbol{x}_2), \ldots, \delta_j(\boldsymbol{x}_j), \ldots)$ を**最終決定方式** (terminal decision rule) という．ここで，各 $j \in \mathbb{N}$ について標本値 $X_1 = x_1, \ldots, X_j = x_j$ を得た後に標本抽出を停止するとき，$\mathbb{A}$ の点が条件付分布 $\delta_j(\boldsymbol{x}_j)$ に従って選ばれると解釈される．また，停止則 $\boldsymbol{\varphi}$ が与えられると，各 $j \in \mathbb{N}$ に対して $\delta_j$ を $\psi_j(\boldsymbol{x}_j) > 0$ となる $\boldsymbol{x}_j$ について定める必要はあるが，最終決定方式を停止則とは無関係に定めることは有用である（3.4 節，3.8 節参照）．

停止則 $\boldsymbol{\varphi}$ と最終決定方式 $\boldsymbol{\delta}(\in \mathscr{D}^*)$ からなる $(\boldsymbol{\varphi}, \boldsymbol{\delta})$ を**逐次決定方式** (sequential decision rule) といい，そのリスクを

$$R(\theta,(\boldsymbol{\varphi},\boldsymbol{\delta})) = \begin{cases} \sum_{j=0}^{\infty} E_\theta \left[\psi_j(\boldsymbol{X}_j)\left\{L(\theta,\delta_j(\boldsymbol{X}_j)) + c_j(\theta,\boldsymbol{X}_j)\right\}\right] \\ \qquad\qquad\qquad \left(\sum_{n=0}^{\infty} E_\theta \left[\psi_n(\boldsymbol{X}_n)\right] = 1\right), \\ \infty \qquad\qquad\qquad \left(\sum_{n=0}^{\infty} E_\theta \left[\psi_n(\boldsymbol{X}_n)\right] < 1\right) \end{cases}$$

$$\text{(3.1.3)}$$

と定義する．ただし，$\varphi_0(\boldsymbol{x}_0) = \varphi_0,\ \psi_0(\boldsymbol{x}_0) = \psi_0$ とし，$c_0(\theta,\boldsymbol{x}_0) = c_0(\theta)$ とする．また，$P_{\theta,\boldsymbol{\varphi}}(N < \infty) = \sum_{n=0}^{\infty} E_\theta[\psi_n(\boldsymbol{X}_n)] = 1$ のとき，(3.1.3) より停止時刻 $N$ によって $(\boldsymbol{\varphi},\boldsymbol{\delta})$ のリスクは

$$R\left(\theta,(\boldsymbol{\varphi},\boldsymbol{\delta})\right) = E_{\theta,\boldsymbol{\varphi}}\left[L(\theta,\delta_N(\boldsymbol{X}_N)) + c_N(\theta,\boldsymbol{X}_N)\right] \qquad \text{(3.1.4)}$$

と表せる．ここでは，$\sum_{n=0}^{\infty} \psi_n(\boldsymbol{X}_n) = 1$ a.s. であると仮定する．

　非確率的最終決定方式を $\boldsymbol{d} = (d_0, d_1(X_1), d_2(\boldsymbol{X}_2),\ldots,d_j(\boldsymbol{X}_j),\ldots)$ とすると，各 $j \in \mathbb{N}$ について，$d_j$ は $\mathscr{X}_1 \times \cdots \times \mathscr{X}_j$ から $\mathbb{A}$ の中への写像で，最終決定方式 $\boldsymbol{\delta}(\in \mathscr{D}^*)$ において各 $j \in \mathbb{N}$ について $\boldsymbol{X}_j = \boldsymbol{x}_j$ を与えたときの条件付分布 $\delta_j(\boldsymbol{x}_j)$ の c.p.m.f. は $p_{\delta_j(\boldsymbol{x}_j)}(d_j(\boldsymbol{x}_j)) = 1$ となる．ただし，$d_0 \in \mathbb{A}$ とする．なお，**非確率的停止則** (nonrandomized stopping rule) は，停止則 $\boldsymbol{\varphi}$ において，任意の $j(\in \mathbb{N})$ と $\boldsymbol{x}_j(\in \mathscr{X}_1 \times \cdots \times \mathscr{X}_j)$ について $\varphi_j(\boldsymbol{x}_j)$ は 0 または 1 とする．また，逐次決定問題が逐次推定問題であるとき，逐次決定方式を逐次推定方式という．

## 3.2　十分列と推移列

　各 $j \in \mathbb{N}$ について，$T_j = T_j(\boldsymbol{X}_j)$ を $\boldsymbol{X}_j$ に基づく統計量とする．

### 定義 3.2.1

　各 $j \in \mathbb{N}$ について，$T_j$ が $\theta$ に対する十分統計量であるとき，$\{T_j\}$ を（$\theta$ に対する）**十分列** (sufficient sequence) であるという．また，各 $j \in \mathbb{N}$ について，$\delta_j$（$\varphi_j$ または $(\varphi_j,\delta_j)$）が $T_j$ の関数であるとき，最終決定方式 $\boldsymbol{\delta}$（停止則 $\boldsymbol{\varphi}$ または逐次決定方式 $(\boldsymbol{\varphi},\boldsymbol{\delta})$）は $\{T_j\}$ に基づくという．

いま，十分列 $\{T_j\}$ と逐次決定方式 $(\boldsymbol{\varphi}, \boldsymbol{\delta})$ が与えられたとき，$(\boldsymbol{\varphi}, \boldsymbol{\delta})$ より少なくとも同程度に良い，$\{T_j\}$ に基づく逐次決定方式 $(\boldsymbol{\varphi}^*, \boldsymbol{\delta}^*)$ が存在するか否かは興味深いが，これは常に成り立つとは限らない．

**【例 1.2.1（続 4）】** まず，$\Theta = \mathbb{A} = [0,1]$ とし，損失関数を $L(\theta, a) = (\theta - a)^2$ とする．$X_1, X_2$ を確率変数とし，$X_1$ がベルヌーイ分布 $\mathrm{Ber}(1/2)$ に従い，$X_1 = 1$ を与えたときの $X_2$ の分布を $\mathrm{Ber}(1/2)$，また $X_1 = 0$ を与えたときの $X_2$ の分布を $\mathrm{Ber}(\theta)$ とする．ここで，$\boldsymbol{X}_2 = (X_1, X_2)$ とし，$T_1 = T_1(X_1) \equiv 0$, $T_2 = T_2(\boldsymbol{X}_2) = \boldsymbol{X}_2$ とすると，$\{T_j\}$ は $\theta$ に対する十分列になることは明らか．いま，次のような逐次推定方式 $(\boldsymbol{\varphi}, \boldsymbol{d})$ を考える．まず，$X_1 = 1$ のとき，標本抽出を停止し $\theta$ を $1/2$ と推定する．$X_1 = 0$ のとき，さらに $X_2$ を抽出し，$X_2 = 1(0)$ ならば $\theta$ を $1(0)$ と推定する．このとき，$\varphi_0 = 0$, $\varphi_1(x_1) = \chi_{\{1\}}(x_1)$, $\varphi_2(x_1, x_2) = \chi_{\{0,1\}}(x_2)$ となり，$d_1(1) = 1/2$, $d_2(0,1) = 1$, $d_2(0,0) = 0$ となる．また，$\boldsymbol{X}_2$ の j.p.m.f. は

$$p(\boldsymbol{x}; \theta) = \frac{1}{4}\chi_{\{1\}}(x_1)\chi_{\{0,1\}}(x_2) + \frac{1}{2}\theta^{x_2}(1-\theta)^{1-x_2}\chi_{\{0\}}(x_1)\chi_{\{0,1\}}(x_2) \tag{3.2.1}$$

となるから，$c_j(\theta, \boldsymbol{x}_j) = jc > 0 \; (j \in \mathbb{N})$ とすれば，(3.1.1)〜(3.1.3)，(3.2.1) より

$$
\begin{aligned}
&R\left(\theta, (\boldsymbol{\varphi}, \boldsymbol{d})\right) \\
&= E_\theta\left[\left\{\left(\frac{1}{2}-\theta\right)^2 + c\right\}\chi_{\{1\}}(X_1) + (1-\theta)^2\chi_{\{0\}}(X_1)\chi_{\{1\}}(X_2)\right. \\
&\quad \left. + \theta^2\chi_{\{0\}}(X_1)\chi_{\{0\}}(X_2) + 2c\chi_{\{0\}}(X_1)\chi_{\{0,1\}}(X_2)\right] \\
&= \frac{1}{2}\left\{\left(\frac{1}{2}-\theta\right)^2 + c\right\} + \frac{\theta}{2}(1-\theta)^2 + \frac{\theta^2}{2}(1-\theta) + c \\
&= \frac{1}{8} + \frac{3}{2}c
\end{aligned}
\tag{3.2.2}
$$

となる．次に，十分列 $\{T_j\}$ に基づく逐次推定方式を考える．このとき，

$\varphi_1$, $\delta_1$ はいずれも $X_1$ の関数にはなりえないので，全く標本を抽出しないかまたは $X_1, X_2$ をともに抽出するかのいずれかの逐次推定問題になる．そこで，次のような $\{T_j\}$ に基づく逐次推定方式 $(\boldsymbol{\varphi}^*, \boldsymbol{d}^*)$ を考える．$X_1, X_2$ を抽出し，$X_1 = 1$ のとき，$\theta$ を $1/2$ と推定し，$X_1 = 0$, $X_2 = 1$ のとき，$\theta$ を $1$ と推定し，$X_1 = 0$, $X_2 = 0$ のとき，$\theta$ を $0$ と推定する．つまり，$d_2^*(1,0) = d_2^*(1,1) = 1/2$, $d_2^*(0,1) = 1$, $d_2^*(0,0) = 0$ となり，$\varphi_1^*(x_1) = 0$, $\varphi_2^*(x_1, x_2) = 1$ になる．ここで，$\boldsymbol{\varphi}^*, \boldsymbol{d}^*$ はともに $\{T_j\}$ に基づく．よって，$(\boldsymbol{\varphi}^*, \boldsymbol{d}^*)$ のリスクは

$$
\begin{aligned}
R(\theta, (\boldsymbol{\varphi}^*, \boldsymbol{d}^*)) &= E_\theta \left[ \{d_2^*(\boldsymbol{X}_2) - \theta\}^2 + 2c \right] \\
&= \sum_{x_1=0}^{1} \sum_{x_2=0}^{1} \{d_2^*(x_1, x_2) - \theta\}^2 p(x_1, x_2; \theta) + 2c \\
&= \frac{1}{8} + 2c
\end{aligned}
\tag{3.2.3}
$$

となって定数になる．ところで，この場合に事前分布の p.m.f. を

$$
\pi(\theta) = \begin{cases} 1/2 & (\theta = 0), \\ 1/2 & (\theta = 1) \end{cases}
$$

とすると，$c \le 1/16$ ならば2乗損失 $L$ と $\pi$ に関する $T_2 = (X_1, X_2)$ に基づくベイズ推定量は事後平均になり，これは $d_2^*(\boldsymbol{X}_2)$ と一致する．よって，(3.2.3) より $d_2^*(\boldsymbol{X}_2)$ のリスクは定数となるから，定理 2.3.2 より $d_2^*(\boldsymbol{X}_2)$ はミニマックス推定量になり[2]，$T_2 = \boldsymbol{X}_2$ に基づく逐次推定方式 $(\boldsymbol{\varphi}^*, \boldsymbol{d}^*)$ はミニマックスになる．つまり，$T_2 = \boldsymbol{X}_2$ に基づく $\theta$ の推定量全体のクラスを $\mathscr{E}_{T_2}$ とすれば

$$
\min_{\boldsymbol{d} \in \mathscr{E}_{T_2}} \max_{\theta \in \Theta} R(\theta, (\boldsymbol{\varphi}^*, \boldsymbol{d})) = \max_{\theta \in \Theta} R(\theta, (\boldsymbol{\varphi}^*, \boldsymbol{d}^*))
$$

になる．そして，(3.2.2), (3.2.3) より任意の $\boldsymbol{d} \in \mathscr{E}_{T_2}$ について

---

[2]赤平 [A03] の補遺の演習問題 A.24(p.239) 参照．

$$\max_{\theta \in \Theta} R\left(\theta, (\boldsymbol{\varphi}^*, \boldsymbol{d})\right) \geq \max_{\theta \in \Theta} R\left(\theta, (\boldsymbol{\varphi}^*, \boldsymbol{d}^*)\right) > \frac{1}{8} + \frac{3}{2}c$$

となるから,「任意の $\theta \in \Theta$ について $R\left(\theta, (\boldsymbol{\varphi}^*, \boldsymbol{d})\right) \leq (1/8)+(3/2)c$ となる」$\boldsymbol{d}(\in \mathscr{E}_{T_2})$ は存在しない,すなわち,$(\boldsymbol{\varphi}, \boldsymbol{d})$ より少なくとも同程度に良い,十分列 $\{T_j\}$ に基づく逐次推定方式は存在しない.よって $\{(\boldsymbol{\varphi}^*, \boldsymbol{d}) \mid \boldsymbol{d} \in \mathscr{E}_{T_2}\}$ は本質的完全類ではない.

例 1.2.1(続 4)では,停止則も十分列 $\{T_j\}$ に基づいて選んだが,必ずしもそうできない場合を考える.停止則 $\boldsymbol{\varphi}$ が与えられたとき,任意の逐次決定方式 $(\boldsymbol{\varphi}, \boldsymbol{\delta})$ に対して,十分列 $\{T_j\}$ に基づく最終決定方式 $\boldsymbol{\delta}^*$ が存在して,逐次決定方式 $(\boldsymbol{\varphi}, \boldsymbol{\delta}^*)$ が $(\boldsymbol{\varphi}, \boldsymbol{\delta})$ と同じリスクをもつことを示そう.

**補題 3.2.1**

$\{T_j\}$ を $\theta$ に対する十分列とする.このとき,任意の停止則 $\boldsymbol{\varphi}$ について,$(N, T_N)$ は,それを与えたとき $\boldsymbol{X}_N = (X_1, \ldots, X_N)$ の条件付分布が $\theta$ に無関係であるという意味で十分統計量である.

**証明** まず,$B$ を $\mathbf{R}^n$ の任意のボレル集合[3]とする.このとき,$T_n = T_n(\boldsymbol{X}_n)$ は $\theta$ に対して十分統計量であるから

$$P_{\theta, \boldsymbol{\varphi}}\{\boldsymbol{X}_n \in B \mid N = n, T_n\}$$
$$= \frac{P_{\theta, \boldsymbol{\varphi}}\{\boldsymbol{X}_n \in B, \ N = n \mid T_n\}}{P_{\theta, \boldsymbol{\varphi}}\{N = n \mid T_n\}}$$
$$= \frac{E_{\boldsymbol{\varphi}}\left[\chi_B(\boldsymbol{X}_n)\psi_n(\boldsymbol{X}_n) \mid T_n\right]}{E_{\boldsymbol{\varphi}}\left[\psi_n(\boldsymbol{X}_n) \mid T_n\right]}$$

となり,これは $\theta$ に無関係になる.よって,$(N, T_N)$ は $\theta$ に対する十分統計量になる. □

[3] $\mathbf{R}^n$ の開集合全体 $\mathcal{O}$ を含む最小の完全加法族 $\mathcal{B}$ を**ボレル集合族** (Borel field) という.ここでの最小性は $\mathcal{O}$ を含む任意の完全加法族 $\mathcal{B}'$ について $\mathcal{B}$ は $\mathcal{B}'$ の部分集合族になることとする.そして,$\mathcal{B}$ の元を**ボレル集合** (Borel set) という(1.1 節の脚注 [1] の伊藤 (1964) の pp.33-34 参照).

### 定理 3.2.1

$\{T_j\}$ を $\theta$ に対する十分列とする．このとき，任意の逐次決定方式 $(\boldsymbol{\varphi}, \boldsymbol{\delta})$ について $\{T_j\}$ に基づく最終決定方式 $\boldsymbol{\delta}^*$ が存在して，任意の $\theta \in \Theta$ について

$$R\left(\theta, (\boldsymbol{\varphi}, \boldsymbol{\delta})\right) = R\left(\theta, (\boldsymbol{\varphi}, \boldsymbol{\delta}^*)\right)$$

である．

**証明**　まず，(3.1.4)，補題 3.2.1 により，任意の $\theta \in \Theta$ について，$(\boldsymbol{\varphi}, \boldsymbol{\delta})$ のリスクは

$$R\left(\theta, (\boldsymbol{\varphi}, \boldsymbol{\delta})\right) = E_{\theta, \boldsymbol{\varphi}}\left[L\left(\theta, \delta_N(\boldsymbol{X}_N)\right) + c_N(\theta, \boldsymbol{X}_N)\right]$$

$$= E_{\theta, \boldsymbol{\varphi}}\left[E_{\boldsymbol{\varphi}}\left[L\left(\theta, \delta_N(\boldsymbol{X}_N)\right) + c_N(\theta, \boldsymbol{X}_N) \mid N, T_N\right]\right] \quad (3.2.4)$$

となる．ここで $\{T_j\}$ に基づく最終決定方式 $\boldsymbol{\delta}^*$ を，各 $j \in \mathbb{N}$ について

$$\delta_j^*(T_j) = E_{\boldsymbol{\varphi}}\left[\delta_N(\boldsymbol{X}_N) \mid N = j, T_j\right] \quad (3.2.5)$$

によって定義すると，(3.2.4) より任意の $\theta \in \Theta$ について

$$R\left(\theta, (\boldsymbol{\varphi}, \boldsymbol{\delta})\right) = E_{\theta, \boldsymbol{\varphi}}\left[E_{\boldsymbol{\varphi}}\left[L\left(\theta, \delta_N(\boldsymbol{X}_N)\right) + c_N(\theta, \boldsymbol{X}_N) \mid N, T_N\right]\right]$$

$$= E_{\theta, \boldsymbol{\varphi}}\left[L\left(\theta, \delta_N^*(T_N)\right) + c_N(\theta, \boldsymbol{X}_N)\right]$$

$$= R\left(\theta, (\boldsymbol{\varphi}, \boldsymbol{\delta}^*)\right)$$

となる．　　　　　　　　　　　　　　　　　　　　　　　　　　□

次に，(3.2.5) を用いてラオ・ブラックウェルの定理（定理 2.4.4）の逐次版が次のようになる．

### 定理 3.2.2

$\mathbb{A}(\subset \mathbf{R}^k)$ を凸集合とし，各 $\theta \in \Theta$ に対して $L(\theta, \boldsymbol{a})$ を $\boldsymbol{a}(\in \mathbb{A})$ の凸関数とし，$\{T_j\}$ を $\theta$ に対する十分列とする．このとき，任意の非確率的最終決定方式 $\boldsymbol{d} = (d_0, d_1(X_1), d_2(\boldsymbol{X}_2), \ldots, d_j(\boldsymbol{X}_j), \ldots)$ をもつ逐次決定方式 $(\boldsymbol{\varphi}, \boldsymbol{d})$ に対して，$\{T_j\}$ に基づく非確率的最終決定方式

$$d_j^*(T_j) = E_{\boldsymbol{\varphi}}\left[d_j(\boldsymbol{X}_j) \mid N = j, T_j\right] \quad (j \in \mathbb{N}) \tag{3.2.6}$$

の期待値が存在すれば，逐次決定方式 $(\boldsymbol{\varphi}, \boldsymbol{d}^*)$ は，任意の $\theta \in \Theta$ について

$$R(\theta, (\boldsymbol{\varphi}, \boldsymbol{d}^*)) \leq R(\theta, (\boldsymbol{\varphi}, \boldsymbol{d})) \tag{3.2.7}$$

を満たす．ただし，$\boldsymbol{d}^* = (d_0, d_1^*(T_1), \ldots, d_j^*(T_j), \ldots)$ とする．

**証明** 条件付イェンセンの不等式[4)]と (3.2.6) より，任意の $\theta \in \Theta$ について

$$E_{\boldsymbol{\varphi}}\left[L(\theta, d_N(\boldsymbol{X}_N)) \mid N, T_N\right] \geq L(\theta, E_{\boldsymbol{\varphi}}[d_N(\boldsymbol{X}_N) \mid N, T_N])$$
$$= L(\theta, d_N^*(T_N)) \quad a.s.$$

となるので，(3.2.4) より

$$R(\theta, (\boldsymbol{\varphi}, \boldsymbol{d}))$$
$$= E_{\theta, \boldsymbol{\varphi}}\left[L(\theta, d_N(\boldsymbol{X}_N)) + c_N(\theta, \boldsymbol{X}_N)\right]$$
$$= E_{\theta, \boldsymbol{\varphi}}\left[E_{\boldsymbol{\varphi}}\left[L(\theta, d_N(\boldsymbol{X}_N)) \mid N, T_N\right]\right] + E_{\theta, \boldsymbol{\varphi}}\left[c_N(\theta, \boldsymbol{X}_N)\right]$$
$$\geq E_{\theta, \boldsymbol{\varphi}}\left[L(\theta, d_N^*(T_N)) + c_N(\theta, \boldsymbol{X}_N)\right]$$
$$= R(\theta, (\boldsymbol{\varphi}, d^*))$$

となる． $\square$

**注意 3.2.1**
$\Theta \subset \mathbf{R}^1$ として，定理 3.2.2 より，停止則 $\boldsymbol{\varphi}$ が与えられたとき $\theta$ の**不偏逐次推定方式** (unbiased sequential estimation rule)$(\boldsymbol{\varphi}, \boldsymbol{d}^*)$ を求めてみよう．まず，任意の $\theta \in \Theta$ について

$$E_{\theta, \boldsymbol{\varphi}}\left[d_N(\boldsymbol{X}_N)\right] = \theta$$

とすると，(3.2.6) より

$$E_{\theta, \boldsymbol{\varphi}}\left[d_N^*(T_N)\right] = E_{\theta, \boldsymbol{\varphi}}\left[E_{\boldsymbol{\varphi}}\left[d_N(\boldsymbol{X}_N) \mid N, T_N\right]\right]$$
$$= E_{\theta, \boldsymbol{\varphi}}\left[d_N(\boldsymbol{X}_N)\right] = \theta$$

となる．そこで，$\varphi_0 = 0$ とし，$X_1$ に基づく $\theta$ の不偏推定量 $\hat{\theta}(X_1)$ があれば，$d_j(\boldsymbol{X}_j) = \hat{\theta}(X_1)$ $(j = 1, 2, \ldots)$ によって定義された $\boldsymbol{d}$ による $(\boldsymbol{\varphi}, \boldsymbol{d})$ は $\theta$ の不偏

---

[4)]2.1 節の脚注 [3)] 参照．

逐次推定方式になる．このとき，定理 3.2.2 より $(\boldsymbol{\varphi}, \boldsymbol{d})$ に対して (3.2.7) を満たす $(\boldsymbol{\varphi}, \boldsymbol{d}^*)$ が求められる．

【例 1.2.1（続 5）】　$X_1, X_2, X_3$ をたがいに独立に，いずれもベルヌーイ分布 $\mathrm{Ber}(\theta)$ $(\theta \in \Theta = (0, 1))$ に従う確率変数とし，停止則を $\varphi_0 = 0$, $\varphi_1(x_1) = 0$, $\varphi_2(\boldsymbol{x}_2) = x_1$, $\varphi_3(\boldsymbol{x}_3) = 1$ からなる $\boldsymbol{\varphi} = (\varphi_0, \varphi_1, \varphi_2, \varphi_3)$ とする．まず，例 1.2.1 より各 $j \in \mathbb{N}$ について，$\boldsymbol{X}_j$ の j.p.m.f. $f_{\boldsymbol{X}_j}(\boldsymbol{x}_j; \theta)$ の形からネイマンの因子分解定理（定理 2.4.1）によって，$T_j = \sum_{i=1}^{j} X_i$ $(j = 1, 2, 3)$ は $\theta$ に対する十分統計量であるから $\{T_j\}$ は十分列であり，また，$d_j(\boldsymbol{X}_j) = X_1$ $(j = 1, 2, 3)$ は $\theta$ の不偏推定量になる．ここで，損失関数 $L(\theta, a)$ は $a$ の凸関数とする．いま

$$P_{\boldsymbol{\varphi}}\{X_1 = 1 \,|\, N = 2, T_2 = 1\} = 1, \quad P_{\boldsymbol{\varphi}}\{X_1 = 1 \,|\, N = 2, T_2 = 2\} = 1$$

となるから，(3.2.6) より $d_2^*(T_2)$ は

$$d_2^*(0) = E_{\boldsymbol{\varphi}}[X_1 \,|\, N = 2, T_2 = 0] = 0,$$
$$d_2^*(1) = E_{\boldsymbol{\varphi}}[X_1 \,|\, N = 2, T_2 = 1] = 1,$$
$$d_2^*(2) = E_{\boldsymbol{\varphi}}[X_1 \,|\, N = 2, T_2 = 2] = 1$$

となる．また

$$P_{\boldsymbol{\varphi}}\{X_1 = 1 \,|\, N = 3, T_3 = 0\} = P_{\boldsymbol{\varphi}}\{X_1 = 1 \,|\, N = 3, T_3 = 1\}$$
$$= P_{\boldsymbol{\varphi}}\{X_1 = 1 \,|\, N = 3, T_3 = 2\} = 0$$

となるから，(3.2.6) より $d_3^*(T_3)$ は

$$d_3^*(0) = d_3^*(1) = d_3^*(2) = d_3^*(3) = 0$$

となる．よって，$\boldsymbol{d}^* = (d_2^*(T_2), d_3^*(T_3))$ は (3.2.7) を満たす．

　一方，$d_j(\boldsymbol{X}_j) = X_2$ $(j = 2, 3)$ もまた $\theta$ の不偏推定量になる．上記と同様にして，(3.2.6) において，各 $d_j^*(T_j)$ を $d_j^{**}(T_j)$ と表せば，$d_2^{**}(T_2)$, $d_3^{**}(T_3)$ は

$$d_2^{**}(0) = d_2^{**}(1) = 0, \ d_2^{**}(2) = 1,$$
$$d_3^{**}(0) = 0, \ d_3^{**}(1) = \frac{1}{2}, \ d_3^{**}(2) = 1, \ d_3^{**}(3) = 0 \tag{3.2.8}$$

となり，$\boldsymbol{d}^{**} = (d_2^{**}(T_2), d_3^{**}(T_3))$ として (3.2.7) において $\boldsymbol{d}^*$ を $\boldsymbol{d}^{**}$ とすると，(3.2.7) が成り立ち，$\boldsymbol{d}^{**}$ は $\boldsymbol{d}^*$ と異なる．ここで，例 1.2.1，注意 2.2.3 より各 $j \in \mathbb{N}$ について，$\boldsymbol{X}_j$ の j.p.m.f. $f_{\boldsymbol{X}_j}(\boldsymbol{x}_j; \theta)$ をもつ分布は 1 母数指数型分布族に属するから，例 2.4.1 より $T_j$ が完備十分統計量になる．よって，与えられた停止則の下で完備十分統計量に基づく複数の不偏逐次推定方式が存在して，(3.2.7) が成り立つ．このことは，非逐次推定のときのレーマン・シェッフェの定理 (定理 2.4.5) のような結果とは異なる．

**問 3.2.1** 例 1.2.1（続 5）において (3.2.8) が成り立つことを示せ．また，損失関数を $L(\theta, a) = (\theta - a)^2 \ (a \in \mathbb{A} = (0,1))$ とし，費用を $c_j(\theta, \boldsymbol{x}_j) = jc(> 0) \ (j \in \mathbb{N})$ とすると，任意の $\theta \in \Theta = (0,1)$ について，$R(\theta, (\boldsymbol{\varphi}, \boldsymbol{d}^{**})) < R(\theta, (\boldsymbol{\varphi}, \boldsymbol{d}^*))$ となることを示せ．

十分列 $\{T_j\}$ と逐次決定方式 $(\boldsymbol{\varphi}, \boldsymbol{\delta})$ が与えられたとき，$(\boldsymbol{\varphi}, \boldsymbol{\delta})$ と同じリスクをもつ $\{T_j\}$ に基づく逐次決定方式 $(\boldsymbol{\varphi}^*, \boldsymbol{\delta}^*)$ が存在するための条件について考える．

**定義 3.2.2**

十分列 $\{T_j\}$ が，任意の $j \in \mathbb{N}$ に対して，$E_\theta[|f(\boldsymbol{X}_j)|] < \infty \ (\theta \in \Theta)$ となる任意の有界な関数 $f(\boldsymbol{x}_j)$ について

$$E[f(\boldsymbol{X}_j) \,|\, T_j, T_{j+1}] = E[f(\boldsymbol{X}_j) \,|\, T_j] \quad a.s. \tag{3.2.9}$$

であるとき，**バハドゥール** (Bahadur) **の意味で推移的** (transitive)（略して，B-推移的）であるという[5]．

---

[5] Bahadur, R. R. (1954). Sufficiency and statistical decision functions. *Ann. Math. Statist.*, **25**, 423-462 参照.

言いかえると，各 $j \in \mathbb{N}$ について十分統計量 $T_j$ が与えられたとき，$T_{j+1}$ と $\boldsymbol{X}_j$ が条件付独立になれば，十分列 $\{T_j\}$ は B-推移的になる[6]．本節の例 1.2.1（続 4）では，任意の $\theta \in (0,1)$ について $P_\theta\{X_1 = x_1 \,|\, T_1, T_2\} \neq P_\theta\{X_1 = x_1 \,|\, T_1\}$ となるから，十分列 $\{T_j\}$ は B-推移的ではない．

### 補題 3.2.2

十分列 $\{T_j\}$ が B-推移的ならば，任意の $j \in \mathbb{N}$ に対して，$E_\theta[|f(\boldsymbol{X}_j)|] < \infty$ $(\theta \in \Theta)$ となる任意の有界な関数 $f(\boldsymbol{x}_j)$ について

$$E\left[E\left[f(\boldsymbol{X}_j)\,|\,T_j\right]\,|\,T_{j+1}\right] = E\left[f(\boldsymbol{X}_j)\,|\,T_{j+1}\right] \quad a.s. \tag{3.2.10}$$

が成り立つ．

**証明**　(3.2.9) より，任意の $j \in \mathbb{N}$ に対して，上記のような関数 $f(\boldsymbol{x}_j)$ について

$$\begin{aligned}
E\left[f(\boldsymbol{X}_j)\,|\,T_{j+1}\right] &= E\left[E\left[f(\boldsymbol{X}_j)\,|\,T_j, T_{j+1}\right]\,|\,T_{j+1}\right] \\
&= E\left[E\left[f(\boldsymbol{X}_j)\,|\,T_j\right]\,|\,T_{j+1}\right] \quad a.s.
\end{aligned}$$

となるから，(3.2.10) が成り立つ．　　　　　　　　　　　　　　　□

### 補題 3.2.3

$X_1, X_2, \ldots$ を独立な確率変数列とし，$\{T_j\}$ が，任意の $j \in \mathbb{N}$ について $T_{j+1}$ が $(T_j, X_{j+1})$ の関数となるような十分列ならば，$\{T_j\}$ は B-推移的である．

**証明**　任意の $j \in \mathbb{N}$ に対して，$E_\theta[|f(\boldsymbol{X}_j)|] < \infty$ $(\theta \in \Theta)$ となる任意の有界な関数 $f(\boldsymbol{x}_j)$ について

---

[6] 任意の $\lambda_i \in \mathbf{R}^1$ $(1 \leq i \leq j)$ について $P\{X_i \leq \lambda_i\,(i = 1,\ldots,j)\,|\,T_j, T_{j+1}\} = P\{X_i \leq \lambda_i\,(i = 1,\ldots,j)\,|\,T_j\}$ $a.s.$ が成り立つならば，$T_j$ を与えたとき $T_{j+1}$ と $\boldsymbol{X}_j$ は**条件付独立** (conditionally independent) であるという（1.3 節の脚注 [14]）の Chow, T. S. and Teicher, H. (1997) の pp.229-230 参照）．なお，B-推移的な十分列であるための必要十分条件については，西平祐治 (1997). 統計的逐次決定論における十分性と推移性について．京都大学　数理解析研究所講究録，**1007**, 35-50 参照．

$$E\left[f(\boldsymbol{X}_j)\,|\,T_j,T_{j+1}\right] = E\left[E\left[f(\boldsymbol{X}_j)\,|\,T_j,X_{j+1},T_{j+1}\right]\,|\,T_j,T_{j+1}\right]$$
$$= E\left[E\left[f(\boldsymbol{X}_j)\,|\,T_j,X_{j+1}\right]\,|\,T_j,T_{j+1}\right]$$
$$= E\left[E\left[f(\boldsymbol{X}_j)\,|\,T_j\right]\,|\,T_j,T_{j+1}\right]$$
$$= E\left[f(\boldsymbol{X}_j)\,|\,T_j\right]\quad a.s.$$

となり，(3.2.9) が成り立つから，$\{T_j\}$ は B-推移的になる．　　　　□

【例 3.2.1】　(2.2.12) の特別な場合の p.d.f.

$$p(x;\theta) = c(\theta)h(x)e^{\theta x}\quad(x\in\mathscr{X}\subset\mathbf{R}^1)$$

をもつ分布に従う独立な確率変数列を $X_1,X_2,\dots$ とする．ただし，$\theta\in\Theta\subset\mathbf{R}^1$ で $\Theta$ を開区間とし，$h(x)$ を $\mathscr{X}$ 上の非負値関数とする．このとき，ネイマンの因子分解定理（定理 2.4.1）より各 $j\in\mathbb{N}$ について

$$T_{j+1} = \sum_{i=1}^{j+1} X_i = T_j + X_{j+1}$$

は $\theta$ に対する十分統計量になり，また $T_{j+1}$ は $(T_j,X_{j+1})$ の関数であるから，補題 3.2.3 より十分列 $\{T_j\}$ は B-推移的になる．

補題 3.2.4

　$\boldsymbol{\varphi}$ を任意の停止則とし，$\{T_j\}$ を $\theta$ に対する B-推移的な十分列とする．このとき，$\{T_j\}$ に基づく停止則 $\boldsymbol{\varphi}^*$ が存在して，任意の $\theta\in\Theta$ について $\boldsymbol{\varphi}^*$ の下での $(N,T_N)$ の分布が $\boldsymbol{\varphi}$ の下での $(N,T_N)$ の分布に等しい．

証明　$\boldsymbol{\varphi}=(\varphi_0,\varphi_1,\dots)$ とし，各 $n\in\mathbb{N}$ について

$$\alpha_n(\boldsymbol{x}_n) = \prod_{j=0}^{n}(1-\varphi_j(\boldsymbol{x}_j)) = P_{\boldsymbol{\varphi}}\{N\geq n+1\,|\,\boldsymbol{X}_n=\boldsymbol{x}_n\},$$

$\alpha_0=1-\varphi_0$ とする．また，$\varphi_0^*=\varphi_0$ とし，各 $n\in\mathbb{N}$ について

$$\varphi_n^*(T_n) = \frac{E\left[\alpha_{n-1}(\boldsymbol{X}_{n-1})\varphi_n(\boldsymbol{X}_n)\,|\,T_n\right]}{E\left[\alpha_{n-1}(\boldsymbol{X}_{n-1})\,|\,T_n\right]} = \frac{P_{\boldsymbol{\varphi}}\{N=n\,|\,T_n\}}{P_{\boldsymbol{\varphi}}\{N \geq n\,|\,T_n\}}$$

$$= P_{\boldsymbol{\varphi}}\{N=n\,|\,N \geq n, T_n\} \tag{3.2.11}$$

とする. そして, $\boldsymbol{\varphi}* = (\varphi_0^*, \varphi_1^*, \ldots)$ とする. このとき, 任意の $n \in \mathbb{N}$ に対して, $T_n$ の値域の任意のボレル集合[7] $B$ について

$$P_{\theta, \boldsymbol{\varphi}^*}\{N=n, T_n \in B\} = P_{\theta, \boldsymbol{\varphi}}\{N=n, T_n \in B\} \tag{3.2.12}$$

となることを示せばよい. そこで, $n$ に関する帰納法で

$$E\left[\alpha_{n-1}^*(\boldsymbol{X}_{n-1})\,|\,T_n\right] = E\left[\alpha_{n-1}(\boldsymbol{X}_{n-1})\,|\,T_n\right] \quad a.s. \tag{3.2.13}$$

であることを示す. ただし, 各 $n = 2, 3, \ldots$ について

$$\alpha_{n-1}^*(\boldsymbol{X}_{n-1}) = \prod_{j=0}^{n-1}(1 - \varphi_j^*(T_j))$$

とし, $\alpha_0^* = 1 - \varphi_0^*$ とする. まず, $n=1$ のとき (3.2.13) の辺々は $\alpha_0^* = 1 - \varphi_0^*$, $\alpha_0 = 1 - \varphi_0$ となり, $\varphi_0^* = \varphi_0$ であるから $\alpha_0^* = \alpha_0$ となり, (3.2.13) が成り立つ. 次に, $n$ のときに (3.2.13) が成り立つと仮定すると, B-推移性と補題 3.2.2, (3.2.11) より

$$\begin{aligned}
E\left[\alpha_n^*(\boldsymbol{X}_n)\,|\,T_{n+1}\right] &= E\left[\alpha_{n-1}^*(\boldsymbol{X}_{n-1})(1 - \varphi_n^*(T_n))\,|\,T_{n+1}\right] \\
&= E\left[(1 - \varphi_n^*(T_n))E\left[\alpha_{n-1}^*(\boldsymbol{X}_{n-1})\,|\,T_n\right]\,|\,T_{n+1}\right] \\
&= E\left[(1 - \varphi_n^*(T_n))E\left[\alpha_{n-1}(\boldsymbol{X}_{n-1})\,|\,T_n\right]\,|\,T_{n+1}\right] \\
&= E\left[E\left[\alpha_{n-1}(\boldsymbol{X}_{n-1})(1 - \varphi_n(\boldsymbol{X}_n))\,|\,T_n\right]\,|\,T_{n+1}\right] \\
&= E\left[\alpha_{n-1}(\boldsymbol{X}_{n-1})(1 - \varphi_n(\boldsymbol{X}_n))\,|\,T_{n+1}\right] \\
&= E\left[\alpha_n(\boldsymbol{X}_n)\,|\,T_{n+1}\right] \quad a.s.
\end{aligned}$$

となり, $n+1$ のとき (3.2.13) が成り立つので, 任意の $n \in \mathbb{N}$ について (3.2.13) が成り立つ. 次に, (3.2.11), (3.2.13) より

---

[7] 3.2 節の脚注 [3] 参照.

$$P_{\theta,\boldsymbol{\varphi}\cdot}\{N = n, T_n \in B\} = E_\theta\left[\alpha_{n-1}^*(\boldsymbol{X}_{n-1})\varphi_n^*(T_n)\chi_B(T_n)\right]$$
$$= E_\theta\left[E\left[\alpha_{n-1}^*(\boldsymbol{X}_{n-1})\,|\,T_n\right]\varphi_n^*(T_n)\chi_B(T_n)\right]$$
$$= E_\theta\left[E\left[\alpha_{n-1}(\boldsymbol{X}_{n-1})\,|\,T_n\right]\varphi_n^*(T_n)\chi_B(T_n)\right]$$
$$= E_\theta\left[E\left[\alpha_{n-1}(\boldsymbol{X}_{n-1})\varphi_n(\boldsymbol{X}_n)\,|\,T_n\right]\chi_B(T_n)\right]$$
$$= E_\theta\left[\alpha_{n-1}(\boldsymbol{X}_{n-1})\varphi_n(\boldsymbol{X}_n)\chi_B(T_n)\right]$$
$$= P_{\theta,\boldsymbol{\varphi}}\{N = n, T_n \in B\}$$

となり，(3.2.12) が成り立つ. □

**定理 3.2.3**

$\{T_j\}$ を B-推移的な十分列とする．このとき，各 $j \in \mathbb{N}$ について費用 $c_j(\theta, \boldsymbol{x}_j)$ が $T_j$ を通してのみ $\boldsymbol{x}_j$ に依存すれば，任意の逐次決定方式 $(\boldsymbol{\varphi}, \boldsymbol{\delta})$ に対して，$\{T_j\}$ に基づく逐次決定方式 $(\boldsymbol{\varphi}^*, \boldsymbol{\delta}^*)$ が存在して，任意の $\theta \in \Theta$ について

$$R\left(\theta, (\boldsymbol{\varphi}^*, \boldsymbol{\delta}^*)\right) = R\left(\theta, (\boldsymbol{\varphi}, \boldsymbol{\delta})\right)$$

が成り立つ．ただし，$\boldsymbol{\varphi} = (\varphi_0, \varphi_1(X_1), \varphi_2(\boldsymbol{X}_2), \ldots)$, $\boldsymbol{\varphi}^* = (\varphi_0, \varphi_1^*(T_1), \ldots, \varphi_j^*(T_j), \ldots)$, $\boldsymbol{\delta} = (\delta_0, \delta_1(X_1), \delta_2(\boldsymbol{X}_2), \ldots)$, $\boldsymbol{\delta}^* = (\delta_0, \delta_1^*(T_1), \ldots, \delta_j^*(T_j), \ldots)$ とする．

**証明** 定理 3.2.1 より，任意の逐次決定方式 $(\boldsymbol{\varphi}, \boldsymbol{\delta})$ について，$\{T_j\}$ に基づく最終決定方式 $\boldsymbol{\delta}^*$ が存在して，任意の $\theta \in \Theta$ について $R(\theta, (\boldsymbol{\varphi}, \boldsymbol{\delta})) = R(\theta, (\boldsymbol{\varphi}, \boldsymbol{\delta}^*))$ となる．また，補題 3.2.4 より，$\{T_j\}$ に基づく停止則 $\boldsymbol{\varphi}^*$ が存在して，$\boldsymbol{\varphi}^*$ の下での $(N, T_N)$ の分布は $\boldsymbol{\varphi}$ の下での $(N, T_N)$ の分布に等しくなる．よって，任意の $\theta \in \Theta$ について

$$R\left(\theta, (\boldsymbol{\varphi}, \boldsymbol{\delta})\right) = R\left(\theta, (\boldsymbol{\varphi}, \boldsymbol{\delta}^*)\right)$$
$$= E_{\theta,\boldsymbol{\varphi}}\left[L(\theta, \delta_N^*(T_N)) + c_N(\theta, T_N)\right]$$
$$= E_{\theta,\boldsymbol{\varphi}\cdot}\left[L(\theta, \delta_N^*(T_N)) + c_N(\theta, T_N)\right] = R\left(\theta, (\boldsymbol{\varphi}^*, \boldsymbol{\delta}^*)\right)$$

となる． □

**注意 3.2.2**
定理 3.2.3 より，B-推移的な十分列 $\{T_j\}$ に基づく逐次決定方式全体の集合は本質的
完全類になる．

**【例 1.2.1（続 6）】**　3.2 節の例 1.2.1（続 5）において，$X_1, X_2, X_3$ はたが
いに独立に，いずれもベルヌーイ分布 $\mathrm{Ber}(\theta)$（$\theta \in \Theta = (0,1)$）に従う
確率変数であるから，$T_j = \sum_{i=1}^{j} X_i$（$j = 1, 2, 3$）とすれば $\{T_j\}$ は十分
列であり，また補題 3.2.3 より $\{T_j\}$ は B-推移的でもある．このとき，補
題 3.2.4 より例 1.2.1（続 5）で与えられた停止則 $\boldsymbol{\varphi}$ に対して，$\{T_j\}$ に基
づく停止則 $\boldsymbol{\varphi}^*$ が存在して，任意の $\theta \in \Theta$ について $\boldsymbol{\varphi}^*$ の下での $(N, T_N)$
の分布が $\boldsymbol{\varphi}$ の下での $(N, T_N)$ の分布に等しい．実際，$\varphi_0^* = \varphi_0 = 0$ で，
(3.2.11) より $\varphi_1^*(T_1) = \varphi_1(X_1) = 0$，$\varphi_2^*(T_2) = E_\varphi[X_1 \mid T_2] = T_2/2$，
$\varphi_3^*(T_3) = 1$ となるから $\boldsymbol{\varphi}^* = (\varphi_0^*, \varphi_1^*, \varphi_2^*, \varphi_2^*)$ となる．よって，$(\boldsymbol{\varphi}, \boldsymbol{d})$
を不偏逐次推定方式とすれば，$(\boldsymbol{\varphi}^*, \boldsymbol{d})$ も不偏逐次推定方式になる．さら
に，費用が $c_j(\theta, \boldsymbol{X}_j) = c_j^*(\theta, T_j)$（$j = 1, 2, 3$）となるときは，定理 3.2.3
より，$\boldsymbol{\varphi}$ の下での $\{T_j\}$ に基づく任意の逐次推定方式のリスクは，$\boldsymbol{\varphi}^*$ の
下での $\{T_j\}$ に基づく任意の逐次推定方式のリスクに等しい．いずれにし
ても，十分列 $\{T_j\}$ に基づく $\theta$ の複数の不偏逐次推定方式から生じる煩雑
さは，$\{T_j\}$ に基づく停止則に注目しても避けられない．

## 3.3　逐次の情報不等式

　2.2 節において非逐次の場合に情報不等式について論じたが，本節では
その逐次版について考える[8]．

**定理 3.3.1**
　各 $n \in \mathbb{N}$ について，$\boldsymbol{X}_n = (X_1, \ldots, X_n)$ の j.p.d.f. または j.p.m.f. を
$f_{\boldsymbol{X}_n}(\boldsymbol{x}_n; \theta)$（$\boldsymbol{x}_n \in \mathbf{R}^n, \theta \in \Theta \subset \mathbf{R}^1$）とし，$\Theta$ を開区間とする．また，
$N$ を停止時刻で，各 $\theta \in \Theta$ について $E_\theta(N) < \infty$ とし，各 $n \in \mathbb{N}$ につ

---

[8] Ghosh, B. K. (1987). On the attainment of the Cramér-Rao bound in the sequential case. *Sequential Analysis*, **6**, 267-288.

いて $f_{\boldsymbol{X}_n}$ の台 $\mathscr{X}_n = \{\boldsymbol{x}_n \mid f_{\boldsymbol{X}_n}(\boldsymbol{x}_n;\theta) > 0\}$ は $\theta$ に無関係とする．さらに，$\hat{g}_N = \hat{g}_N(\boldsymbol{X}_N)$ を $\theta$ の関数 $g(\theta)$ の推定量で，任意の $\theta \in \Theta$ について $E_\theta(\hat{g}_N) = g(\theta) + \hat{b}(\theta)$ とする．ただし，$g(\Theta) \subset \mathbf{R}^1$, $\hat{b}(\Theta) \subset \mathbf{R}^1$ で $g(\theta)$, $\hat{b}(\theta)$ を $\theta$ で微分可能な関数で $g(\theta)$ は定数関数ではないとする．そして，各 $\boldsymbol{x}_n \in \mathscr{X}_n$ について $f_{\boldsymbol{X}_n}(\boldsymbol{x}_n;\theta)$ は $\theta$ について微分可能であるとし

$$\sum_{n=1}^\infty \int_{\{N=n\}} f_{\boldsymbol{X}_n}(\boldsymbol{x}_n;\theta)d\boldsymbol{x}_n \quad \text{または} \quad \sum_{n=1}^\infty \sum_{\{N=n\}} f_{\boldsymbol{X}_n}(\boldsymbol{x}_n;\theta),$$

$$\sum_{n=1}^\infty \int_{\{N=n\}} \hat{g}(\boldsymbol{x}_n)f_{\boldsymbol{X}_n}(\boldsymbol{x}_n;\theta)d\boldsymbol{x}_n \quad \text{または} \quad \sum_{n=1}^\infty \sum_{\{N=n\}} \hat{g}(\boldsymbol{x}_n)f_{\boldsymbol{X}_n}(\boldsymbol{x}_n;\theta)$$

の導関数が和の記号および積分記号の下で $\theta$ に関して偏微分して得られるとする．さらに，各 $n \in \mathbb{N}$ について

$$0 < E_\theta\left[\left\{\frac{\partial}{\partial\theta}\log f_{\boldsymbol{X}_n}(\boldsymbol{X}_n;\theta)\right\}^2\right] < \infty \quad (\theta \in \Theta) \tag{3.3.1}$$

であると仮定する．このとき，逐次推定方式 $(N, \hat{g}_N)$ について

$$V_\theta(\hat{g}_N) \geq \frac{\{g'(\theta) + \hat{b}'(\theta)\}^2}{E_\theta\left[\{(\partial/\partial\theta)\log f_{\boldsymbol{X}_N}(\boldsymbol{X}_N;\theta)\}^2\right]} \quad (\theta \in \Theta) \tag{3.3.2}$$

が成り立つ．

**証明** （連続型）まず，$V_\theta(\hat{g}_N) = \infty$ のときは，不等式 (3.3.2) が成り立つことは明らかなので，$V_\theta(\hat{g}_N) < \infty$ とする．次に

$$1 \equiv P_\theta\{N < \infty\} = \sum_{n=1}^\infty \int_{\{N=n\}} f_{\boldsymbol{X}_n}(\boldsymbol{x}_n;\theta)d\boldsymbol{x}_n$$

の辺々を $\theta$ で偏微分すると，仮定より

$$0 = \sum_{n=1}^\infty \int_{\{N=n\}} \left\{\frac{\partial \log f_{\boldsymbol{X}_n}(\boldsymbol{x}_n;\theta)}{\partial\theta}\right\} f_{\boldsymbol{X}_n}(\boldsymbol{x}_n;\theta)d\boldsymbol{x}_n$$

$$= E_\theta\left[\frac{\partial \log f_{\boldsymbol{X}_n}(\boldsymbol{X}_N;\theta)}{\partial\theta}\right] \tag{3.3.3}$$

となる. また, 同様に $P_\theta(N < \infty) \equiv 1$ より,

$$g(\theta) + \hat{b}(\theta) = E_\theta\,(\hat{g}_N)$$
$$= \sum_{n=1}^{\infty} \int_{\{N=n\}} \hat{g}_n(\boldsymbol{x}_n) f_{\boldsymbol{X}_n}(\boldsymbol{x}_n; \theta) d\boldsymbol{x}_n$$

となり, その辺々を $\theta$ で偏微分すると, 仮定と (3.3.3) より

$$g'(\theta) + \hat{b}'(\theta) = \sum_{n=1}^{\infty} \int_{\{N=n\}} \hat{g}_n(\boldsymbol{x}_n) \left\{ \frac{\partial \log f_{\boldsymbol{X}_n}(\boldsymbol{x}_n; \theta)}{\partial \theta} \right\} f_{\boldsymbol{X}_n}(\boldsymbol{x}_n; \theta) d\boldsymbol{x}_n$$
$$= E_\theta \left[ \hat{g}_N(\boldsymbol{X}_N) \left\{ \frac{\partial \log f_{\boldsymbol{X}_N}(\boldsymbol{X}_N; \theta)}{\partial \theta} \right\} \right]$$
$$= \mathrm{Cov}_\theta \left( \hat{g}_N(\boldsymbol{X}_N), \frac{\partial \log f_{\boldsymbol{X}_N}(\boldsymbol{X}_N; \theta)}{\partial \theta} \right) \tag{3.3.4}$$

になる. ここで, (3.3.4) の辺々を 2 乗してシュワルツの不等式を用いると, (3.3.3) より

$$\left\{ g'(\theta) + \hat{b}'(\theta) \right\}^2 \le V_\theta\,(\hat{g}_N(\boldsymbol{X}_N))\, V_\theta \left( \frac{\partial \log f_{\boldsymbol{X}_N}(\boldsymbol{X}_N; \theta)}{\partial \theta} \right)$$
$$= V_\theta\,(\hat{g}_N(\boldsymbol{X}_N))\, E_\theta \left[ \left\{ \frac{\partial \log f_{\boldsymbol{X}_N}(\boldsymbol{X}_N; \theta)}{\partial \theta} \right\}^2 \right] \tag{3.3.5}$$

となるから, (3.3.1) より (3.3.2) を得る. 離散型の場合も同様に証明される.

$$\square$$

### 系 3.3.1

$X_1, X_2, \ldots$ をたがいに独立に, いずれも p.d.f. または p.m.f. $p(x; \theta)$ ($x \in \mathbf{R}^1, \theta \in \Theta \subset \mathbf{R}^1$) をもつ分布に従う確率変数列とし, $\Theta$ を開区間とする. また, $N$ を停止時刻で $E_\theta(N) < \infty$ とし, $p$ の台 $\{x \,|\, p(x; \theta) > 0\}$ は $\theta$ に無関係とする. そして, $\hat{g}_N = \hat{g}_N(\boldsymbol{X}_N)$ を $\theta$ の関数 $g(\theta)$ の推定量で, 任意の $\theta \in \Theta$ について $E_\theta(\hat{g}_N) = g(\theta) + \hat{b}(\theta)$ とする. ただし, $g(\Theta) \subset \mathbf{R}^1, \hat{b}(\Theta) \subset \mathbf{R}^1$ で $g(\theta), \hat{b}(\theta)$ を $\theta$ で微分可能な関数とし, $g(\theta)$ は $\theta$ の定数関数ではないとする. さらに, 各 $n \in \mathbb{N}$ について $f_{\boldsymbol{X}_n}(\boldsymbol{x}_n; \theta) = \prod_{i=1}^{n} p(x_i; \theta)$ として $f_{\boldsymbol{X}_n}$ に関する定理 3.3.1 の条件が満たされるとし, 特に (3.3.1) の代わりに

$$0 < I(\theta) = E_\theta\left[\left\{\frac{\partial \log p(X_1;\theta)}{\partial\theta}\right\}^2\right] < \infty \quad (\theta \in \Theta)$$

とする.このとき,逐次推定方式 $(N,\hat{g}_N)$ について

$$V_\theta(\hat{g}_N) \geq \frac{\{g'(\theta)+\hat{b}'(\theta)\}^2}{I(\theta)E_\theta(N)} \quad (\theta \in \Theta) \tag{3.3.6}$$

が成り立つ.

**証明** $E_\theta(N) < \infty$ であるから,定理 1.3.2 より

$$E_\theta\left[\left\{\frac{\partial \log f_{\boldsymbol{X}_N}(\boldsymbol{X}_N;\theta)}{\partial\theta}\right\}^2\right] = E_\theta\left[\left\{\frac{\partial \log p(X_1;\theta)}{\partial\theta}\right\}^2\right]E_\theta(N)$$
$$= I(\theta)E_\theta(N)$$

となるから,定理 3.3.1 より

$$V_\theta(\hat{g}_N) \geq \frac{\{g'(\theta)+\hat{b}'(\theta)\}^2}{I(\theta)E_\theta(N)} \quad (\theta \in \Theta)$$

になる. □

**注意 3.3.1**
情報不等式 (3.3.2), $(\hat{b}'(\theta) \equiv 0$ のときの)(3.3.6) はそれぞれ非逐次の場合の C-R の不等式 (2.2.6), (2.2.11) の逐次の場合への拡張となっていて,それらの不等式の右辺を(逐次の)C-R の下界という.実際,$P_\theta(N = n) = 1$ のときには,(3.3.2), $(\hat{b}'(\theta) \equiv 0$ のときの)(3.3.6) はそれぞれ (2.2.6), (2.2.11) になる.

次に,$X_1, X_2, \ldots$ をたがいに独立に,いずれも p.d.f. または p.m.f.

$$p(x;\theta) = a(x)\exp\{\theta x - C(\theta)\} \quad (x \in \mathscr{X} \subset \mathbf{R}^1) \tag{3.3.7}$$

をもつ 1 母数指数型分布族の分布に従う確率変数列とする.ただし,$\theta \in \Theta \subset \mathbf{R}^1$ で

$$\Theta = \begin{cases} \{\theta \mid 0 < e^{C(\theta)} = \int_{\mathscr{X}} a(x)e^{\theta x}dx < \infty\} & (連続型),\\ \{\theta \mid 0 < e^{C(\theta)} = \sum_{x\in\mathscr{X}} a(x)e^{\theta x} < \infty\} & (離散型) \end{cases}$$

とし,$\Theta$ は開区間とする.このとき,C-R の不等式 (3.3.6) において等号

が成り立つための必要十分条件[9]は，$\{N = n\}$ において

$$\hat{g}_n(\boldsymbol{x}_n) = \alpha(\theta) \left\{ \sum_{i=1}^{n} x_i - nC'(\theta) \right\} + \beta(\theta) \quad a.s. \tag{3.3.8}$$

となることである．ただし，$\alpha(\theta)$, $\beta(\theta)$ は $\theta$ の実数値関数とする．いま，$\hat{g}_N$ が $g(\theta)$ の不偏推定量とすると，(3.3.7) より $E_\theta(X_1) = C'(\theta)$ であるから，$S_n = \sum_{i=1}^{n} X_i$ とおくと，ワルドの等式（定理 1.3.1）より，任意の $\theta \in \Theta$ について

$$\begin{aligned} g(\theta) &= E_\theta \left[ \hat{g}_N(\boldsymbol{X}_N) \right] \\ &= \alpha(\theta) \left\{ E_\theta[S_N] - C'(\theta)E_\theta(N) \right\} + \beta(\theta) = \beta(\theta) \end{aligned} \tag{3.3.9}$$

となる．このとき，(3.3.4), (3.3.8), (3.3.9)，定理 1.3.2 より

$$\begin{aligned} g'(\theta) &= \mathrm{Cov}_\theta \left( \hat{g}_N - g(\theta), \sum_{i=1}^{N} \frac{\partial \log p(X_i; \theta)}{\partial \theta} \right) \\ &= E_\theta \left[ \{ \hat{g}_N - g(\theta) \} \left\{ \sum_{i=1}^{N} \frac{\partial \log p(X_i; \theta)}{\partial \theta} \right\} \right] \\ &= E_\theta \left[ \left\{ \alpha(\theta) \sum_{i=1}^{N} (X_i - C'(\theta)) \right\} \left\{ \sum_{i=1}^{N} (X_i - C'(\theta)) \right\} \right] \\ &= \alpha(\theta) E_\theta \left[ \left\{ \sum_{i=1}^{N} (X_i - C'(\theta)) \right\}^2 \right] = \alpha(\theta) C''(\theta) E_\theta(N) \end{aligned}$$

となる．よって

$$\alpha(\theta) = \frac{g'(\theta)}{C''(\theta)E_\theta(N)}$$

となるから，(3.3.8), (3.3.9) より $\{N = n\}$ において

$$\hat{g}_n(\boldsymbol{x}_n) = g(\theta) + \frac{g'(\theta)}{C''(\theta)E_\theta(N)} \{ s_n - nC'(\theta) \} \quad a.s. \tag{3.3.10}$$

となる．ただし，$s_n = \sum_{i=1}^{n} x_i$ とする．よって，C-R の不等式 (3.3.6)

---

[9] これは，不等式 (3.3.5) の等号成立条件になるので，2.2 節の脚注 [9] 参照.

において等号が成立するための，すなわち C-R の下界（(3.3.6) の右辺）
を達成するための必要十分条件が (3.3.10) になる．

**定理 3.3.2**

$X_1, X_2, \ldots$ をたがいに独立に，いずれも (3.3.7) の p.m.f. をもつ指数型
分布族の分布に従う確率変数列とし，任意の $\theta \in \Theta$ について $E_\theta(N) < \infty$
を満たす停止時刻 $N$ と $g(\theta)$ の不偏推定量 $\hat{g}_N = \hat{g}_N(\boldsymbol{X}_N)$ からなる $g(\theta)$
の不偏逐次推定方式を $(N, \hat{g}_N)$ とする．また，$1 \leq n_1 < n_2 < \cdots$ となる
整数の高々無限集合を $I = \{n_1, n_2, \ldots\}$ とし，2 つ以上の $n_i \in I$ につい
て $P_\theta\{N = n_i\} > 0$ とする．さらに $\theta_0 (\in \Theta)$ を任意に固定する．このと
き，$g(\theta)$ の不偏逐次推定方式 $(N, \hat{g}_N)$ が $\theta = \theta_0$ で (3.3.10) を満たすため
の必要十分条件は，次の (C1)～(C3) が成り立つことである．

(C1)  $d_1, d_2$ を (i) $d_1 > 0,\ d_2 \leq \inf_{\theta \in \Theta} C'(\theta)$ または (ii) $d_1 < 0,\ d_2 \geq$
$\sup_{\theta \in \Theta} C'(\theta)$ のいずれかを満たす定数とするとき，

$$N = \inf\{n \in I \mid S_n = d_1 + d_2 n\} \tag{3.3.11}$$

である．

(C2)  各 $\theta \in \Theta$ について $g(\theta) = A + [B d_1 / \{C'(\theta) - d_2\}]$ である．ただ
し，$A$ と $B(\neq 0)$ はある定数とする．

(C3)  任意の $\theta \in \Theta$ について $P_\theta\{\hat{g}_N = A + BN\} = 1$ である．

**証明** （十分性）：条件 (C1) と各 $\theta \in \Theta$ について $P_\theta\{N < \infty\} = 1$ であるか
ら，各 $\theta \in \Theta$ について $P_\theta\{S_N = d_1 + d_2 N\} = 1$ となる．このとき，ワルドの
等式（定理 1.3.1）より

$$0 = E_\theta\left[S_N - N C'(\theta)\right] = d_1 - \{C'(\theta) - d_2\} E_\theta(N) \quad (\theta \in \Theta)$$

となるから $E_\theta(N) = d_1 / \{C'(\theta) - d_2\}$ となり，また，定理 1.3.2 より

$$C''(\theta) E_\theta(N) = E_\theta\left[\{S_N - N C'(\theta)\}^2\right]$$
$$= E_\theta\left[\{d_1 - (C'(\theta) - d_2)N\}^2\right] \quad (\theta \in \Theta)$$

となるから

$$E_\theta(N^2) = \frac{1}{\{C'(\theta)-d_2\}^2}\left\{d_1^2 + \frac{d_1 C''(\theta)}{C'(\theta)-d_2}\right\} \quad (\theta \in \Theta)$$

となり

$$V_\theta(N) = \frac{d_1 C''(\theta)}{\{C'(\theta)-d_2\}^3} \quad (\theta \in \Theta)$$

となる．条件 (C3) より

$$V_\theta(\hat{g}_N) = B^2 V_\theta(N) = \frac{B^2 d_1 C''(\theta)}{\{C'(\theta)-d_2\}^3} \tag{3.3.12}$$

になる．一方，C-R 不等式による下界は (3.3.6) の右辺であるから，条件 (C2) より

$$\frac{\{g'(\theta)\}^2}{I(\theta)E_\theta(N)} = \frac{\{g'(\theta)\}^2\{C'(\theta)-d_2\}}{d_1 C''(\theta)} = \frac{B^2 d_1 C''(\theta)}{\{C'(\theta)-d_2\}^3} \quad (\theta \in \Theta)$$

となるから，(3.3.12) に一致する．よって，$\theta=\theta_0$ のとき，$\hat{g}_N$ は (3.3.10) の形になる．

　（必要性）：$\theta=\theta_0$ のとき $\hat{g}_N$ が (3.3.10) の形になるとする．(3.3.7) を p.m.f. としてもつ確率分布族 $\{P_\theta \,|\, \theta \in \Theta\}$ はたがいに絶対連続であるから[10]，任意の $\theta \in \Theta$ について $\hat{g}_N$ が (3.3.10) の形になる．このとき，$\theta_1(\neq \theta_0)$ を $\Theta$ の元とする．まず，$g'(\theta_0)=0$ とすれば，(3.3.10) より各 $n=1,2,\ldots$ について $\{N=n\}$ において $\hat{g}_n(\boldsymbol{x}_n)=g(\theta_0)$ a.s. となるから，任意の $\theta \in \Theta$ について $E_\theta(\hat{g}_N)=g(\theta_0)$ となり，これは $\hat{g}_N$ が非定数関数 $g(\theta)$ の不偏推定量であることに矛盾する．よって，$g'(\theta_0) \neq 0$ になる．同様に $g'(\theta_1) \neq 0$ となる．ここで，各 $\theta \in \Theta$ について $\gamma(\theta)=g'(\theta)/\{C''(\theta)E_\theta(N)\}$ とおくと，$\gamma(\theta_i) \neq 0$ $(i=0,1)$ となる．また，$\gamma(\theta_0) \neq \gamma(\theta_1)$ になる．実際，もし $\gamma(\theta_0)=\gamma(\theta_1)$ とすると，(3.3.10) より $n=k$ のとき

$$\hat{g}_k(\boldsymbol{x}_k) = g(\theta_i) + \gamma(\theta_i)\{s_k - kC'(\theta_i)\} \quad a.s. \quad (i=0,1) \tag{3.3.13}$$

になり，そして，(3.3.10) より $n=m(\neq k)$ のとき

---

[10] $\theta_1 \neq \theta_2$ となる任意の $\theta_1,\theta_2 \in \Theta$ をとり，各 $(i,j)=(1,2),(2,1)$ について $P_{\theta_i}$ は $P_{\theta_j}$ に関して**絶対連続** (absolutely continuous) である，すなわち $P_{\theta_j}(A)=0$ となるすべての可測集合 $A$ について $P_{\theta_i}(A)=0$ になるとき，$\{P_\theta \,|\, \theta \in \Theta\}$ はたがいに絶対連続であるという（1.4 節の脚注 [25] の佐藤 (1994) の p.84 参照）．

$$\hat{g}_m(\boldsymbol{x}_m) = g(\theta_i) + \gamma(\theta_i)\{s_m - mC'(\theta_i)\} \quad a.s. \quad (i = 0, 1) \qquad (3.3.14)$$

となるから

$$k = \frac{g(\theta_1) - g(\theta_0)}{\gamma(\theta_0)\{C'(\theta_1) - C'(\theta_0)\}} = m$$

となり矛盾になる.

次に, (C1) が成り立つことを示す. まず, $\boldsymbol{x}_k \in \{N = k\}$, $\boldsymbol{x}_m \in \{N = m\}$ とし, $\theta = \theta_0$ として (3.3.13) の辺々から (3.3.14) の辺々を引くと

$$\hat{g}_k(\boldsymbol{x}_k) - \hat{g}_m(\boldsymbol{x}_m) = \gamma(\theta_0)\{s_k - s_m - (k - m)C'(\theta_0)\} \qquad (3.3.15)$$

となり, また, $\theta = \theta_1$ として同様にすれば

$$\hat{g}_k(\boldsymbol{x}_k) - \hat{g}_m(\boldsymbol{x}_m) = \gamma(\theta_1)\{s_k - s_m - (k - m)C'(\theta_1)\} \qquad (3.3.16)$$

となる. このとき, (3.3.15) の辺々から (3.3.16) の辺々を引けば

$$\frac{s_k - s_m}{k - m} = \frac{\gamma(\theta_0)C'(\theta_0) - \gamma(\theta_1)C'(\theta_1)}{\gamma(\theta_0) - \gamma(\theta_1)} \qquad (3.3.17)$$

となり, (3.3.17) の右辺は定数なので, これを $d_2$ とおくと

$$s_k(\boldsymbol{x}_k) - d_2 k = s_m(\boldsymbol{x}_m) - d_2 m \qquad (3.3.18)$$

が $\{N = k\}$ におけるほとんどすべての $\boldsymbol{x}_k$, $\{N = m\}$ におけるほとんどすべての $\boldsymbol{x}_m$ において成り立つ. ここで, $\{N = k\} \cap \{N = m\} = \emptyset$ であるから, (3.3.18) において $\boldsymbol{x}_m$ を固定すれば $\{N = k\}$ においてほとんどすべての $\boldsymbol{x}_k$ について

$$s_k(\boldsymbol{x}_k) = d_1 + d_2 k \qquad (3.3.19)$$

になる. ただし, $d_1 = s_m(\boldsymbol{x}_m) - d_2 m$ (定数) とする. そして, (3.3.19) は任意の $k \in I$ について成り立つ. よって, $N$ を (3.3.11) とできて, 任意の $\theta \in \Theta$ について, $0 < E_\theta(N) = d_1/\{C'(\theta) - d_2\} < \infty$ であり, $C'(\theta)$ は開区間 $\Theta$ 上で単調増加だから, (C1) の (i), (ii) が成り立つ.

最後に, (C2) と (C3) が成り立つことを示す. いま, (3.3.11) の $s_n = d_1 + d_2 n$ を (3.3.10) に代入し, $\theta$ を $\theta_0 \neq \theta_1$ となる任意の $\theta_0, \theta_1$ とすれば, 各 $n = k, m$ について $\{N = n\}$ において

$$\hat{g}_n(\boldsymbol{x}_n) = g(\theta) + \gamma(\theta)\{s_n - nC'(\theta)\} \quad a.s. \tag{3.3.20}$$

となる．ここで，各 $n = k, m$ について $\theta = \theta_1$ のときの (3.3.20) の辺々から $\theta = \theta_0$ のときの (3.3.20) の辺々を引くと

$$k\{\gamma(\theta_1)(d_2 - C'(\theta_1)) - \gamma(\theta_0)(d_2 - C'(\theta_0))\}$$
$$= g(\theta_0) - g(\theta_1) + d_1\{\gamma(\theta_1) - \gamma(\theta_0)\}$$
$$= m\{\gamma(\theta_1)(d_2 - C'(\theta_1)) - \gamma(\theta_0)(d_2 - C'(\theta_0))\} \tag{3.3.21}$$

になる．なお，(3.3.17) より $d_2 \neq C'(\theta_i)$ $(i = 0, 1)$ となることに注意．このとき，$k \neq m$ であるから (3.3.21) が成り立てば

$$g(\theta_0) - d_1\gamma(\theta_0) = g(\theta_1) - d_1\gamma(\theta_1) \tag{3.3.22}$$

はある定数 $A$ となり，また

$$\gamma(\theta_0)(d_2 - C'(\theta_0)) = \gamma(\theta_1)(d_2 - C'(\theta_1)) \tag{3.3.23}$$

もある定数 $B$ となる．そして，(3.3.23) より任意の $\theta \in \Theta$ について

$$\gamma(\theta) = \frac{B}{d_2 - C'(\theta)}$$

となり，(3.3.22) より

$$g(\theta) = A - \frac{Bd_1}{d_2 - C'(\theta)} \tag{3.3.24}$$

となり，(C2) が成り立つ．また，(3.3.19), (3.3.24) を (3.3.10) に代入すると，$\{N = n\}$ において

$$\hat{g}_n(\boldsymbol{x}_n) = A + Bn \quad a.s.$$

となるから，(C3) が成り立つ．　　　　　　　　　　　　　　□

### 系 3.3.2

$X_1, X_2, \ldots$ をたがいに独立に，いずれも p.m.f. として (3.3.7) をもつ指数型分布族の分布に従う確率変数列とする．このとき，任意の $\theta \in \Theta$ について $E_\theta(N) < \infty$ を満たす停止時刻 $N$ と $g(\theta)$ の不偏推定量 $\hat{g}_N =$

$\hat{g}_N(\boldsymbol{X}_N)$ からなる $g(\theta)$ の不偏逐次推定方式 $(N, \hat{g}_N)$ が任意の $\theta \in \Theta$ について C-R の下界を達成するための必要十分条件は $\Theta$ のある 1 点で C-R の下界を達成することである.

**証明** (十分性)：$g(\theta)$ の不偏逐次推定方式 $(N, \hat{g}_N)$ が $\theta = \theta_0$ で C-R の下界，すなわち $\hat{b}(\theta) \equiv 0$ のときの (3.3.6) の右辺を達成するとすれば，定理 3.3.2 の (C1), (C2), (C3) が成り立たなければならない．実際，(C1), (C2), (C3) は $\theta_0$ に無関係であるから，任意の $\theta \in \Theta$ について C-R の下界が達成される．（必要性）：自明. $\square$

**注意 3.3.2**
系 3.3.2 より $g(\theta) = A + BC'(\theta)$ の不偏推定について，C-R の下界を達成する逐次推定方式は存在しないことがわかる.

**注意 3.3.3**
指数型分布族の場合には，(3.3.11) の停止時刻 $N$ は任意の $\theta \in \Theta$ について $P_\theta\{N < \infty\} = 1$ とはならないことも多い（本節の脚注 [8] の文献参照）.

いま，確率変数 $X$ が p.m.f.

$$p(x;\theta) = q_\theta \chi_{\{a_2\}}(x) + (1 - q_\theta)\chi_{\{a_1\}}(x) \tag{3.3.25}$$

をもつとする．ただし，$\theta \in \Theta = \mathbf{R}^1$, $a_1 < a_2$ とする．特に，$a_1 = 0$, $a_2 = 1$ とすれば，(3.3.25) の p.m.f. をもつ分布はベルヌーイ分布 $\mathrm{Ber}(q_\theta)$ になる．実際，$Y = (X - a_1)/(a_2 - a_1)$ と変換すれば (3.3.25) よりそうなる．この分布について，次の定理が成り立つ.

**定理 3.3.3**
$X_1, X_2, \ldots$ をたがいに独立に，いずれも p.m.f.(3.3.25) をもつ分布に従う確率変数列とする．このとき，任意の $\theta \in \Theta$ について $E_\theta(N) < \infty$ を満たす停止時刻 $N$ と $g(\theta)$ の不偏推定量 $\hat{g}_N = \hat{g}_N(\boldsymbol{X}_N)$ からなる $g(\theta)$ の不偏逐次推定方式 $(N, \hat{g}_N)$ が C-R の下界，すなわち $\hat{b}(\theta) \equiv 0$ のときの (3.3.6) の右辺を達成するための必要十分条件は，ある正数 $c_1, c_2$ について次の (D1) または (D2) のいずれかが成り立つことである.

(D1)　$g(\theta) = A + \dfrac{Bz}{q_\theta}$, $N = \inf\{n \geq z : Z_n = z\}$, $\hat{g}_N = A + BN$ *a.s.*

(D2)　$g(\theta) = A + \dfrac{Bz}{1 - q_\theta}$, $N = \inf\{n \geq z : Z_n = n - z\}$,

　　　$\hat{g}_N = A + BN$ *a.s.*

ただし，$z$ はある正の整数，$q_\theta = c_1 e^{\theta a_2} / \left(c_1 e^{\theta a_2} + c_2 e^{\theta a_1}\right)$, $Z_n = \sum_{i=1}^{n}$ $(X_i - a_1)/(a_2 - a_1)$ $(n \in \mathbb{N})$ とする.

　証明については本節の脚注 [8] の文献参照.

　次に，p.d.f. または p.m.f. として (3.3.7) をもつ指数型分布族において，$g(\theta)$ の任意の逐次推定方式 $(N, \hat{g}_N)$ について考える. その方式のリスクは，$N$ 個の標本抽出にかかる平均費用 $cE_\theta(N)$ と推定量 $\hat{g}_N$ の平均 2 乗損失 $E_\theta\left[\{\hat{g}_N - g(\theta)\}^2\right]$ からなるとする. ただし，$c(> 0)$ を 1 標本当たりの費用とする. 特に，$A$ と $B(\neq 0)$ を任意の実数として $g(\theta) = A + BC'(\theta)$ の推定問題を考える. まず，$\hat{g}_m(\boldsymbol{X}_m) = A + (B/m)\sum_{i=1}^{m} X_i$ として $(m, \hat{g}_m)$ を $g(\theta)$ の**不偏固定標本推定方式**, すなわち固定した大きさ $m$ をもつ標本 $\boldsymbol{X}_m$ に基づく不偏推定方式とし，$(N, \hat{g}_N)$ を $g(\theta)$ の不偏逐次推定方式とする. このとき，(3.3.7) より $I(\theta) = C''(\theta)$ となるから (3.3.6) より，任意の $m \geq 1$ と $\theta \in \Theta$ について

$$E_\theta(N)V_\theta\left(\hat{g}_N\right) \geq B^2 C''(\theta) = mV_\theta\left(\hat{g}_m\right) \qquad (3.3.26)$$

となる.

---

定理 3.3.4

　$X_1, X_2, \ldots$ をたがいに独立に，いずれも (3.3.7) の p.d.f. または p.m.f. をもつ指数型分布族の分布に従う確率変数列とする. また，$g(\theta) = A + BC'(\theta)$ の不偏逐次推定方式 $(N, \hat{g}_N)$ について，各 $\theta \in \Theta$ に対して $E_\theta(N) < \infty$, $V_\theta\left(\hat{g}_N\right) < \infty$ かつ

$$\sum_{n=1}^{\infty} \int_{\{N=n\}} \hat{g}_n(\boldsymbol{x}_n) \prod_{i=1}^{n} a(x_i) \exp\{\theta x_i - C(\theta)\}d\boldsymbol{x}_n$$

または

$$\sum_{n=1}^{\infty} \sum_{\{N=n\}} \hat{g}_n(\boldsymbol{x}_n) \prod_{i=1}^{n} a(x_i) \exp\{\theta x_i - C(\theta)\}$$

の導関数が和の記号および積分記号の下で $\theta$ に関して偏微分することにより得られると仮定する. そして, $m^*$ を所与の正整数, $\nu$ を $m(\nu) = B^2 C_0'' \nu^{-1}$ が整数となる所与の正数とし, $c$ を $\tilde{m}(c) = |B|\sqrt{C_0''/c}$ が整数となる正数とする. ただし, $C_0'' = \sup_{\theta \in \Theta} C''(\theta)$ とする. このとき, 次の (i)〜(iii) が成り立つ.

(i) $\sup_{\theta \in \Theta} E_\theta(N) \le m^*$ となる不偏逐次推定方式のクラスの中で不偏固定標本推定方式 $(m^*, \hat{g}_{m^*})$ は, $\theta(\in \Theta)$ について $V_\theta(\hat{g}_N)$ を一様に最小にする.

(ii) ある $\theta_0 \in \Theta$ について $C_0'' = C''(\theta_0) < \infty$ となるとき, $\sup_{\theta \in \Theta} V_\theta(\hat{g}_N) \le \nu$ となる不偏逐次推定方式全体のクラスの中で, 不偏固定標本推定方式 $(m(\nu), \hat{g}_{m(\nu)})$ が $\sup_{\theta \in \Theta} E_\theta(N)$ を最小にする.

(iii) ある $\theta_0 \in \Theta$ について $C_0'' = C''(\theta_0) < \infty$ となるとき, 不偏固定標本推定方式 $(\tilde{m}(c), \hat{g}_{\tilde{m}(c)})$ が $\sup_{\theta \in \Theta} \{cE_\theta(N) + V_\theta(\hat{g}_N)\}$ を最小にする.

**証明** (i) $\sup_{\theta \in \Theta} E_\theta(N) \le m^*$ であるから, (3.3.26) より任意の $\theta \in \Theta$ について $V_\theta(\hat{g}_N) \ge V_\theta(\hat{g}_{m^*})$ が成り立つ.

(ii) $\sup_{\theta \in \Theta} V_\theta(\hat{g}_N) \le \nu$ であるから, (3.3.26) より, 任意の $\theta \in \Theta$ について $E_\theta(N) \ge B^2 C''(\theta)/V_\theta(\hat{g}_N) \ge B^2 C''(\theta)/\nu$ となるから

$$\sup_{\theta \in \Theta} E_\theta(N) \ge \frac{1}{\nu} B^2 \sup_{\theta \in \Theta} C''(\theta) = \frac{1}{\nu} B^2 C_0'' = m(\nu)$$

となる.

(iii) (3.3.26) より

$$\sup_{\theta \in \Theta} \left\{ c\tilde{m}(c) + V_\theta \left( \hat{g}_{\tilde{m}(c)} \right) \right\} \geq \sup_{\theta \in \Theta} \left\{ c\tilde{m}(c) + \frac{B^2 C''(\theta)}{E_\theta(N)} \right\}$$

$$= \sup_{\theta \in \Theta} \left\{ c\tilde{m}(c) + \frac{B^2 C''(\theta)}{\tilde{m}(c)} \right\}$$

$$= 2|B|\sqrt{cC_0''}$$

となり，また，任意の $\theta \in \Theta$ について

$$cE_\theta(N) + V_\theta \left( \hat{g}_N \right) \geq cE_\theta(N) + \frac{B^2 C''(\theta)}{E_\theta(N)} \geq 2|B|\sqrt{cC''(\theta)}$$

となるから

$$\sup_{\theta \in \Theta} \left\{ cE_\theta(N) + V_\theta \left( \hat{g}_N \right) \right\} \geq c|B|\sqrt{\frac{C_0''}{c}} + \frac{|B|\sqrt{c}}{\sqrt{C_0''}} \sup_{\theta \in \Theta} C''(\theta)$$

$$= 2|B|\sqrt{cC_0''}$$

になる．　　　　　　　　　　　　　　　　　　　　　　　　　　□

### 系 3.3.3

　定理 3.3.4 の仮定の下で，任意の $\theta \in \Theta$ について $C''(\theta) = C_0'' < \infty$ ならば，$X_1$ は正規分布 $N(\theta C_0'' + c_1, C_0'')$ に従い，(i), (ii), (iii) が成り立つ．ただし，$c_1$ は定数とする．

**証明**　まず，任意の $\theta \in \Theta$ について $C''(\theta) = C_0''$ であるから

$$C(\theta) = \frac{1}{2}C_0''\theta^2 + c_1\theta + c_2 \tag{3.3.27}$$

となる．ただし，$c_1, c_2$ は定数とする．ここで，$X_1$ の p.d.f. は (3.3.7) であるから，その積率母関数は，$t \in \mathbf{R}^1$ について

$$m_{X_1}(t) = E\left[e^{tX_1}\right] = e^{C(\theta+t)-C(\theta)}$$

となる．そして，(3.3.27) より

$$m_{X_1}(t) = \exp\left\{(\theta C_0'' + c_1)t + \frac{1}{2}C_0''t^2\right\}$$

となる．よって，$X_1$ は $N(\theta C_0'' + c_1, C_0'')$ に従う．また，定理 3.3.4 より (i) が成り立ち，$C''(\theta) = c_0 < \infty$ より (ii), (iii) も成り立つことは明らか．　□

## 3.4 ベイズ逐次決定

まず，決定問題 $(\Theta, \mathbb{A}, L, \mathscr{D}^*)$ において停止則 $\boldsymbol{\varphi}$ と最終決定方式 $\boldsymbol{\delta}$ からなる逐次決定方式 $(\boldsymbol{\varphi}, \boldsymbol{\delta})$ のリスクを (3.1.3) とする．そして，$\boldsymbol{\theta}$ の事前 p.d.f. または事前 p.m.f. を $\pi(\boldsymbol{\theta})$ $(\boldsymbol{\theta} \in \Theta)$ とする．このとき，2.3 節と同様にして停止則 $\boldsymbol{\varphi}$ と最終決定方式 $\boldsymbol{\delta}$ からなる逐次決定方式 $(\boldsymbol{\varphi}, \boldsymbol{\delta})$ の**ベイズリスク** (Bayes risk) を

$$
\begin{aligned}
B(\pi, (\boldsymbol{\varphi}, \boldsymbol{\delta})) &= E_\pi[R(\boldsymbol{\theta}, (\boldsymbol{\varphi}, \boldsymbol{\delta}))] \\
&= \begin{cases} \int_\Theta R(\boldsymbol{\theta}, (\boldsymbol{\varphi}, \boldsymbol{\delta}))\pi(\boldsymbol{\theta})d\boldsymbol{\theta} & (\text{連続型}), \\ \sum_{\theta \in \Theta} R(\boldsymbol{\theta}, (\boldsymbol{\varphi}, \boldsymbol{\delta}))\pi(\boldsymbol{\theta}) & (\text{離散型}) \end{cases}
\end{aligned} \tag{3.4.1}
$$

と定義する．ただし，$R(\boldsymbol{\theta}, (\boldsymbol{\varphi}, \boldsymbol{\delta}))$ は (3.1.3) とする．

**定義 3.4.1**

各 $j \in \mathbb{N}$ について $\boldsymbol{X}_j = (X_1, \ldots, X_j)$ に基づく（$\pi$ に関する）ベイズ決定関数を，各 $\boldsymbol{x}_j = (x_1, \ldots, x_j) \in \mathscr{X}_1 \times \cdots \times \mathscr{X}_j$ について**事後平均損失** (posterior mean loss)[11]

$$
\begin{aligned}
R_\pi(\delta_j \,|\, \boldsymbol{x}_j) &= E_\pi\left[L\left(\boldsymbol{\theta}, \delta_j(\boldsymbol{X}_j)\right) \,|\, \boldsymbol{X}_j = \boldsymbol{x}_j\right] \\
&= \begin{cases} \int_\mathbb{A} E_\pi\left[L\left(\boldsymbol{\theta}, \boldsymbol{a}\right) \,|\, \boldsymbol{X}_j = \boldsymbol{x}_j\right] p_{\delta_j(\boldsymbol{x}_j)}(\boldsymbol{a})d\boldsymbol{a} & (\text{連続型}), \\ \sum_{\boldsymbol{a} \in \mathbb{A}} E_\pi\left[L\left(\boldsymbol{\theta}, \boldsymbol{a}\right) \,|\, \boldsymbol{X}_j = \boldsymbol{x}_j\right] p_{\delta_j(\boldsymbol{x}_j)}(\boldsymbol{a}) & (\text{離散型}) \end{cases}
\end{aligned} \tag{3.4.2}
$$

が最小となる $\delta_j = \delta_j^*(\in \mathscr{D}_j^*)$ と定義する[12]．ただし，各 $j \in \mathbb{N}$ について $\mathscr{D}_j^*$ を $\boldsymbol{x}_j$ が与えられたときの確率的決定関数全体の集合とする．また，

---

[11]事後平均損失を $\delta_j$ の事後リスクと呼んでもよいが，後出の事後平均費用を含む事後リスクと区別するために，ここでは事後平均損失と呼ぶ．

[12](3.4.2) の右辺において $E_\pi[\cdot \,|\, \boldsymbol{X}_j = \boldsymbol{x}_j]$ は，$\boldsymbol{X}_j$ の j.p.d.f. または j.p.m.f. を $f_{\boldsymbol{X}_j}(\boldsymbol{x}_j; \boldsymbol{\theta})$ とするとき，$\boldsymbol{X}_j = \boldsymbol{x}_j$ を与えたときの $\boldsymbol{\theta}$ の事後 p.d.f. または事後 p.m.f. $\pi(\boldsymbol{\theta} \,|\, \boldsymbol{x}_j)$ による期待値とする（2.3 節脚注 [13] 参照）．なお，$(\boldsymbol{X}_j, \boldsymbol{\theta})$ の j.p.d.f. または j.p.m.f. は $f_{\boldsymbol{X}_j}(\boldsymbol{x}_j; \boldsymbol{\theta})\pi(\boldsymbol{\theta})$ になることに注意．

$\varepsilon > 0$ とするとき，各 $j \in \mathbb{N}$ に対して，各 $\boldsymbol{x}_j \in \mathscr{X}_1 \times \cdots \times \mathscr{X}_j$ について

$$R_\pi \left( \delta_j^\varepsilon \mid \boldsymbol{x}_j \right) \leq \inf_{\delta_j \in \mathscr{D}_j^*} R_\pi \left( \delta_j \mid \boldsymbol{x}_j \right) + \varepsilon$$

となる $\delta_j^\varepsilon (\in \mathscr{D}_j^*)$ を（$\pi$ に関する）**$\varepsilon$-ベイズ**（$\varepsilon$-Bayes）**決定関数**という.

なお，逐次決定問題，すなわち停止則と最終決定方式を伴う決定問題において，$\boldsymbol{X}_j = \boldsymbol{x}_j$ で最小事後平均損失が無限大になるときには，$X_1 = x_1, \ldots, X_j = x_j$ が抽出された後に停止する確率を 0 とする停止則が望まれる.

ここで，$\Theta$ 上の事前分布の p.d.f. または p.m.f. 全体の集合を $\Pi$ として，任意に固定した $\pi (\in \Pi)$ に対して $B(\pi, (\boldsymbol{\varphi}, \boldsymbol{\delta}))$ を最小にする逐次決定方式 $(\boldsymbol{\varphi}, \boldsymbol{\delta})$ を求めよう. そこで，2 段階に分けて，まず $\pi$ と $\boldsymbol{\varphi}$ を固定して $B(\pi, (\boldsymbol{\varphi}, \boldsymbol{\delta}))$ が最小となる $\boldsymbol{\delta}$ を求め，次に，$\inf_{\boldsymbol{\delta} \in \tilde{\mathscr{D}}^*} B(\pi, (\boldsymbol{\varphi}, \boldsymbol{\delta}))$ が最小となる停止則 $\boldsymbol{\varphi}$ を求める. ただし，$\tilde{\mathscr{D}}^*$ を最終確率的決定方式全体の集合とする. ここで，$\boldsymbol{\delta} = (\delta_0, \delta_1, \ldots, \delta_j, \ldots)$ とし，$\delta_0^*$ を $E_\pi[L(\boldsymbol{\theta}, \delta_0)]$ を最小にする $\delta_0$ とする. また，$\varepsilon > 0$ について $E_\pi[L(\boldsymbol{\theta}, \delta_0^\varepsilon)] \leq \inf_{0 \leq \delta_0 \leq 1} E_\pi[L(\boldsymbol{\theta}, \delta_0)] + \varepsilon$ とする.

### 定理 3.4.1

各 $j \in \mathbb{N}$ について $\delta_j^*(\boldsymbol{X}_j)$（または $\delta_j^\varepsilon(\boldsymbol{X}_j)$）を $\pi (\in \Pi)$ に関するベイズ（または $\varepsilon$-ベイズ）決定関数とする. このとき，任意に固定した停止則 $\boldsymbol{\varphi}$ について $\boldsymbol{\delta}^* = (\delta_0^*, \delta_1^*, \ldots, \delta_j^*, \ldots)$（または $\boldsymbol{\delta}^\varepsilon = (\delta_0^\varepsilon, \delta_1^\varepsilon, \ldots, \delta_j^\varepsilon, \ldots)$）は $B(\pi, (\boldsymbol{\varphi}, \boldsymbol{\delta}))$ を最小にする（または $B(\pi, (\boldsymbol{\varphi}, \boldsymbol{\delta}^\varepsilon)) \leq \inf_{\boldsymbol{\delta} \in \tilde{\mathscr{D}}^*} B(\pi, (\boldsymbol{\varphi}, \boldsymbol{\delta})) + \varepsilon$ である）.

**証明** まず，(3.1.3), (3.4.1) より逐次決定方式 $(\boldsymbol{\varphi}, \boldsymbol{\delta})$ のベイズリスクは

$$B(\pi, (\boldsymbol{\varphi}, \boldsymbol{\delta}))$$
$$= E_\pi \left[ R(\boldsymbol{\theta}, (\boldsymbol{\varphi}, \boldsymbol{\delta})) \right]$$

$$= E_\pi \left[ \sum_{j=0}^{\infty} E_{\boldsymbol{\theta}} \left[ \psi_j(\boldsymbol{X}_j) \left\{ L(\boldsymbol{\theta}, \delta_j(\boldsymbol{X}_j)) + c_j(\boldsymbol{\theta}, \boldsymbol{X}_j) \right\} \right] \right]$$

$$= \sum_{j=0}^{\infty} E_\pi \left[ E_{\boldsymbol{\theta}} \left[ \psi_j(\boldsymbol{X}_j) L(\boldsymbol{\theta}, \delta_j(\boldsymbol{X}_j)) \right] + E_{\boldsymbol{\theta}} \left[ \psi_j(\boldsymbol{X}_j) c_j(\boldsymbol{\theta}, \boldsymbol{X}_j) \right] \right] \quad (3.4.3)$$

になる. いま, $\pi$ と $\boldsymbol{\varphi}$ は与えられているので, 各 $j \in \mathbb{N}$ について

$$E_\pi \left[ E_{\boldsymbol{\theta}} \left[ \psi_j(\boldsymbol{X}_j) L(\boldsymbol{\theta}, \delta_j(\boldsymbol{X}_j)) \right] \right] = E \left[ \psi_j(\boldsymbol{X}_j) E_\pi \left[ L(\boldsymbol{\theta}, \delta_j(\boldsymbol{X}_j)) \mid \boldsymbol{X}_j \right] \right]$$

$$= E \left[ \psi_j(\boldsymbol{X}_j) R_\pi(\delta_j(\boldsymbol{X}_j) \mid \boldsymbol{X}_j) \right]$$

となるから, 各 $j \in \mathbb{N}$ について $R_\pi(\delta_j(\boldsymbol{x}_j) \mid \boldsymbol{x}_j)$ を最小にする $\delta_j$ と $E_\pi[L(\boldsymbol{\theta}, \delta_0)]$ を最小にする $\delta_0$ を求めれば, それらが (3.4.3) を最小にする. 実際, 定義 3.4.1 より各 $j \in \mathbb{N}$ についてそのような $\delta_j$ はベイズ決定関数 $\delta_j^*$ であることと $\delta_0^*$ のとり方から, $\boldsymbol{\delta}^* = (\delta_0^*, \delta_1^*, \ldots, \delta_j^*, \ldots)(\in \tilde{\mathscr{D}}^*)$ がベイズリスク $B(\pi, (\boldsymbol{\varphi}, \boldsymbol{\delta}))$ を最小にする. また, 各 $j \in \mathbb{N}$ について $\delta_j^\varepsilon$ を $\varepsilon$-ベイズ決定関数とし, $\delta_0^\varepsilon$ のとり方から, 上記と同様にして $\boldsymbol{\delta}^\varepsilon = (\delta_0^\varepsilon, \delta_1^\varepsilon, \ldots, \delta_j^\varepsilon, \ldots)(\in \tilde{\mathscr{D}}^*)$ は $B(\pi, (\boldsymbol{\varphi}, \boldsymbol{\delta}^\varepsilon)) \leq \inf_{\boldsymbol{\delta} \in \tilde{\mathscr{D}}^*} B(\pi, (\boldsymbol{\varphi}, \boldsymbol{\delta})) + \varepsilon$ となる. □

**注意 3.4.1**
定理 3.4.1 の証明からわかるように, $\boldsymbol{\delta}^*, \boldsymbol{\delta}^\varepsilon$ は停止則 $\boldsymbol{\varphi}$ に本質的には無関係なので, ベイズ (または $\varepsilon$-ベイズ) 決定関数の取り扱いが容易になる.

次に, ベイズ (または $\varepsilon$-ベイズ) 逐次決定方式について考えよう. 停止則が, ある $J \in \mathbb{N}$ で

$$\varphi_J(\boldsymbol{x}_J) = 1 \quad a.s. \quad \left( \text{または} \sum_{j=0}^{J} \psi_j(\boldsymbol{x}_j) = 1 \quad a.s. \right) \quad (3.4.4)$$

となるとき, 逐次決定問題が $J$ で切断されるといい, それを**切断逐次決定問題** (truncated sequential decision problem) という. まず, この問題について考え, その後, $J \to \infty$ として一般の逐次決定問題を考察する.

**問 3.4.1**　$J \in \mathbb{N}$ について, $\varphi_J(\boldsymbol{x}_J) = 1 \ a.s.$ と $\sum_{j=0}^{J} \psi_j(\boldsymbol{x}_j) = 1 \ a.s.$ が同値であることを示せ.

いま，各 $j = 1, \ldots, J$ について $\boldsymbol{X}_j = \boldsymbol{x}_j$ が与えられたときの**最小事後平均損失** (minimum posterior mean loss) を

$$\rho_j(\boldsymbol{x}_j) = \inf_{\delta_j \in \mathscr{D}_j^*} R_\pi\left(\delta_j \mid \boldsymbol{x}_j\right) \tag{3.4.5}$$

とし，$E\left[\rho_j(\boldsymbol{X}_j)\right] < \infty$ であると仮定する．このとき，各 $j = 1, \ldots, J$ について $\boldsymbol{X}_j = \boldsymbol{x}_j$ が抽出された後に停止するとき，**最小事後リスク** (minimum posterior risk)，すなわち最小事後平均損失と**事後平均費用** (posterior mean cost) の和を

$$Q_j(\boldsymbol{x}_j) = \rho_j(\boldsymbol{x}_j) + E_\pi[c_j(\boldsymbol{\theta}, \boldsymbol{x}_j) \mid \boldsymbol{X}_j = \boldsymbol{x}_j] \tag{3.4.6}$$

とする．次に，**後退帰納法** (backward induction) を用いて停止則を考える．まず，$\varphi_J(\boldsymbol{x}_J) = 1$ a.s. より $\boldsymbol{X}_J = \boldsymbol{x}_J$ が抽出されたら停止する．その1段階前では，$\boldsymbol{X}_{J-1} = \boldsymbol{x}_{J-1}$ を抽出して（$X_J$ を抽出せずに）停止したとき，その最小事後リスクは $Q_{J-1}(\boldsymbol{x}_{J-1})$ になる．そうではなく，$X_J$ を抽出したときには，最小事後リスクの条件付期待値は

$$E\left[Q_J(\boldsymbol{x}_{J-1}, X_J) \mid \boldsymbol{X}_{J-1} = \boldsymbol{x}_{J-1}\right] \tag{3.4.7}$$

となる．ここで，$j = J - 1$ のときの (3.4.6) が (3.4.7) の値以下のときには標本抽出を停止し，そうでないときには標本抽出を継続する方がよい．よって，**ベイズ停止則** (Bayes stopping rule) は

$$\begin{aligned}
&\varphi_{J-1}^*(\boldsymbol{x}_{J-1}) \\
&= \begin{cases} 1 & (Q_{J-1}(\boldsymbol{x}_{J-1}) \le E\left[Q_J(\boldsymbol{x}_{J-1}, X_J) \mid \boldsymbol{X}_{J-1} = \boldsymbol{x}_{J-1}\right]), \\ 0 & (Q_{J-1}(\boldsymbol{x}_{J-1}) > E\left[Q_J(\boldsymbol{x}_{J-1}, X_J) \mid \boldsymbol{X}_{J-1} = \boldsymbol{x}_{J-1}\right]) \end{cases}
\end{aligned} \tag{3.4.8}$$

となる．そして，$\boldsymbol{X}_{J-1} = \boldsymbol{x}_{J-1}$ を抽出したとき，最小事後リスクは

$$\begin{aligned}
&R_{J-1}^{(J)}(\boldsymbol{x}_{J-1}) \\
&= \min\left\{Q_{J-1}(\boldsymbol{x}_{J-1}), E\left[Q_J(\boldsymbol{x}_{J-1}, X_J) \mid \boldsymbol{X}_{J-1} = \boldsymbol{x}_{J-1}\right]\right\}
\end{aligned}$$

となる．その2段階前では，$\boldsymbol{X}_{J-2} = \boldsymbol{x}_{J-2}$ を抽出して

$$Q_{J-2}(\boldsymbol{x}_{J-2}) \leq E\left[R_{J-1}^{(J)}(\boldsymbol{x}_{J-2}, X_{J-1}) \mid \boldsymbol{X}_{J-2} = \boldsymbol{x}_{J-2}\right]$$

のときに停止し，そうでないときには (3.4.8) と同様な手続きを続ける．

そこで，上記から $\boldsymbol{X}_{j-1} = \boldsymbol{x}_{j-1}$ $(j = 2, \ldots, J)$ を抽出したときの最小事後リスクを帰納的に $R_J^{(J)}(\boldsymbol{x}_J) = Q_J(\boldsymbol{x}_J)$，そして，各 $j = 2, \ldots, J$ について

$$R_{j-1}^{(J)}(\boldsymbol{x}_{j-1})$$
$$= \min\{Q_{j-1}(\boldsymbol{x}_{j-1}), E[R_j^{(J)}(\boldsymbol{x}_{j-1}, X_j) \mid \boldsymbol{X}_{j-1} = \boldsymbol{x}_{j-1}]\} \quad (3.4.9)$$

と定義する．また，$Q_0 = \inf_{\boldsymbol{a} \in \mathbb{A}} E_\pi[L(\boldsymbol{\theta}, \boldsymbol{a}) + c_0(\theta)]$ とし，$R_0^{(J)} = \min\{Q_0, E[R_1^{(J)}(X_1)]\}$ とすれば，これは定数となり，$J$ で切断された逐次決定問題の最小事後リスクになる．このとき，ベイズ停止則 $\boldsymbol{\varphi}^* = (\varphi_0^*, \ldots, \varphi_J^*)$ は，各 $j = 2, \ldots, J$ について

$$\varphi_{j-1}^*(\boldsymbol{x}_{j-1})$$
$$= \begin{cases} 1 & (Q_{j-1}(\boldsymbol{x}_{j-1}) \leq E[R_j^{(J)}(\boldsymbol{x}_{j-1}, X_j) \mid \boldsymbol{X}_{j-1} = \boldsymbol{x}_{j-1}]), \\ 0 & (Q_{j-1}(\boldsymbol{x}_{j-1}) > E[R_j^{(J)}(\boldsymbol{x}_{j-1}, X_j) \mid \boldsymbol{X}_{j-1} = \boldsymbol{x}_{j-1}]), \end{cases}$$
$$\varphi_0^* = \begin{cases} 1 & (Q_0 \leq E[R_1^{(J)}(X_1)]), \\ 0 & (Q_0 > E[R_1^{(J)}(X_1)]) \end{cases}$$

$(3.4.10)$

となる．なお，$\varphi_J^*(\boldsymbol{x}_J) = 1$ *a.s.* とする．

### 定理 3.4.2

各 $j = 1, \ldots, J$ について $\delta_j^*(\boldsymbol{X}_j)$（または $\delta_j^\varepsilon(\boldsymbol{X}_j)$）を $\pi(\in \Pi)$ に関するベイズ（または $\varepsilon$-ベイズ）決定関数とし，ベイズ（または $\varepsilon$-ベイズ）最終決定方式を $\boldsymbol{\delta}^* = (\delta_0^*, \delta_1^*, \ldots, \delta_J^*)$（または $\boldsymbol{\delta}^\varepsilon = (\delta_0^\varepsilon, \delta_1^\varepsilon, \ldots, \delta_J^\varepsilon)$）とする．また，$\boldsymbol{\varphi}^* = (\varphi_0^*, \varphi_1^*, \ldots, \varphi_J^*)$ を (3.4.10) のベイズ停止則とする．このとき，$J$ で切断された逐次決定問題における $(\boldsymbol{\varphi}^*, \boldsymbol{\delta}^*)$（または $(\boldsymbol{\varphi}^*, \boldsymbol{\delta}^\varepsilon)$）は $\pi(\in \Pi)$ に関する**ベイズ**（または $\varepsilon$-**ベイズ**）**逐次決定方式**である．すな

わち任意の逐次決定方式 $(\boldsymbol{\varphi}, \boldsymbol{\delta})$ について

$$B(\pi, (\boldsymbol{\varphi}^*, \boldsymbol{\delta}^*)) \leq B(\pi, (\boldsymbol{\varphi}, \boldsymbol{\delta})) \tag{3.4.11}$$

$$\left( \text{または } B(\pi, (\boldsymbol{\varphi}^*, \boldsymbol{\delta}^\varepsilon)) \leq \inf_{\boldsymbol{\varphi}, \boldsymbol{\delta}} B(\pi, (\boldsymbol{\varphi}, \boldsymbol{\delta})) + \varepsilon \right)$$

が成り立つ. ただし, $\boldsymbol{\varphi} = (\varphi_0, \varphi_1, \dots, \varphi_J)$, $\boldsymbol{\delta} = (\delta_0, \delta_1, \dots, \delta_J)$ とする.

**証明** 定理 3.4.1 より, 任意の逐次決定方式 $(\boldsymbol{\varphi}, \boldsymbol{\delta})$ について

$$B(\pi, (\boldsymbol{\varphi}, \boldsymbol{\delta}^*)) \leq B(\pi, (\boldsymbol{\varphi}, \boldsymbol{\delta}))$$

が成り立つので

$$B(\pi, (\boldsymbol{\varphi}, \boldsymbol{\delta}^*)) \geq B(\pi, (\boldsymbol{\varphi}^*, \boldsymbol{\delta}^*))$$

となることを示せばよい. いま, (3.4.3)〜(3.4.5) より

$$B(\pi, (\boldsymbol{\varphi}, \boldsymbol{\delta}^*)) = \sum_{j=0}^{J} E\left[\psi_j(\boldsymbol{X}_j) Q_j(\boldsymbol{X}_j)\right], \tag{3.4.12}$$

$$B(\pi, (\boldsymbol{\varphi}^*, \boldsymbol{\delta}^*)) = \sum_{j=0}^{J} E\left[\psi_j^*(\boldsymbol{X}_j) Q_j(\boldsymbol{X}_j)\right] \tag{3.4.13}$$

となる. ただし, $\psi_0^* = \varphi_0^*$ で, 各 $j = 1, \dots, J$ について

$$\psi_j^*(\boldsymbol{x}_j) = (1 - \varphi_0^*)(1 - \varphi_1^*(x_1)) \cdots (1 - \varphi_{j-1}^*(\boldsymbol{x}_{j-1}))\varphi_j^*(\boldsymbol{x}_j)$$

とする. ここで, $D_0 = \left\{ Q_0 \leq E\left[R_1^{(J)}(X_1)\right] \right\}$, $D_J = \{\boldsymbol{x}_J \mid Q_J(\boldsymbol{x}_J) = R_J^{(J)}(\boldsymbol{x}_J)\}$ とし, 各 $j = 1, \dots, J-1$ について

$$D_j = \big\{ \boldsymbol{x}_j \mid Q_j(\boldsymbol{x}_j) \leq E\big[R_{j+1}^{(J)}(\boldsymbol{x}_j, X_{j+1}) \mid \boldsymbol{X}_j = \boldsymbol{x}_j\big],$$

$$Q_i(\boldsymbol{x}_i) > E\big[R_{i+1}^{(J)}(\boldsymbol{x}_i, X_{i+1}) \mid \boldsymbol{X}_i = \boldsymbol{x}_i\big] \ (i = 0, 1, \dots, j-1) \big\},$$

$$D_J = \big\{ \boldsymbol{x}_J \mid Q_J(\boldsymbol{x}_J) = R_J^{(J)}(\boldsymbol{x}_J),$$

$$Q_i(\boldsymbol{x}_i) > E\big[R_{i+1}^{(J)}(\boldsymbol{x}_i, X_{i+1}) \mid \boldsymbol{X}_i = \boldsymbol{x}_i \ (i = 0, 1, \dots, J-1)\big] \big\} \tag{3.4.14}$$

とする. このとき, (3.4.9), (3.4.10) より $\psi_j^*(\boldsymbol{x}_j) = \chi_{D_j}(\boldsymbol{x}_j) \ (j = 0, 1, \dots, J)$

となるから, (3.4.4), (3.4.9), (3.4.14) より

$$\sum_{i=0}^{J} E\left[\psi_i(\boldsymbol{X}_i)Q_i(\boldsymbol{X}_i)\right] = \sum_{i=0}^{J} E\left[\psi_i(\boldsymbol{X}_i)Q_i(\boldsymbol{X}_i)\sum_{j=0}^{J}\chi_{D_j}(\boldsymbol{X}_j)\right]$$
$$\geq \sum_{i=0}^{J}\sum_{j=0}^{J} E\left[\psi_i(\boldsymbol{X}_i)R_i^{(J)}(\boldsymbol{X}_i)\chi_{D_j}(\boldsymbol{X}_j)\right] \quad (3.4.15)$$

となる. ただし, $\psi_0^*(\boldsymbol{x}_0) = \chi_{D_0}(\boldsymbol{x}_0)$ は

$$\psi_0^* = \begin{cases} 1 & (Q_0 = E[R_1^{(J)}(X_1)]), \\ 0 & (Q_0 > E[R_1^{(J)}(X_1)]) \end{cases}$$

であることを意味する. また, 各 $j = 0, 1, \ldots, J$ について, $\boldsymbol{x}_j \in D_j$ とすると $\psi_j^*(\boldsymbol{x}_j) = 1$ となるから, (3.4.9), (3.4.14) より $R_j^{(J)}(\boldsymbol{x}_j) = Q_j(\boldsymbol{x}_j)$ ($j = 0, 1, \ldots, J$) となり, (3.4.4) より

$$E\left[\sum_{j=0}^{J}\psi_j^*(\boldsymbol{X}_j)Q_j(\boldsymbol{X}_j)\right] = \sum_{j=0}^{J} E\left[\chi_{D_j}(\boldsymbol{X}_j)R_j^{(J)}(\boldsymbol{X}_j)\right]$$
$$= \sum_{j=0}^{J} E\left[\left\{\sum_{i=0}^{J}\psi_i(\boldsymbol{X}_i)\right\}\chi_{D_j}(\boldsymbol{X}_j)R_j^{(J)}(\boldsymbol{X}_j)\right]$$
$$= \sum_{j=0}^{J}\sum_{i=0}^{J} E\left[\psi_i(\boldsymbol{X}_i)R_j^{(J)}(\boldsymbol{X}_j)\chi_{D_j}(\boldsymbol{X}_j)\right]$$
$$(3.4.16)$$

となる. よって, (3.4.12), (3.4.13), (3.4.15), (3.4.16) より

$$\sum_{j=0}^{J}\sum_{i=0}^{J} E\left[\psi_i(\boldsymbol{X}_i)R_i^{(J)}(\boldsymbol{X}_i)\chi_{D_j}(\boldsymbol{X}_j)\right]$$
$$\geq \sum_{j=0}^{J}\sum_{i=0}^{J} E\left[\psi_i(\boldsymbol{X}_i)R_j^{(J)}(\boldsymbol{X}_j)\chi_{D_j}(\boldsymbol{X}_j)\right] \quad (3.4.17)$$

を示せば, (3.4.11) が成り立つ. そこで

$$\sum_{i=0}^{J}\sum_{j=0}^{J} E\left[\psi_i(\boldsymbol{X}_i) R_j^{(J)}(\boldsymbol{X}_j)\chi_{D_j}(\boldsymbol{X}_j)\right]$$

$$= \sum_{i=0}^{J} E\left[\psi_i(\boldsymbol{X}_i) R_i^{(J)}(\boldsymbol{X}_i)\chi_{D_i}(\boldsymbol{X}_i)\right]$$

$$+ \sum_{i=0}^{J}\sum_{j=i+1}^{J} E\left[\psi_i(\boldsymbol{X}_i) R_j^{(J)}(\boldsymbol{X}_j)\chi_{D_j}(\boldsymbol{X}_j)\right]$$

$$+ \sum_{j=0}^{J}\sum_{i=j+1}^{J} E\left[\psi_i(\boldsymbol{X}_i) R_j^{(J)}(\boldsymbol{X}_j)\chi_{D_j}(\boldsymbol{X}_j)\right] \tag{3.4.18}$$

となる．まず，(3.4.18) の右辺の第 2 項について考える．いま，各 $i = 0, 1, \ldots, J$ について

$$\sum_{j=i+1}^{J} E\left[\psi_i(\boldsymbol{X}_i) R_i^{(J)}(\boldsymbol{X}_i)\chi_{D_j}(\boldsymbol{X}_j)\right]$$

$$= E\left[\psi_i(\boldsymbol{X}_i) R_i^{(J)}(\boldsymbol{X}_i) \sum_{j=i+1}^{J}\chi_{D_j}(\boldsymbol{X}_j)\right] \tag{3.4.19}$$

となり，また，$\varphi_J(\boldsymbol{x}_J) = 1$ $a.s.$ であるから

$$\sum_{j=i+1}^{J}\chi_{D_j}(\boldsymbol{x}_j) = 1 - \sum_{j=0}^{i}\chi_{D_j}(\boldsymbol{x}_j)\ a.s.$$

となり，これは $\boldsymbol{x}_i$ の関数になる．そして，(3.4.9), (3.4.14) より $D_j$ $(i+1 \le j \le J)$ 上では

$$R_i^{(J)}(\boldsymbol{x}_i) = E\left[R_{i+1}^{(J)}(\boldsymbol{x}_i, X_{i+1})\,|\,\boldsymbol{X}_i = \boldsymbol{x}_i\right] \tag{3.4.20}$$

となるから，(3.4.19) より各 $i = 0, 1, \ldots, J$ について

$$\sum_{j=i+1}^{J} E\left[\psi_i(\boldsymbol{X}_i) R_{i+1}^{(J)}(\boldsymbol{X}_{i+1})\chi_{D_j}(\boldsymbol{X}_j)\right]$$

$$= E\left[\psi_i(\boldsymbol{X}_i)\left\{\sum_{j=i+1}^{J}\chi_{D_j}(\boldsymbol{X}_j)\right\} E\left[R_{i+1}^{(J)}(\boldsymbol{X}_i, X_{i+1})\,|\,\boldsymbol{X}_i\right]\right]$$

$$= E\left[\psi_i(\boldsymbol{X}_i)\left\{\sum_{j=i+1}^{J}\chi_{D_j}(\boldsymbol{X}_j)\right\} R_i^{(J)}(\boldsymbol{X}_i)\right]$$

$$= \sum_{j=i+1}^{J} E\left[\psi_i(\boldsymbol{X}_i) R_i^{(J)}(\boldsymbol{X}_i)\chi_{D_j}(\boldsymbol{X}_j)\right] \tag{3.4.21}$$

になる．よって，(3.4.20), (3.4.21) より

$$\sum_{j=i+1}^{J} E\left[\psi_i(\boldsymbol{X}_i)R_i^{(J)}(\boldsymbol{X}_i)\chi_{D_j}(\boldsymbol{X}_j)\right]$$

$$= E\left[\psi_i(\boldsymbol{X}_i)R_{i+1}^{(J)}(\boldsymbol{X}_{i+1})\chi_{D_{i+1}}(\boldsymbol{X}_{i+1})\right]$$

$$+ \sum_{j=i+2}^{J} E\left[\psi_i(\boldsymbol{X}_i)R_{i+1}^{(J)}(\boldsymbol{X}_{i+1})\chi_{D_j}(\boldsymbol{X}_j)\right]$$

$$= E\left[\psi_i(\boldsymbol{X}_i)R_{i+1}^{(J)}(\boldsymbol{X}_{i+1})\chi_{D_{i+1}}(\boldsymbol{X}_{i+1})\right]$$

$$+ \sum_{j=i+2}^{J} E\left[\psi_i(\boldsymbol{X}_i)R_{i+2}^{(J)}(\boldsymbol{X}_{i+2})\chi_{D_j}(\boldsymbol{X}_j)\right]$$

$$= E\left[\psi_i(\boldsymbol{X}_i)R_{i+1}^{(J)}(\boldsymbol{X}_{i+1})\chi_{D_{i+1}}(\boldsymbol{X}_{i+1})\right]$$

$$+ E\left[\psi_i(\boldsymbol{X}_i)R_{i+2}^{(J)}(\boldsymbol{X}_{i+2})\chi_{D_{i+2}}(\boldsymbol{X}_{i+2})\right]$$

$$+ \sum_{j=i+3}^{J} E\left[\psi_i(\boldsymbol{X}_i)R_{i+2}^{(J)}(\boldsymbol{X}_{i+2})\chi_{D_j}(\boldsymbol{X}_j)\right]$$

$$= \cdots = \sum_{j=i+1}^{J} E\left[\psi_i(\boldsymbol{X}_i)R_j^{(J)}(\boldsymbol{X}_j)\chi_{D_j}(\boldsymbol{X}_j)\right]$$

となるから，(3.4.18) の右辺の第 2 項について

$$\sum_{i=0}^{J}\sum_{j=i+1}^{J} E\left[\psi_i(\boldsymbol{X}_i)R_i^{(J)}(\boldsymbol{X}_i)\chi_{D_j}(\boldsymbol{X}_j)\right]$$

$$= \sum_{i=0}^{J}\sum_{j=i+1}^{J} E\left[\psi_i(\boldsymbol{X}_i)R_j^{(J)}(\boldsymbol{X}_j)\chi_{D_j}(\boldsymbol{X}_j)\right] \qquad (3.4.22)$$

になる．次に，(3.4.4) より $\sum_{i=j+1}^{J}\psi_i = 1 - \sum_{i=0}^{j}\psi_i$ となり，これは $\boldsymbol{X}_j$ の関数であるから，(3.4.18) の右辺の第 3 項について，(3.4.9) より，各 $j = 0, 1, \ldots, J$ に対して

$$\sum_{i=j+1}^{J} E\left[\psi_i(\boldsymbol{X}_i)R_j^{(J)}(\boldsymbol{X}_j)\chi_{D_j}(\boldsymbol{X}_j)\right]$$

$$\leq \sum_{i=j+1}^{J} E\left[\psi_i(\boldsymbol{X}_i)\chi_{D_j}(\boldsymbol{X}_j)E\left[R_{j+1}^{(J)}(\boldsymbol{X}_{j+1})\,\Big|\,\boldsymbol{X}_j\right]\right]$$

$$= E\left[\left\{\sum_{i=j+1}^{J}\psi_i(\boldsymbol{X}_i)\right\}\chi_{D_j}(\boldsymbol{X}_j)E\left[R_{j+1}^{(J)}(\boldsymbol{X}_{j+1})\,\Big|\,\boldsymbol{X}_j\right]\right]$$

$$= E\left[\left\{\sum_{i=j+1}^{J}\psi_i(\boldsymbol{X}_i)\right\}R_{j+1}^{(J)}(\boldsymbol{X}_{j+1})\chi_{D_j}(\boldsymbol{X}_j)\right]$$

$$= E\left[\psi_{j+1}(\boldsymbol{X}_{j+1})R_{j+1}^{(J)}(\boldsymbol{X}_{j+1})\chi_{D_j}(\boldsymbol{X}_j)\right]$$
$$+ \sum_{i=j+2}^{J} E\left[\psi_i(\boldsymbol{X}_i)R_{j+1}^{(J)}(\boldsymbol{X}_{j+1})\chi_{D_j}(\boldsymbol{X}_j)\right]$$

$$\leq E\left[\psi_{j+1}(\boldsymbol{X}_{j+1})R_{j+1}^{(J)}(\boldsymbol{X}_{j+1})\chi_{D_j}(\boldsymbol{X}_j)\right]$$
$$+ \sum_{i=j+2}^{J} E\left[\psi_i(\boldsymbol{X}_i)R_{j+2}^{(J)}(\boldsymbol{X}_{j+2})\chi_{D_j}(\boldsymbol{X}_j)\right]$$

$$= E\left[\psi_{j+1}(\boldsymbol{X}_{j+1})R_{j+1}^{(J)}(\boldsymbol{X}_{j+1})\chi_{D_j}(\boldsymbol{X}_j)\right]$$
$$+ E\left[\psi_{j+2}(\boldsymbol{X}_{j+2})R_{j+2}^{(J)}(\boldsymbol{X}_{j+2})\chi_{D_j}(\boldsymbol{X}_j)\right]$$
$$+ \sum_{i=j+3}^{J} E\left[\psi_i(\boldsymbol{X}_i)R_{j+2}^{(J)}(\boldsymbol{X}_{j+2})\chi_{D_j}(\boldsymbol{X}_j)\right]$$

$$\leq \cdots \leq \sum_{i=j+1}^{J} E\left[\psi_i(\boldsymbol{X}_i)R_i^{(J)}(\boldsymbol{X}_i)\chi_{D_j}(\boldsymbol{X}_j)\right] \qquad (3.4.23)$$

となる．よって，(3.4.18) の右辺の第 3 項について (3.4.23) より

$$\sum_{j=0}^{J}\sum_{i=j+1}^{J} E\left[\psi_i(\boldsymbol{X}_i)R_j^{(J)}(\boldsymbol{X}_j)\chi_{D_j}(\boldsymbol{X}_j)\right]$$
$$\leq \sum_{j=0}^{J}\sum_{i=j+1}^{J} E\left[\psi_i(\boldsymbol{X}_i)R_i^{(J)}(\boldsymbol{X}_i)\chi_{D_j}(\boldsymbol{X}_j)\right] \qquad (3.4.24)$$

になるから，(3.4.18), (3.4.22), (3.4.24) より

$$\sum_{i=0}^{J}\sum_{j=0}^{J} E\left[\psi_i(\boldsymbol{X}_i)R_j^{(J)}(\boldsymbol{X}_j)\chi_{D_j}(\boldsymbol{X}_j)\right]$$

$$\leq \sum_{i=0}^{J} E\left[\psi_i(\boldsymbol{X}_i)R_i^{(J)}(\boldsymbol{X}_i)\chi_{D_i}(\boldsymbol{X}_i)\right]$$

$$+\sum_{i=0}^{J}\sum_{j=i+1}^{J} E\left[\psi_i(\boldsymbol{X}_i)R_i^{(J)}(\boldsymbol{X}_i)\chi_{D_j}(\boldsymbol{X}_j)\right]$$

$$+\sum_{j=0}^{J}\sum_{i=j+1}^{J} E\left[\psi_i(\boldsymbol{X}_i)R_i^{(J)}(\boldsymbol{X}_i)\chi_{D_j}(\boldsymbol{X}_j)\right]$$

$$=\sum_{i=0}^{J}\sum_{j=0}^{J} E\left[\psi_i(\boldsymbol{X}_i)R_i^{(J)}(\boldsymbol{X}_i)\chi_{D_j}(\boldsymbol{X}_j)\right]$$

となり，(3.4.17) が示されたので，(3.4.11) が成り立つ．さらに，同様にして $(\varphi^*,\boldsymbol{\delta}^\varepsilon)$ が $\varepsilon$-ベイズ決定方式であることも示される． $\square$

**注意 3.4.2**
定理 3.4.2 の証明における $\boldsymbol{\varphi}^* = (\varphi_0^*,\varphi_1^*,\ldots,\varphi_J^*)$ と $\boldsymbol{\psi}^* = (\psi_0^*,\psi_1^*,\ldots,\psi_J^*)$ について，各 $j = 1,\ldots,J$ に対して $\psi_j^*(\boldsymbol{x}_j) = 1$ と "$\varphi_j^*(\boldsymbol{x}_j) = 1,\ \varphi_i^*(\boldsymbol{x}_i) = 0\ (i = 1,\ldots,j-1)$" は同値になる．

**【例 1.2.1（続 7）】** $X_1,X_2,\ldots$ をたがいに独立に，いずれもベルヌーイ分布 $\mathrm{Ber}(\theta)$ $(\theta \in \Theta = [0,1])$ に従う確率変数列とし，$L(\theta,a) = (\theta-a)^2$ $(a \in \mathbb{A} = [0,1])$ を損失関数とし，$c_j(\theta,\boldsymbol{x}_j) = jc\ (j \in \mathbb{N})$，$c_0(\theta) = 0$ とする．ただし，$c(>0)$ は 1 標本当たりの費用とする．また，$\theta$ の事前分布を一様分布 $\mathrm{U}(0,1)$ とするとき，各 $j \in \mathbb{N}$ について，$\boldsymbol{X}_j = \boldsymbol{x}_j$ を与えたときの $\theta$ の事後分布はベータ分布 $\mathrm{Be}(s_j+1, j-s_j+1)$ となり，$\theta$ のベイズ推定量は $\hat{\theta}_B^{(j)} = (S_j+1)/(j+2)$ になる（2.3 節の例 1.2.1（続 1）参照）．ただし，各 $j \in \mathbb{N}$ について $s_j = \sum_{i=1}^{j} x_i$，$S_j = \sum_{i=1}^{j} X_i$ とする．このとき，$0 \leq d_0^* \leq 1$，$d_j^* = \hat{\theta}_B^{(j)}\ (j = 1,\ldots,J)$ で，$\boldsymbol{d}^* = (d_0^*,d_1^*,\ldots,d_J^*)$ とする．次に，各 $j \in \mathbb{N}$ について，最小事後リスクは

$$Q_j(\boldsymbol{x}_j) = \rho_j(\boldsymbol{x}_j) + jc$$

$$= E_\pi\left[\left(\theta - \frac{s_j+1}{j+2}\right)^2 \middle| \boldsymbol{X}_j = \boldsymbol{x}_j\right] + jc$$

$$= \frac{(s_j+1)(j-s_j+1)}{(j+2)^2(j+3)} + jc$$

となる[13]. いま, $J$ で切断された逐次決定問題を考える. まず, $(\boldsymbol{X}_j, \theta)$ の j.p.d.f. は

$$f_{\boldsymbol{X}_j, \theta}(\boldsymbol{x}_j, \theta) = \theta^{s_j}(1-\theta)^{j-s_j} \quad (s_j = 0, 1, \ldots, j; \ 0 \le \theta \le 1)$$

となるから, $\boldsymbol{X}_j$ の m.p.m.f. は

$$f_{\boldsymbol{X}_j}(\boldsymbol{x}_j) = \int_0^1 \theta^{s_j}(1-\theta)^{j-s_j}d\theta = \mathrm{B}(s_j+1, j-s_j+1) \quad (s_j = 0, 1, \ldots, j)$$

となる. また, $\boldsymbol{X}_{j-1}$ の m.p.m.f. は

$$f_{\boldsymbol{X}_{j-1}}(\boldsymbol{x}_{j-1}) = \mathrm{B}(s_{j-1}+1, j-s_{j-1}) \quad (s_{j-1} = 0, 1, \ldots, j-1)$$

となるから, $\boldsymbol{X}_{j-1} = \boldsymbol{x}_{j-1}$ を与えたときの $X_j$ の c.p.m.f. は

$$f_{X_j|\boldsymbol{X}_{j-1}}(x_j|\boldsymbol{x}_{j-1}) = \begin{cases} \dfrac{j-s_{j-1}}{j+1} & (x_j = 0), \\ \dfrac{s_{j-1}+1}{j+1} & (x_j = 1) \end{cases} \tag{3.4.25}$$

となるので, これを用いて各 $j = 2, \ldots, J$ について $E\big[R_j^{(J)}(\boldsymbol{x}_{j-1}, X_j)\big|$ $\boldsymbol{X}_{j-1} = \boldsymbol{x}_{j-1}\big]$ を求めることができる. また, $\theta$ は $\mathrm{U}(0,1)$ に従うので

$$Q_0 = \inf_{a \in \mathbb{A}} E_\pi\left[(\theta - a)^2\right] = V_\pi(\theta) = \frac{1}{12}$$

になる. よって, (3.4.10) よりベイズ停止則 $\boldsymbol{\varphi}^* = (\varphi_0^*, \varphi_1^*, \ldots, \varphi_J^*)$ を求

---

[13] 確率変数 $X$ がベータ分布 $\mathrm{Be}(\alpha, \beta)$ に従うとき, $E(X) = \alpha/(\alpha+\beta)$, $V(X) = \alpha\beta/\{(\alpha+\beta)^2(\alpha+\beta+1)\}$ となる (赤平 [A03] の p.197 参照). また, ベータ関数 $\mathrm{B}(\alpha, \beta)$ とガンマ関数 $\Gamma(\alpha) = \int_0^\infty x^{\alpha-1}e^{-x}dx$ $(\alpha \in \mathbf{R}_+)$ との関係として $\mathrm{B}(\alpha, \beta) = \Gamma(\alpha)\Gamma(\beta)/\Gamma(\alpha+\beta)$ $((\alpha, \beta) \in \mathbf{R}_+^2)$ がある.

めることができるので，定理 3.4.2 より $(\boldsymbol{\varphi}^*, \boldsymbol{d}^*)$ は $J$ で切断された逐次決定問題において一様事前分布に関するベイズ逐次決定方式になる．

次に，$\Phi_J$ を $J$ で切断された停止則全体の集合とし，$\boldsymbol{\delta}^* = (\delta_0^*, \delta_1^*, \ldots, \delta_J^*)$ を $\pi(\in \Pi)$ に関するベイズ逐次決定方式とするとき

$$R_0^{(J)} = \inf_{\boldsymbol{\varphi} \in \Phi_J} B\left(\pi, (\boldsymbol{\varphi}, \boldsymbol{\delta}^*)\right) \tag{3.4.26}$$

であることを示す．まず，(3.4.9), (3.4.10), (3.4.14) より

$$\sum_{j=0}^{J} E\left[\psi_j^*(\boldsymbol{X}_j) Q_j(\boldsymbol{X}_j)\right] = \sum_{j=0}^{J} E\left[\chi_{D_j}(\boldsymbol{X}_j) R_j^{(J)}(\boldsymbol{X}_j)\right] \tag{3.4.27}$$

となり，一方，$\varphi_J^*(\boldsymbol{x}_J) = 1$ *a.s.* であるから

$$R_0^{(J)} = E\left[\left\{\sum_{j=0}^{J} \chi_{D_j}(\boldsymbol{X}_j)\right\} R_0^{(J)}\right]$$

$$= \psi_0^* R_0^{(J)} + E\left[\left\{\sum_{j=1}^{J} \chi_{D_j}(\boldsymbol{X}_j)\right\} R_0^{(J)}\right]$$

となる．ここで，(3.4.4) より $\sum_{j=1}^{J} \chi_{D_j}(\boldsymbol{x}_j) = 1 - \psi_0^*$ となりこれは定数であり，$D_j \ (j = 1, \ldots, J)$ において $R_0^{(J)} = E[R_1^{(J)}(X_1)]$ になる．また，$D_j \quad (j = 2, \ldots, J)$ において，$R_1^{(J)}(X_1) = E[R_2^{(J)}(\boldsymbol{X}_2) \mid X_1]$ で，$\sum_{j=2}^{J} \chi_{D_j}(\boldsymbol{x}_j) = 1 - \psi_0^* - \chi_{D_1}(x_1)$ は $x_1$ のみの関数になるから

$$E\left[\left\{\sum_{j=1}^{J} \chi_{D_j}(\boldsymbol{X}_j)\right\} R_0^{(J)}\right]$$

$$= E\left[\left\{\sum_{j=1}^{J} \chi_{D_j}(\boldsymbol{X}_j)\right\} R_1^{(J)}(X_1)\right]$$

$$= E\left[\chi_{D_1}(X_1) R_1^{(J)}(X_1)\right] + E\left[\left\{\sum_{j=2}^{J} \chi_{D_j}(\boldsymbol{X}_j)\right\} R_1^{(J)}(X_1)\right]$$

$$= E\left[\chi_{D_1}(X_1) R_1^{(J)}(X_1)\right] + E\left[\left\{\sum_{j=2}^{J} \chi_{D_j}(\boldsymbol{X}_j)\right\} R_2^{(J)}(\boldsymbol{X}_2)\right] \tag{3.4.28}$$

になる．そして，(3.4.28) の最終辺の第 2 項に同様の手続きを行い，それ
を続けると最終的に (3.4.13), (3.4.27) より

$$R_0^{(J)} = \sum_{j=0}^{J} E\left[\chi_{D_j}(\boldsymbol{X}_j) R_j^{(J)}(\boldsymbol{X}_j)\right] = \sum_{j=0}^{J} E\left[\chi_{D_j}(\boldsymbol{X}_j) Q_j(\boldsymbol{X}_j)\right]$$

$$= \sum_{j=0}^{J} E\left[\psi_j^*(\boldsymbol{X}_j) Q_j(\boldsymbol{X}_j)\right] = B\left(\pi, (\boldsymbol{\varphi}^*, \boldsymbol{\delta}^*)\right)$$

となるから，定理 3.4.2 より

$$R_0^{(J)} = \inf_{\boldsymbol{\varphi} \in \Phi_J} B\left(\pi, (\boldsymbol{\varphi}, \boldsymbol{\delta}^*)\right)$$

となり (3.4.26) が示された．

## 3.5 最小ベイズリスクと最小事後平均損失

まず，一般の(**非切断** (nontruncated))**逐次決定問題**における**最小ベイ
ズリスク** (minimum Bayes risk) を

$$R_0^{(\infty)} = \inf_{\boldsymbol{\varphi}, \boldsymbol{\delta}} B\left(\pi, (\boldsymbol{\varphi}, \boldsymbol{\delta})\right)$$

とする．一方，各 $J \in \mathbb{N}$ について

$$R_0^{(0)} \geq R_0^{(1)} \geq \cdots \geq R_0^{(J)} \geq \cdots$$

となるから，$J \to \infty$ のとき $R_0^{(J)}$ は収束する．しかし，$R_0^{(\infty)}$ は $\lim_{J \to \infty}$
$R_0^{(J)}$ に必ずしも一致しない．そこで，$E\left[\rho_J(\boldsymbol{X}_J)\right]$ が $\boldsymbol{X}_J$ に基づく**固定標
本問題** (fixed sample size problem)，すなわち標本の大きさを固定した
ときの決定問題における最小事後平均損失であることに留意して $\lim_{J \to \infty}$
$R_0^{(J)} = R_0^{(\infty)}$ であるための十分条件を考える．

**定理 3.5.1**

$L(\boldsymbol{\theta}, a)$ が任意の $(\boldsymbol{\theta}, a)$ について有界であるか，または $\lim_{J \to \infty}$
$E\left[\rho_J(\boldsymbol{X}_J)\right] = 0$ ならば，$\lim_{J \to \infty} R_0^{(J)} = R_0^{(\infty)}$ である．

**証明**  各 $j = 0, 1, \ldots$ について,$\delta_j^\varepsilon$ を $\boldsymbol{X}_j$ に基づく固定標本問題における $\pi(\in \Pi)$ に関する $\varepsilon$-ベイズ決定関数とし,$\boldsymbol{\delta}^\varepsilon = (\delta_0^\varepsilon, \delta_1^\varepsilon, \ldots)$ とする.そして,一般の逐次決定問題における $\varepsilon$-ベイズ逐次決定方式を $(\boldsymbol{\varphi}^\varepsilon, \boldsymbol{\delta}^\varepsilon)$ とする.ただし,$\boldsymbol{\varphi}^\varepsilon = (\varphi_0^\varepsilon, \varphi_1^\varepsilon, \ldots)$ とする.次に,$J$ で切断された逐次決定問題において各 $j < J$ について $\varphi_j^{\varepsilon, J} = \varphi_j^\varepsilon$ とし,$\varphi_J^{\varepsilon, J} = 1$ *a.s.* となる停止則 $\boldsymbol{\varphi}^{\varepsilon, J} = (\varphi_0^{\varepsilon, J}, \varphi_1^{\varepsilon, J}, \ldots, \varphi_J^{\varepsilon, J})$ をとると,$\psi_j^\varepsilon = (1 - \varphi_0^\varepsilon) \cdots (1 - \varphi_{j-1}^\varepsilon) \varphi_j^\varepsilon$, $\psi_j^{\varepsilon, J} = \psi_j^\varepsilon$ となる.また,$\psi_J^{\varepsilon, J}(\boldsymbol{x}_J) = \sum_{j=J}^\infty \psi_j^\varepsilon(\boldsymbol{x}_j) = P\{N \geq J \mid \boldsymbol{X} = \boldsymbol{x}\}$ となる.このとき,各 $j = 0, 1, \ldots, J$ について $Q_j^\varepsilon(\boldsymbol{x}_j) = R_\pi(\delta_j^\varepsilon \mid \boldsymbol{x}_j) + E_\pi[c_j(\boldsymbol{\theta}, \boldsymbol{X}_j) \mid \boldsymbol{X}_j = \boldsymbol{x}_j] + \varepsilon$ とすると

$$
\begin{aligned}
0 &\leq B\left(\pi, (\boldsymbol{\varphi}^{\varepsilon, J}, \boldsymbol{\delta}^\varepsilon)\right) - B\left(\pi, (\boldsymbol{\varphi}^\varepsilon, \boldsymbol{\delta}^\varepsilon)\right) \\
&= \sum_{j=0}^{J-1} E\left[\psi_j^\varepsilon(\boldsymbol{X}_j) Q_j^\varepsilon(\boldsymbol{X}_j)\right] + E\left[\sum_{j=J}^\infty \psi_j^\varepsilon(\boldsymbol{X}_j) Q_J^\varepsilon(\boldsymbol{X}_J)\right] \\
&\quad - \sum_{j=0}^\infty E\left[\psi_j^\varepsilon(\boldsymbol{X}_j) Q_j^\varepsilon(\boldsymbol{X}_j)\right] \\
&= \sum_{j=J}^\infty E\left[\psi_j^\varepsilon(\boldsymbol{X}_j) \left\{Q_J^\varepsilon(\boldsymbol{X}_J) - Q_j^\varepsilon(\boldsymbol{X}_j)\right\}\right]
\end{aligned}
\tag{3.5.1}
$$

となる.ここで,各 $j \geq J$ について $c_j(\boldsymbol{\theta}, \boldsymbol{x}_j) \geq c_J(\boldsymbol{\theta}, \boldsymbol{x}_J)$ であり,$\psi_J^{\varepsilon, J}(\boldsymbol{x}_J) = \sum_{j=J}^\infty \psi_j^\varepsilon(\boldsymbol{x}_j)$ であるから

$$
\begin{aligned}
&\sum_{j=J}^\infty E\left[\psi_j^\varepsilon(\boldsymbol{X}_j) \left\{Q_J^\varepsilon(\boldsymbol{X}_J) - Q_j^\varepsilon(\boldsymbol{X}_j)\right\}\right] \\
&= \sum_{j=J}^\infty E\left[\psi_j^\varepsilon(\boldsymbol{X}_j) \left\{R_\pi(\delta_J^\varepsilon \mid \boldsymbol{X}_J) - R_\pi(\delta_j^\varepsilon \mid \boldsymbol{X}_j)\right\}\right] \\
&\leq \sum_{j=J}^\infty E\left[\psi_j^\varepsilon(\boldsymbol{X}_j) R_\pi(\delta_J^\varepsilon \mid \boldsymbol{X}_J)\right] = E\left[\psi_J^{\varepsilon, J}(\boldsymbol{X}_J) R_\pi(\delta_J^\varepsilon \mid \boldsymbol{X}_J)\right]
\end{aligned}
\tag{3.5.2}
$$

となる.よって,$(\boldsymbol{\varphi}^\varepsilon, \boldsymbol{\delta}^\varepsilon)$ は一般の逐次決定問題における $\varepsilon$-ベイズ決定方式であるから,(3.4.26), (3.5.1), (3.5.2) より

$$
\begin{aligned}
R_0^{(J)} &\leq B\left(\pi, (\boldsymbol{\varphi}^{\varepsilon, J}, \boldsymbol{\delta}^\varepsilon)\right) \\
&\leq B\left(\pi, (\boldsymbol{\varphi}^\varepsilon, \boldsymbol{\delta}^\varepsilon)\right) + E\left[\psi_J^{\varepsilon, J}(\boldsymbol{X}_J) R_\pi(\delta_J^\varepsilon \mid \boldsymbol{X}_J)\right] \\
&\leq R_0^{(\infty)} + \varepsilon + E\left[\psi_J^{\varepsilon, J}(\boldsymbol{X}_J) R_\pi(\delta_J^\varepsilon \mid \boldsymbol{X}_J)\right]
\end{aligned}
\tag{3.5.3}
$$

になる. いま, $L(\theta, a) \le K$ となる正の定数 $K$ が存在する場合には, (3.4.2) より

$$E\left[\psi_J^{\varepsilon, J}(\boldsymbol{X}_J) R_\pi\left(\delta_J^\varepsilon \mid \boldsymbol{X}_J\right)\right] \le K P\{N_\varepsilon \ge J\} \qquad (3.5.4)$$

となる. ただし, $N_\varepsilon$ は $\boldsymbol{\varphi}^\varepsilon$ による停止時刻とする. ここで, $P\{N_\varepsilon < \infty\} = 1$ であるから $\lim_{J \to \infty} P\{N_\varepsilon \ge J\} = 0$ となる. よって, (3.5.3), (3.5.4) より

$$\varlimsup_{J \to \infty} R_0^{(J)} \le R_0^{(\infty)} + \varepsilon$$

となり, $\varepsilon$ は任意であるから $\varlimsup_{J \to \infty} R_0^{(J)} \le R_0^{(\infty)}$ となる. 一方, $R_0^{(J)}, R_0^{(\infty)}$ の定義より

$$\varliminf_{J \to \infty} R_0^{(J)} \ge R_0^{(\infty)} \qquad (3.5.5)$$

となるから $\lim_{J \to \infty} R_0^{(J)} = R_0^{(\infty)}$ になる. 次に, $\lim_{J \to \infty} E[\rho_J(\boldsymbol{X}_J)] = 0$ となる場合を考える. $\boldsymbol{X}_J$ に基づく固定標本問題における $\delta_J^\varepsilon$ の $\varepsilon$-ベイズ性より

$$R_\pi\left(\delta_J^\varepsilon \mid \boldsymbol{x}_J\right) \le \rho_J(\boldsymbol{x}_J) + \varepsilon$$

となるから, (3.5.3) より

$$R_0^{(J)} \le B\left(\pi, (\boldsymbol{\varphi}^{\varepsilon, J}, \boldsymbol{\delta}^\varepsilon)\right) \le R_0^{(\infty)} + E\left[\rho_J(\boldsymbol{X}_J)\right] + 2\varepsilon$$

になる. このとき, $\varlimsup_{J \to \infty} R_0^{(J)} \le R_0^{(\infty)} + 2\varepsilon$ となり, $\varepsilon$ が任意であるから, $\varlimsup_{J \to \infty} R_0^{(J)} \le R_0^{(\infty)}$ となる. よって, (3.5.5) より $\lim_{J \to \infty} R_0^{(J)} = R_0^{(\infty)}$ になる.　　　　　　　　　　　　　　　□

【例 1.2.1（続 8）】　$X_1, X_2, \ldots$ をたがいに独立に, いずれもベルヌーイ分布 $\mathrm{Ber}(\theta)$ $(\theta \in \Theta = (0, 1))$ に従う確率変数列とし, $L(\theta, a) = K(\theta - a)^2/\{\theta(1 - \theta)\}$ $(a \in \mathbb{A} = (0, 1))$ を損失関数とし, $c_j(\theta, \boldsymbol{x}_j) = jc$ $(j \in \mathbb{N}, c > 0)$, $c_0(\theta) = 0$ とする. ただし, $K$ は正の定数とする. このとき, 事前分布を一様分布 $\mathrm{U}(0, 1)$ として $\theta$ のベイズ推定量とそれに伴う停止則を求める. まず, $\pi$ を $\mathrm{U}(0, 1)$ の p.d.f. とすると, $Q_0 = \inf_{a \in \mathbb{A}} E_\pi[L(\theta, a)] = \infty$ となるので, 少なくとも 1 個の標本を抽出する. ここで, 3.4 節の例 1.2.1（続 7）より, 各 $j \in \mathbb{N}$ について $\boldsymbol{X}_j = \boldsymbol{x}_j$ を与えた

とき $\theta$ の条件付分布はベータ分布 $\mathrm{Be}(s_j + 1, j - s_j + 1)$ になり，$\theta$ のベイズ推定量は $s_j / j$ となる．ただし，$s_j = \sum_{i=1}^{j} x_i$ とする．このとき，各 $j \in \mathbb{N}$ について

$$
\begin{aligned}
\rho_j(\boldsymbol{x}_j) &= E\left[ L\left( \theta, \frac{s_j}{j} \right) \mid \boldsymbol{X}_j = \boldsymbol{x}_j \right] \\
&= \int_0^1 K\left( \theta - \frac{s_j}{j} \right)^2 \frac{1}{\mathrm{B}(s_j + 1, j - s_j + 1)} \theta^{s_j - 1}(1 - \theta)^{j - s_j - 1} d\theta \\
&= \frac{K\mathrm{B}(s_j, j - s_j)}{\mathrm{B}(s_j + 1, j - s_j + 1)} V(Y_j)
\end{aligned}
\tag{3.5.6}
$$

となる．ここで，各 $j \in \mathbb{N}$ について $Y_j$ はベータ分布 $\mathrm{Be}(s_j, j - s_j)$ に従う確率変数で，その分散は

$$
V(Y_j) = \frac{s_j(j - s_j)}{j^2(j + 1)}
$$

となるから，(3.5.6) より $\rho_j(\boldsymbol{x}_j) = K/j$ となり，$Q_j(\boldsymbol{x}_j) = (K/j) + jc$ となるから $Q_j(\boldsymbol{x}_j)$ は $\boldsymbol{x}_j$ に無関係な定数となる．よって，(3.4.9) より各 $j = 1, \ldots, J$ について $R_j^{(J)}(\boldsymbol{x}_j)$ は $\boldsymbol{x}_j$ に無関係になる．そして，(3.4.9)，(3.4.10) より，各 $j = 1, \ldots, J$ について

$$
R_{j-1}^{(J)} = \min\{Q_{j-1}, Q_j, \ldots, Q_J\},
$$

$$
\varphi_{j-1}^* =
\begin{cases}
1 & (Q_{j-1} \leq R_j^{(J)}), \\
0 & (Q_{j-1} > R_j^{(J)})
\end{cases}
$$

となり，切断逐次決定問題におけるベイズ逐次決定方式は固定標本問題における決定方式になる．つまり $n(\leq J)$ が $Q_n = (K/n) + nc$ を最小にするとき，標本 $X_1, \ldots, X_n$ を抽出し，$\theta$ を $S_n/n$ と推定する．ただし，$S_n = \sum_{i=1}^{n} X_i$ とする．たとえば，$K = 100$, $c = 1$ とすると $n = 10$ となる．また，この方式のリスクは費用を加味すれば固定標本問題と同じになる．すなわち $R(\theta, (\boldsymbol{\varphi}^*, \boldsymbol{d}^*)) = (K/n) + nc$ になる．ただし，$\boldsymbol{\varphi}^* = (\varphi_0^*, \varphi_1^*, \ldots, \varphi_n^*)$ とし，$0 \leq d_0^* \leq 1$, $d_j^* = s_j/j$ $(j = 1, \ldots, n)$ で，$\boldsymbol{d}^* = (d_0^*, d_1^*, \ldots, d_n^*)$ とする．そして $\lim_{J \to \infty} E\left[ \rho_J(\boldsymbol{X}_J) \right] = \lim_{J \to \infty} (K/J) =$

0 となるから，定理 3.5.1 より $\lim_{J\to\infty} R_0^{(J)} = R_0^{(\infty)}$ となる．しかし，$Q_n = (K/n) + nc$ を最小にする $n = n_0$ について，$n_0 < J$ のときには $R_0^{(J)} = (K/n_0) + n_0 c$ となるから $R_0^{(\infty)} = (K/n_0) + n_0 c$ となる．よって，一般の逐次決定問題におけるベイズ逐次決定方式は固定標本問題におけるベイズ決定方式になる．なお，上記の場合，ベイズ決定方式のリスクが定数となるので，定理 2.3.2 よりミニマックスになる．

　例 1.2.1（続 8）を一般化すると，次の定理になる．

### 定理 3.5.2

　各 $j \in \mathbb{N}$ について $Q_j(\boldsymbol{x}_j)$ が $\boldsymbol{x}_j$ に無関係な定数であると仮定すれば，切断逐次決定問題においてベイズ逐次決定方式が固定標本問題における決定方式である．さらに，$c_j(\boldsymbol{\theta}, \boldsymbol{x}_j) = jc$ $(j \in \mathbb{N}, c > 0)$, $c_0(\boldsymbol{\theta}) = 0$ で $\lim_{j\to\infty} \rho_j(\boldsymbol{x}_j) = 0$ a.s. であると仮定すれば，一般の逐次決定問題におけるベイズ決定方式は固定標本問題における決定方式である．

**証明**　まず，仮定と (3.4.9) より後退帰納法によって，各 $j = 0, 1, \ldots, J$ について $R_j^{(J)} = \min\{Q_j, \ldots, Q_J\}$ となるから，(3.4.10) よりベイズ停止則 $\boldsymbol{\varphi}^* = (\varphi_0^*, \ldots, \varphi_J^*)$ は，$\varphi_J^* = 1$ で，各 $j = 0, 1, \ldots, J-1$ について

$$\varphi_j^* = \begin{cases} 1 & (Q_{j-1} \leq R_j^{(J)}), \\ 0 & (Q_{j-1} > R_j^{(J)}) \end{cases}$$

となる．ここで，仮定と (3.4.9) より各 $j = 0, 1, \ldots, J$ について $Q_j$, $R_j^{(J)}$ は $\boldsymbol{x}_j$ に無関係な定数である．よって，$J$ で切断された逐次決定問題におけるベイズ決定方式は固定標本問題における決定方式になる．次に，さらに $c_j(\boldsymbol{\theta}, \boldsymbol{x}_j) = jc$ $(j \in \mathbb{N}, c > 0)$, $c_0(\boldsymbol{\theta}) = 0$, $\lim_{j\to\infty} \rho_j = 0$ とすれば，任意の $\varepsilon \in (0, c)$ について $J_0$ が存在し，任意の $j \geq J_0$ に対して $\rho_j < \varepsilon$ となる．このとき，(3.4.6) より $j \geq J_0$ について $Q_j = \rho_j + jc$ であるから，$J_0 \leq j \leq J-1$ について

$$R_{j+1}^{(J)} = \min\{Q_{j+1}, \ldots, Q_J\}$$
$$= \min\{\rho_{j+1} + (j+1)c, \ldots, \rho_J + Jc\}$$
$$\geq \min\{\rho_{j+1}, \ldots, \rho_J\} + (j+1)c$$

となる．ここで，$J_0 \leq j \leq J-1$ について，$J$ で切断された逐次決定問題において $Q_j \leq R_{j+1}^{(J)}$ となる．実際，$R_{j+1}^{(J)} - Q_j \geq \min\{\rho_{j+1}, \ldots, \rho_J\} - \rho_j + c > 0$ $(J_0 \leq j \leq J-1)$ となる．よって

$$R_0^{(J)} = \min\{Q_0, \ldots, Q_{J_0}\} \quad (J \geq J_0)$$

となり，これは $J$ に無関係になる．一方，$\lim_{J\to\infty} \rho_J = 0$ ならば，定理 3.5.1 より $\lim_{J\to\infty} R_0^{(J)} = R_0^{(\infty)}$ となり，一般の逐次決定問題におけるベイズ逐次決定方式は固定標本問題における決定方式になる．　　　　□

【**例 2.1.1**（続 9）】　$X_1, X_2, \ldots$ をたがいに独立に，いずれも正規分布 $N(\theta, 1)$ $(\theta \in \mathbf{R}^1)$ に従う確率変数列とし，$L(\theta, a) = (\theta - a)^2$ $(a \in \mathbf{R}^1)$，$c_j(\theta, \boldsymbol{x}_j) = jc$ $(j \in \mathbb{N}, c > 0)$，$c_0(\theta) = 0$ とする．また，$\theta$ の事前分布を $N(0, \tau^2)$ で $\tau^2(\in \mathbf{R}_+)$ は既知とする．このとき 2.3 節の例 2.1.1（続 3）より，各 $j \in \mathbb{N}$ について $\boldsymbol{X}_j = \boldsymbol{x}_j$ を与えたときの $\theta$ の事後分布は

$$N\left(\frac{\tau^2 s_j}{1 + j\tau^2}, \frac{\tau^2}{1 + j\tau^2}\right)$$

になる．ただし，$s_j = \sum_{i=1}^{j} x_i$ $(j \in \mathbb{N})$ とする．そして，各 $j \in \mathbb{N}$ について最小事後平均損失は

$$\rho_j(\boldsymbol{x}_j) = E_\pi\left[\left(\theta - \frac{\tau^2 s_j}{1 + j\tau^2}\right)^2\right] = \frac{\tau^2}{1 + j\tau^2}$$

となるから，$Q_j(\boldsymbol{x}_j) = \rho_j(\boldsymbol{x}_j) + jc$ は $\boldsymbol{x}_j$ に無関係になり，$\lim_{j\to\infty} \rho_j(\boldsymbol{x}_j) = 0$ となる．よって，定理 3.5.2 より切断逐次決定問題においてベイズ逐次決定方式は固定標本問題における決定方式になり，また，一般の逐次決定問題におけるベイズ決定方式は固定標本問題における決定方式になる．

**定理 3.5.3**

$\lim_{J\to\infty} R_0^{(J)} = R_0^{(\infty)}$ とし，また $J_0(\in \mathbb{N})$ が存在し，任意の $j > J_0$ について

$$\rho_{j-1} - E\left[\rho_j(\boldsymbol{x}_{j-1}, X_j) \,|\, \boldsymbol{X}_{j-1} = \boldsymbol{x}_{j-1}\right]$$

$$\leq E\left[c_j(\theta, (\boldsymbol{x}_{j-1}, X_j)) - c_{j-1}(\theta, \boldsymbol{x}_{j-1}) \,|\, \boldsymbol{X}_{j-1} = \boldsymbol{x}_{j-1}\right] \quad a.s. \quad (3.5.7)$$

が成り立てば，$R_0^{(J_0)} = R_0^{(\infty)}$ である．

**証明** まず，$J > J_0$ とし，$J$ で切断された逐次決定問題を考える．ここで，(3.4.6), (3.5.7) より，任意の $j > J_0$ について $Q_{j-1}(\boldsymbol{x}_{j-1}) \leq E[Q_j(\boldsymbol{x}_{j-1}, X_j) \,|\, \boldsymbol{X}_{j-1} = \boldsymbol{x}_{j-1}]$ $a.s.$ が成り立つから，$R_J^{(J)}(\boldsymbol{x}_J) = Q_J(\boldsymbol{x}_J)$ と (3.4.9) より $R_{J-1}^{(J)}(\boldsymbol{x}_{J-1}) = Q_{J-1}(\boldsymbol{x}_{J-1})$ $a.s.$ が成り立つ．そして後退帰納法によって，各 $j = J_0, \ldots, J$ について $R_j^{(J)}(\boldsymbol{x}_j) = Q_j(\boldsymbol{x}_j)$ $a.s.$ が成り立つ．よって，任意の $J(> J_0)$ について $R_0^{(J)} = R_0^{(J_0)}$ となる．このとき，仮定より $\lim_{J\to\infty} R_0^{(J)} = R_0^{(\infty)}$ であるから，$R_0^{(J_0)} = R_0^{(\infty)}$ となる． $\square$

**注意 3.5.1**
式 (3.5.7) の右辺は $\boldsymbol{X}_{j-1} = \boldsymbol{x}_{j-1}$ を抽出したとき，さらに 1 標本を抽出するのにかかる条件付平均費用になる．一方，(3.5.7) の左辺は，$\boldsymbol{X}_{j-1} = \boldsymbol{x}_{j-1}$ が与えられたとき，さらに 1 標本を抽出することによる最小事後平均損失の低減量を表す．また，定理 3.5.3 の結論 $R_0^{(J_0)} = R_0^{(\infty)}$ は，同じ最小ベイズリスクをもつという意味で，一般の逐次決定問題における逐次決定方式と同程度に $J_0$ で切断された逐次決定問題における逐次決定方式を用いて遂行できることを意味する．定理 3.5.3 は大雑把にいえば，$\lim_{J\to\infty} R_0^{(J)} = R_0^{(\infty)}$ でかつ任意の $j \geq J_0$ について最小事後平均損失の低減量が，それまでに $\boldsymbol{X}_{j-1} = \boldsymbol{x}_{j-1}$ を抽出したとき，さらに 1 標本を抽出するのにかかる条件付平均費用を超えないならば，$J_0$ で切断された逐次決定問題におけるベイズ逐次決定方式がまた一般の逐次決定問題におけるベイズ逐次決定方式になることを示している．

**【例 1.2.1（続 9）】** $X_1, X_2, \ldots$ をたがいに独立に，いずれもベルヌーイ分布 $\mathrm{Ber}(\theta)$ $(\theta \in \Theta = [0,1])$ に従う確率変数列とし，$L(\theta, a) = K(\theta - a)^2$ $(a \in \mathbb{A} = [0,1])$ を損失関数とし，$c_j(\theta, \boldsymbol{x}_j) = jc$ $(j \in \mathbb{N}, c > 0), c_0(\theta) = 0$ とする．ただし，$K$ は正の定数とする．このとき，$L(\theta, a)$ は有界であるから，定理 3.5.1 より $\lim_{J\to\infty} R_0^{(J)} = R_0^{(\infty)}$ となる．また，$\theta$ の事前分

布を一様分布 $U(0,1)$ とすると，3.4 節の例 1.2.1（続 7）より最小事後平均損失は，$j \in \mathbb{N}$ について

$$\rho_j(\boldsymbol{x}_j) = \frac{K(s_j+1)(j-s_j+1)}{(j+2)^2(j+3)}$$

となり，また，各 $j \in \mathbb{N}$ について $\boldsymbol{X}_{j-1} = \boldsymbol{x}_{j-1}$ を与えたときの $X_j$ の c.p.m.f. $f_{X_j|\boldsymbol{X}_{j-1}}(x_j|\boldsymbol{x}_{j-1})$ が (3.4.25) で与えられているから

$$E\left[\rho_j(\boldsymbol{x}_{j-1}, X_j) \mid \boldsymbol{X}_{j-1} = \boldsymbol{x}_{j-1}\right]$$
$$= \frac{K}{(j+2)^2(j+3)} E\left[(S_j+1)(j-S_j+1) \mid \boldsymbol{X}_{j-1} = \boldsymbol{x}_{j-1}\right]$$
$$= \frac{K(s_{j-1}+1)(j-s_{j-1})}{(j+1)(j+2)^2} \tag{3.5.8}$$

になる．ただし，各 $j \in \mathbb{N}$ について $s_j = \sum_{i=1}^{j} x_i$, $S_j = \sum_{i=1}^{j} X_i$ とする．よって

$$\rho_{j-1}(\boldsymbol{x}_{j-1}) - E\left[\rho_j(\boldsymbol{x}_{j-1}, X_j) \mid \boldsymbol{X}_{j-1} = \boldsymbol{x}_{j-1}\right]$$
$$= \frac{K(s_{j-1}+1)(j-s_{j-1})}{(j+1)^2(j+2)^2} \tag{3.5.9}$$

となる．そして，これは，各 $j \in \mathbb{N}$ について形式的には $s_{j-1} = (j-1)/2$ のとき最大値をとるが，$s_{j-1}$ は非負の整数なので，$\lfloor a \rfloor$ をガウスの記号，すなわち $a$ 以下の最大の整数として，$(j-1)/2 = \lfloor (j-1)/2 \rfloor + \alpha$ とする．ただし，$0 \leq \alpha < 1$ とする．ここで，各 $j \in \mathbb{N}$ について，$0 \leq \alpha \leq 1/2$ のとき (3.5.9) は $s_{j-1} = \lfloor (j-1)/2 \rfloor$ で最大になり，$1/2 < \alpha < 1$ のとき (3.5.9) は $s_{j-1} = \lfloor (j-1)/2 \rfloor + 1$ で最大になる．よって，各 $j \in \mathbb{N}$ について

$$\frac{K(s_{j-1}+1)(j-s_{j-1})}{(j+1)^2(j+2)^2}$$
$$\leq \begin{cases} \dfrac{K(\lfloor (j-1)/2 \rfloor + 1)(j - \lfloor (j-1)/2 \rfloor)}{(j+1)^2(j+2)^2} & \left(0 \leq \alpha \leq \dfrac{1}{2}\right), \\[4mm] \dfrac{K(\lfloor (j-1)/2 \rfloor + 2)(j - 1 - \lfloor (j-1)/2 \rfloor)}{(j+1)^2(j+2)^2} & \left(\dfrac{1}{2} < \alpha < 1\right) \end{cases}$$
$$\tag{3.5.10}$$

**表 3.5.1**  $c/K$ の値に対する $J_0$ の値

| $c/K$ | 1/150 | 1/200 | 1/300 | 1/500 | 1/700 | 1/1000 |
|-------|-------|-------|-------|-------|-------|--------|
| $J_0$ | 4     | 5     | 6     | 9     | 11    | 13     |

となり，(3.5.10) の右辺は $j(\in \mathbb{N})$ について減少する．ここで，定理 3.5.3 における $J_0$ として (3.5.7) より (3.5.10) の右辺が $c$ 以上になる最大の整数 $j$ をとる．たとえば，$K = 300$, $c = 1$ のときは $J_0 = 6$ になり，6 で切断された逐次決定問題におけるベイズ逐次決定方式はまた一般の逐次決定問題におけるベイズ逐次決定方式になる（表 3.5.1 参照）．

## 3.6  漸近的に各点最適な停止則

3.4 節において考察した $J$ で切断された逐次決定問題において，1 段階先の決定方式は次のようになる．各 $j = 0, 1, \ldots, J - 1$ について，第 $j$ 段階の最小事後リスク $Q_j(\boldsymbol{x}_j) = \rho_j(\boldsymbol{x}_j) + E_\pi\left[c_j(\boldsymbol{\theta}, \boldsymbol{x}_j) \mid \boldsymbol{X}_j = \boldsymbol{x}_j\right]$ が $E[R_{j+1}^{(J)}(\boldsymbol{x}_j, X_{j+1}) \mid \boldsymbol{X}_j = \boldsymbol{x}_j]$ を超えるか否かによって $j$ 段階で停止するかまたは第 $(j+1)$ 段階に進むかを決定する．

**【例 1.2.1（続 10）】**  $X_1, X_2, \ldots$ をたがいに独立に，いずれもベルヌーイ分布 $\mathrm{Ber}(\theta)$ $(\theta \in \Theta = [0, 1])$ に従う確率変数列とし，$L(\theta, a) = (\theta - a)^2$ $(a \in \mathbb{A} = [0, 1])$ を損失関数とし，$c_j(\theta, \boldsymbol{x}_j) = jc$ $(j \in \mathbb{N}, c > 0)$, $c_0(\theta) = 0$ とする．また，$\theta$ の事前分布を一様分布 $\mathrm{U}(0, 1)$ とし，$s_j = \sum_{i=1}^{j} x_i$, $s_0 = 0$ とする．3.4 節の例 1.2.1（続 7）より，各 $j \in \mathbb{N}$ について

$$Q_j(\boldsymbol{x}_j) = \frac{(s_j + 1)(j + 1 - s_j)}{(j + 2)^2(j + 3)} + jc \tag{3.6.1}$$

となる．また，(3.6.1), (3.5.8) より

$$E\left[Q_{j+1}(\boldsymbol{X}_{j+1}) \mid \boldsymbol{X}_j = \boldsymbol{x}_j\right] = \frac{(s_j + 1)(j + 1 - s_j)}{(j + 2)(j + 3)^2} + c(j + 1)$$

となるから，各 $j \in \mathbb{N}$ について

$$Q_j(\boldsymbol{x}_j) \leq E\left[Q_{j+1}(\boldsymbol{X}_{j+1}) \mid \boldsymbol{X}_j = \boldsymbol{x}_j\right]$$

は

$$\frac{(s_j+1)(j+1-s_j)}{(j+2)^2(j+3)^2} \leq c \tag{3.6.2}$$

と同値になる．このとき，1段階先に進むか否かの決定は，(3.6.2) が成り立つような最小の $j$ ($\geq 0$) で停止するという停止則によることになる．

上記とは異なるアプローチとして，漸近的に各点最適な逐次方式の基になる停止時刻について考える[14]．まず，各 $n \in \mathbb{N}$ について $Y_n$ を $\boldsymbol{X}_n$ の関数であるような確率変数とし，$Y_n > 0$ *a.s.* であり，$\lim_{n\to\infty} Y_n = 0$ *a.s.* であると仮定する．ここで

$$U_n(c) = Y_n + cn \tag{3.6.3}$$

とおく．ただし，$c > 0$ とする．このとき，任意の停止時刻 $S = S(c)$ について

$$\frac{U_T(c)}{U_S(c)} \leq 1 \quad a.s. \tag{3.6.4}$$

ならば，停止時刻 $T = T(c)$ は**各点最適** (pointwise optimal) であるという．また，任意の停止時刻 $S = S(c)$ について

$$\varlimsup_{c \to 0} \frac{U_T(c)}{U_S(c)} \leq 1 \quad a.s.$$

ならば，$T = T(c)$ は**漸近的に各点最適** (asymptotically pointwise optimal, 略して APO) であるという．特に，(3.6.4) より $T$ が各点最適ならば APO になる．ここで，2乗損失の下でベイズ逐次決定方式の $c \to 0$ のときの漸近的挙動を把握するのに有用な定理を挙げる．

---

[14] Bickel, P. J. and Yahav, J. A. (1967). Asymptotically pointwise optimal procedures in sequential analysis. *Proc. Fifth Berkeley Symp. Math. Statist. Prob.*, **1**, 401-413.

### 定理 3.6.1

各 $n \in \mathbb{N}$ について $Y_n > 0$ *a.s.* で，ある $\beta > 0$ について $\lim_{n \to \infty} n^{\beta} Y_n = V_1$ *a.s.* と仮定する．ただし，$V_1$ は確率変数で $V_1 > 0$ *a.s.* とする．このとき，停止時刻

$$T_1 = T_1(c) = \inf\left\{ n : \frac{1}{n} Y_n \le \frac{c}{\beta} \right\} \tag{3.6.5}$$

は APO である．

**証明**　まず，(3.6.3), (3.6.5) より任意の停止時刻 $S = S(c)$ について

$$
\begin{aligned}
\frac{U_{T_1}(c)}{U_S(c)} &= \frac{Y_{T_1} + cT_1}{Y_S + cS} \\
&= \left( \frac{Y_{T_1}}{cT_1} + 1 \right) \Big/ \left( \frac{Y_S}{cT_1} + \frac{S}{T_1} \right) \\
&\le \left( \frac{1}{\beta} + 1 \right) \Big/ \left( \frac{Y_S}{cT_1} + \frac{S}{T_1} \right) \quad a.s.
\end{aligned}
$$

となるから

$$\varlimsup_{c \to 0} \left( \frac{1}{cT_1} Y_S + \frac{S}{T_1} \right) \ge \frac{1}{\beta} + 1 \quad a.s. \tag{3.6.6}$$

になることを示せばよい．ここで，(3.6.5) より $\lim_{c \to 0} T_1(c) = \infty$ *a.s.* になることに注意．そこで，$P\{\lim_{c \to 0} S(c) < \infty\} > 0$ の場合を考える．このとき，(3.6.5) より

$$\frac{1}{T_1} Y_{T_1} \le \frac{c}{\beta} < \frac{1}{T_1 - 1} Y_{T_1 - 1} \quad a.s.$$

となるから

$$
\begin{aligned}
T_1^{\beta} Y_{T_1} \le \frac{c}{\beta} T_1^{\beta+1} &< \frac{1}{T_1 - 1} T_1^{\beta+1} Y_{T_1 - 1} \\
&= \left( \frac{T_1}{T_1 - 1} \right)^{\beta+1} (T_1 - 1)^{\beta} Y_{T_1 - 1} \quad a.s. \tag{3.6.7}
\end{aligned}
$$

となる．ここで，仮定より $\lim_{c \to 0} T_1^{\beta} Y_{T_1} = V_1$ *a.s.* となるから，(3.6.7) より $\lim_{c \to 0} cT_1^{\beta+1}/(\beta V_1) = 1$ *a.s.* となる．いま，$P\left\{ \varliminf_{c \to 0} Y_S > 0 \right\} > 0$ であるから

$$\lim_{c \to 0} \left( \frac{1}{cT_1} Y_S + \frac{S}{T_1} \right) \geq \lim_{c \to 0} \frac{1}{cT_1} Y_S = \lim_{c \to 0} \frac{1}{\beta V_1} T_1^\beta Y_S = \infty \quad a.s.$$

となり，(3.6.6) は成り立つ．他方，$\lim_{c \to 0} S(c) = \infty$ $a.s.$ ならば，

$$\lim_{c \to 0} \left( \frac{1}{cT_1} Y_S + \frac{S}{T_1} \right) = \lim_{c \to 0} \left\{ \frac{S^\beta Y_S}{cT_1^{\beta+1}} \left( \frac{T_1}{S} \right)^\beta + \frac{S}{T_1} \right\}$$

$$= \lim_{c \to 0} \left\{ \frac{1}{\beta} \left( \frac{T_1}{S} \right)^\beta + \frac{S}{T_1} \right\} \geq \frac{1}{\beta} + 1 \quad a.s. \quad (3.6.8)$$

になる．実際，(3.6.8) の不等号については，$h(x) = \beta^{-1} x^{-\beta} + x$ $(x > 0; \beta > 0)$ は $x = 1$ で最小値となることから示される． $\qquad\square$

**注意 3.6.1**
定理 3.6.1 の証明において，$T_1^\beta U_{T_1} = T_1^\beta (Y_{T_1} + cT_1)$ であるから，

$$\lim_{c \to 0} T_1^\beta U_{T_1} = \lim_{c \to 0} T_1^\beta (Y_{T_1} + cT_1) = (\beta + 1) V_1 \quad a.s. \quad (3.6.9)$$

となる．

**【例 3.6.1】** $X_1, X_2, \ldots$ をたがいに独立に，いずれも p.d.f.(3.3.7) をもつ指数型分布族の分布に従う確率変数列とする．このとき，p.d.f.

$$\pi(\theta; k, \mu) = c_0(k, \mu) \exp(k\mu\theta - kC(\theta)) \quad (3.6.10)$$

をもつ指数型分布族は共役事前分布族となる（注意 2.3.1 参照）．ただし，$k, \mu$ を定数とする．ここで，$\Theta$ 上の実数値関数 $g(\theta)$ の推定において，損失関数を $L(\theta, a) = (a - g(\theta))^2$ とし，$\Theta = (\underline{\theta}, \overline{\theta})$, $g(\theta) = C'(\theta)$ とすれば，(2.3.1) より $C'(\theta)$ の $\pi$ に関するベイズ推定量は，$C'(\theta)$ の事後平均になる．いま，(3.6.10) より $\boldsymbol{X}_n = \boldsymbol{x}_n$ を与えたとき，$\theta$ の事後 p.d.f. は

$$\pi(\theta|\boldsymbol{x}_n) \propto \exp \left\{ \theta \left( \sum_{i=1}^n x_i + k\mu \right) - (n + k)C(\theta) \right\}$$

となる．ただし，$\boldsymbol{x}_n = (x_1, \ldots, x_n)$ とし，$\propto$ は比例記号とする．このとき，$C'(\theta)$ のベイズ推定量は

$$E_\pi \left[ C'(\theta) \mid \boldsymbol{X}_n \right]$$

$$= \frac{1}{n+k} \left( \sum_{i=1}^n X_i + k\mu \right) - \frac{1}{n+k} \left\{ \pi(\overline{\theta} - 0 \mid \boldsymbol{X}_n) - \pi(\underline{\theta} + 0 \mid \boldsymbol{X}_n) \right\}$$

$$(3.6.11)$$

となる．ただし，$\boldsymbol{X}_n = (X_1, \dots, X_n)$，$\pi(\overline{\theta} - 0 \mid \boldsymbol{X}_n) = \lim_{\theta \to \overline{\theta} - 0} \pi(\theta \mid \boldsymbol{X}_n)$, $\pi(\underline{\theta} + 0 \mid \boldsymbol{X}_n) = \lim_{\theta \to \underline{\theta} + 0} \pi(\theta \mid \boldsymbol{X}_n)$ とする．また，$C'(\theta)$ の事後分散は

$$V_\pi \left( C'(\theta) \mid \boldsymbol{X}_n \right)$$

$$= \frac{1}{n+k} E_\pi \left[ C''(\theta) \mid \boldsymbol{X}_n \right]$$

$$- \frac{1}{n+k} \left\{ C'(\overline{\theta} - 0)\pi(\overline{\theta} - 0 \mid \boldsymbol{X}_n) - C'(\underline{\theta} + 0)\pi(\underline{\theta} + 0 \mid \boldsymbol{X}_n) \right\}$$

$$- \frac{1}{n+k} \left\{ \pi(\overline{\theta} - 0 \mid \boldsymbol{X}_n) - \pi(\underline{\theta} + 0 \mid \boldsymbol{X}_n) \right\}$$

$$\cdot \left\{ \frac{1}{n+k} \left( \sum_{i=1}^n X_i + k\mu \right) - 1 \right\} \qquad (3.6.12)$$

となる．ここで，$\pi(\underline{\theta}+0 \mid \boldsymbol{x}_n) = \pi(\overline{\theta}-0 \mid \boldsymbol{x}_n) = 0$ *a.s.* とすれば，(3.6.11)，(3.6.12) より

$$E_\pi \left[ C'(\theta) \mid \boldsymbol{X}_n \right] = \frac{1}{n+k} \left( \sum_{i=1}^n X_i + k\mu \right),$$

$$V_\pi \left( C'(\theta) \mid \boldsymbol{X}_n \right) = \frac{1}{n+k} E_\pi \left[ C''(\theta) \mid \boldsymbol{X}_n \right]$$

となる．ここで，$0 < E_\pi \left[ C''(\theta) \right] < \infty$ になることに注意．このとき，$\lim_{n \to \infty} E_\pi \left[ C''(\theta) \mid \boldsymbol{X}_n \right] = C''(\theta)$ *a.s.* になる[15]．そこで，定理 3.6.1 にお

---

[15]一般に，$\{Z_n\}$ を確率変数列とし，各 $n \in \mathbb{N}$ について $E[|Z_n|] < \infty$ で $E[Z_{n+1} \mid Z_n] = Z_n$ *a.s.* となるとき，$\{Z_n\}$ を**マルチンゲール** (martingale) 列であるという．また，$\{Z_n\}$ がマルチンゲール列で，各 $n \in \mathbb{N}$ について，$|Z_n| \leq K$ (定数) *a.s.* ならば $Z_n$ は概収束する．そして，その極限を $Z = \lim_{n \to \infty} Z_n$ とすると $E[|Z|] < \infty$ で $\lim_{n \to \infty} E(Z_n) = E(Z)$ である（1.4 節の脚注 26) の西尾 (1978) の 7 章参照）．上記のことは，$Z_n = E_\pi[C''(\theta) \mid \boldsymbol{X}_n]$ $(n \in \mathbb{N})$ とおくと，$\{Z_n\}$ はマルチンゲール列になり $Z = C''(\theta)$ となる．

いて $Y_n = E_\pi[C''(\theta)|\boldsymbol{X}_n]/(n+k)$, $\beta = 1$ とすると，(3.6.5) による停止時刻 $T$，すなわち $T = T(c) = \inf\{n : Y_n/n \le c\}$ が APO になる．また，(3.6.3) より $TY_T \le cT^2 < T^2Y_{T-1}/(T-1)$ となり，$\lim_{c\to 0} T(c) = \infty$ $a.s.$ となるから，$\lim_{c\to 0} TU_T(c) = \lim_{c\to 0}(TY_T + cT^2) = 2C''(\theta)$ $a.s.$ となる．

次に，APO の概念を一般化して，任意の停止時刻 $S = S(c)$ について

$$\overline{\lim_{c\to 0}} \frac{E[U_T(c)]}{E[U_S(c)]} \le 1$$

となるとき，停止時刻 $T = T(c)$ を**漸近的最適**（asymptotically optimal, 略して AO）であるという[16]．

### 定理 3.6.2

各 $n \in \mathbb{N}$ について $Y_n > 0$ $a.s.$ で，ある $\beta > 0$ について $\lim_{n\to\infty} n^\beta Y_n = V_1$ $a.s.$ と仮定する．ただし，$V_1$ は確率変数で $V_1 > 0$ $a.s.$ とする．このとき，$\sup_{n\ge 1} E[nY_n] < \infty$ ならば (3.6.5) の停止時刻 $T_1 = T_1(c)$ が AO である．

**証明** 定理 3.6.1 より，任意の停止時刻 $S$ について，$\lim_{c\to 0} U_S(c)/U_{T_1}(c) \ge 1$ $a.s.$ となるから，(3.6.9) より $\lim_{c\to 0} U_S(c)/((\beta+1)T_1^{-\beta}V_1) \ge 1$ $a.s.$ となる．また，定理 3.6.1 の証明より $\lim_{c\to 0} cT_1^{\beta+1}/(\beta V_1) = 1$ $a.s.$ になる．よって

$$\lim_{c\to 0} \left(\frac{\beta}{c}\right)^{\beta/(\beta+1)} U_S(c) \ge (\beta+1)V_1^{1/(\beta+1)} \quad a.s.$$

になる．ここで，ファトゥー (Fatou) の補題[17]より

$$\underline{\lim_{c\to 0}} E\left[\left(\frac{\beta}{c}\right)^{\beta/(\beta+1)} U_S(c)\right] \ge (\beta+1)E\left[V_1^{1/(\beta+1)}\right] \tag{3.6.13}$$

---

[16] Bickel, P. J. and Yahav, J. A. (1968). Asymptotically optimal Bayes and minimax procedures in sequential estimation. *Ann. Math. Statist.*, **39**, 442-456.

[17] 命題「$\{X_n\}$ を非負値確率変数列とすると $E\left[\underline{\lim}_{n\to\infty} X_n\right] \le \underline{\lim}_{n\to\infty} E[X_n]$ が成り立つ」を**ファトゥー (Fatou) の補題**という（1.4 節の脚注 [25] の佐藤 (1994) の p.62 参照）．

になる. 一方, (3.6.5) より $U_{T_1}(c) = Y_{T_1} + cT_1 \le c\{1 + (1/\beta)\}T_1$ となるから,

$$E\left[\left(\frac{\beta}{c}\right)^{\beta/(\beta+1)} U_{T_1}(c)\right] \le (\beta+1)\beta^{-1/(\beta+1)} E\left[\left(cT_1^{\beta+1}\right)^{1/(\beta+1)}\right]$$
(3.6.14)

となる. ここで, 任意の $c'(> 0)$ について

$$E\left[\sup_{c \le c'} c^{1/(\beta+1)} T_1\right] < \infty$$
(3.6.15)

となることを示す. まず, (3.6.5) より

$$cT_1^{\beta+1} = cT_1^\beta(T_1 - 1 + 1) \le T_1^\beta(\beta Y_{T_1-1} + c)$$

となるから

$$cT_1^{\beta+1}\chi_{\{2,3,\ldots\}}(T_1)$$
$$\le \left\{\beta T_1^\beta(T_1-1)^{-\beta}(T_1-1)^\beta Y_{T_1-1} + cT_1^{\beta+1}T_1^{-1}\right\}\chi_{\{2,3,\ldots\}}(T_1)$$
$$\le \left\{\beta \cdot 2^\beta(T_1-1)^\beta Y_{T_1-1} + \frac{c}{2}T_1^{\beta+1}\right\}\chi_{\{2,3,\ldots\}}(T_1)$$

となり

$$cT_1^{\beta+1}\chi_{\{2,3,\ldots\}}(T_1) \le \beta \cdot 2^{\beta+1}(T_1-1)^\beta Y_{T_1-1}$$
(3.6.16)

になる. このとき, (3.6.16) より

$$E\left[\sup_{c \le c'}\left(cT_1^{\beta+1}\right)^{1/(\beta+1)}\chi_{\{2,3,\ldots\}}(T_1)\right]$$
$$\le 2\beta^{1/(\beta+1)} E\left[(T_1-1)^{\beta/(\beta+1)} Y_{T_1-1}^{1/(\beta+1)}\chi_{\{2,3,\ldots\}}(T_1)\right]$$
$$\le 2\beta^{1/(\beta+1)} \sup_{n \ge 1} E\left[n^{\beta/(\beta+1)} Y_n^{1/(\beta+1)}\right]$$
$$\le 2\beta^{1/(\beta+1)} \sup_{n \ge 1} E\left[nY_n\right]$$

となる. よって, 定理の仮定より

$$E\left[\sup_{c \le c'}\left(cT_1^{\beta+1}\right)^{1/(\beta+1)}\right] \le (c')^{1/(\beta+1)} + 2\beta^{1/(\beta+1)} \sup_{n \ge 1} E[nY_n] < \infty$$

となるから (3.6.15) が示された. ここで, (3.6.14) の右辺において, $c \to 0$ とするとルベーグの収束定理より

$$\varlimsup_{c \to 0} E\left[\left(\frac{\beta}{c}\right)^{\beta/(\beta+1)} U_{T_1}(c)\right] \le (\beta+1) E\left[V_1^{1/(\beta+1)}\right] \tag{3.6.17}$$

となる. よって, (3.6.13), (3.6.17) より, 任意の停止時刻 $S = S(c)$ について

$$\varlimsup_{c \to 0} \frac{E\left[U_{T_1}(c)\right]}{E\left[U_S(c)\right]} \le 1$$

となるから, $T_1 = T_1(c)$ は AO になる. $\qquad\qquad\qquad\square$

**【例 3.6.1（続 1）】** $X_1, X_2, \ldots$ をたがいに独立に, いずれも p.d.f.(3.3.7) をもつ指数型分布族の分布に従う確率変数列とする. このとき, $Y_n = E_\pi\left[C''(\theta) \mid \boldsymbol{X}_n\right]/(n+k)$ について

$$\sup_{n \ge 1} E\left[n Y_n\right] \le E\left[E_\pi\left[C''(\theta) \mid \boldsymbol{X}_n\right]\right] = E\left[C''(\theta)\right] < \infty$$

となるから, 定理 3.6.3 より (3.6.5) の停止時刻 $T_1 = T_1(c)$ は AO になる.

## 3.7 逐次 2 項標本抽出計画

1.2 節において論じた 2 項試行において停止則を伴う推定, また逆 2 項標本抽出を一般化して試行の回数が標本に依存可能な**逐次 2 項標本抽出計画** (sequential binomial sampling plan) について考える. このような標本抽出による結果は平面上の**乱歩**（ランダムウォーク, random walk）として表される. 実際, 乱歩は原点 $(0,0)$ を出発し, 試行が成功すれば右に 1 だけ移動し, 失敗すれば上に 1 だけ移動した点 $(1,0)$ または $(0,1)$ から再び右にまたは上に移動する. そして標本抽出を停止するまでこのような手続きを継続する. いま乱歩が座標点 $(x,y)(\in \mathbb{N}_0^2)$ に位置する確率を $P(x,y)$ と表すとき, 停止則を標本抽出を停止する点の集合 $B$, すなわち**境界** (boundary) で定義する. ただし, $\mathbb{N}_0 = \{0,1,2,\ldots\}$ とする. ここ

で，$B$ が

$$\sum_{(x,y)\in B} P(x,y) = 1 \tag{3.7.1}$$

となる条件を仮定する．なぜならそうでないと標本抽出が無限に継続する確率が正となる．条件 (3.7.1) を満たす（$B$ による）停止則は**閉じている** (closed) という．2 項試行において成功する確率を $\theta$ とすれば，点 $(x,y)$ を終点とする任意の**標本径路** (sample path) は確率 $\theta^x(1-\theta)^y$ をもち，任意の特定の点 $(x,y)$ が終点となる径路の確率は

$$P(x,y) = N(x,y)\theta^x(1-\theta)^y \tag{3.7.2}$$

になる．ただし，$0 < \theta < 1$ とし，$N(x,y)$ は乱歩が $(x,y)$ を終点とする径路数を表す．例 1.2.1（2 項分布）においては，$B = \{(x,y)\,|\,x+y = n,\ x = 0,1,\ldots,n\}$ となり，任意の $(x,y) \in B$ について $N(x,y) = \binom{n}{x}$ となる．このとき，(3.7.2) より (3.7.1) は成り立つので停止則は閉じている．また，例 1.2.2（逆 2 項標本抽出）においては，$B = \{(x,y)\,|\,x = r,\ y = 0,1,\ldots\}$ となり，任意の $(x,y) \in B$ について

$$N(x,y) = \begin{pmatrix} y+r-1 \\ y \end{pmatrix}$$

となる．このとき，(1.2.2) より (3.7.1) が成り立つから停止則は閉じている．

　いま，逐次 2 項標本抽出における標本は標本径路に依存し，径路の終端となる停止点の座標 $(X,Y)$ は，(3.7.1) とネイマンの因子分解定理（定理 2.4.1）より $\theta$ に対する十分統計量になる．また，そのことは標本径路の終点 $(X,Y) = (x,y)$ が与えられたときにその標本径路の条件付確率は $1/N(x,y)$ となり，これが $\theta$ に無関係になることからもわかる．

**【例 3.7.1】**（逐次 2 項標本抽出）　任意の閉じた逐次 2 項標本抽出計画において，十分統計量 $(X,Y)$ のみに基づく $\theta$ の不偏推定量を求めよう．ま

ず，終端の停止点 $(X, Y)$ をもつ標本径路に基づく推定量を

$$\hat{\theta} = \begin{cases} 1 & (\text{最初の試行が成功であるとき}), \\ 0 & (\text{その他のとき}) \end{cases}$$

とすると，$\hat{\theta}$ は $\theta$ の不偏推定量になる．また，$\hat{\theta}^*(X, Y) = E[\hat{\theta} \mid (X, Y)]$ とすれば $\hat{\theta}^* = X/n$ となり，これは十分統計量 $(X, Y)$ に基づく $\theta$ の不偏推定量であり，任意の $\theta \in \Theta$ について

$$V_\theta(\hat{\theta}) = \theta(1 - \theta) \geq \frac{1}{n}\theta(1 - \theta) = V_\theta(\hat{\theta}^*) \tag{3.7.3}$$

になる．もっと一般に，点 $(a, b)$ が**到達可能点** (accessible point)，すなわち点 $(a, b)$ への標本径路が存在すれば，$\theta^a(1 - \theta)^b$ の不偏推定量が存在し不偏推定可能となる．ただし，$1 \leq a + b \leq n$ とする．実際，不偏推定量を

$$\hat{g} = \begin{cases} 1 \bigg/ \dbinom{a + b}{a} & (\text{標本径路が点 } (a, b) \text{ を通るとき}), \\ 0 & (\text{その他のとき}) \end{cases}$$

とする．このとき，$g(\theta) = \theta^a(1 - \theta)^b$ とおくと，$\hat{g}$ は $g(\theta)$ の不偏推定量になる．また，$a \leq x \leq n - b$ となる $x$ について $\hat{g}^*(x) = E[\hat{g} \mid (X, Y) = (x, n - x)]$ とすれば

$$\hat{g}^*(X) = \dbinom{n - a - b}{X - a} \bigg/ \dbinom{n}{X} \tag{3.7.4}$$

となり，$\hat{g}^*$ は十分統計量 $(X, Y)$ に基づく $g(\theta)$ の不偏推定量になる．

**問 3.7.1** 例 3.7.1 において，次のことを示せ．

(1) $\hat{\theta}$ が $\theta$ の不偏推定量である． (2) (3.7.3) が成り立つ．
(3) $\hat{g}$ が $g(\theta)$ の不偏推定量である． (4) (3.7.4) が成り立つ．

さて，例 3.7.1 における十分統計量 $(X, Y)$ に基づく不偏推定量 $\hat{\theta}^*$, $\hat{g}^*$ は，$(X, Y)$ が $\theta$ に対して完備であれば，系 2.4.2 より UMVU 推定量にな

る．そこで，逐次2項標本抽出計画において $(X,Y)$ の完備性について考
える．まず，境界 $B$ に属さない到達可能点を**接続点** (continuation point)
という．また，各線分 $x+y=t$ $((x,y) \in \mathbf{R}_+^2)$ 上の接続点の集合 $C_t$ が
区間または空集合ならば，その標本抽出計画は**単純** (simple) であるとい
い，到達可能点の数が有限であるとき，その計画は**有限** (finite) であると
いう．

**【例 3.7.1（続 1）】** 逐次2項標本抽出計画を平面上の乱歩として考える．
(i) $a, b, m$ を $a < b < m$ とし，$a$ 回の成功または失敗のいずれかが起こ
るまで試行を続行する．そして，そのことが初めの $m$ 回の試行において
起こらないとき，$b$ 回の成功または失敗のいずれかが起こるまで試行を続
ける．このとき，この標本抽出計画は単純であり，有限である（図 3.7.1,
図 3.7.2 参照）.
(ii) 少なくとも $a$ 回の成功と $a$ 回の失敗の双方が起こるまで試行を続ける
とき，この標本抽出計画は単純でも有限でもないが，停止則は閉じている
（図 3.7.3 参照）.

**問 3.7.2**  例 3.7.1（続 1）の (ii) において，停止則が閉じていることを示せ．

---

**定理 3.7.1**

  有限な逐次2項標本抽出計画において，$(X,Y)$ が $\theta$ に対して完備であ
るための必要十分条件は，その計画が単純であることである．

**証明**[18]  （十分性）：$(X,Y)$ が完備でないと仮定すると，任意の $\theta \in (0,1)$ に
ついて $E_\theta[h(X,Y)] = 0$ で $P_\theta\{h(X,Y) \neq 0\} > 0$ となる関数 $h$ が存在する．
ここで，$t_0$ を $h(x_0, y_0) \neq 0$ で線分 $x+y=t$ 上の境界点が存在するような（$t$
の）最小値とする．また，$x+y=t_0$ 上に接続点があれば，その計画が単純で
あるから，それらは区間を形成するので $(x_0, y_0)$ に対して同じ側にある．いま，

---

[18]ここでは，十分性の証明のみを述べるが，例 3.7.1 の (i) の場合の図が参考になる．
必要性の証明については，Girshick, M. A., Mosteller, F. and Savage, L. J.
(1946). Unbiased estimates for certain binomial problems with applications.
*Ann. Math. Statist.*, **17**, 13–23 参照．

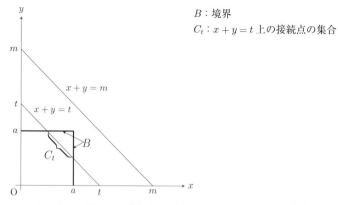

**図 3.7.1** 例 3.7.1（続 1）の (i) で $a < t < 2a < m$ の場合

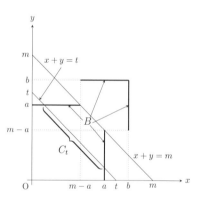

**図 3.7.2** 例 3.7.1（続 1）の (i) で $a < b < m < 2a$ の場合

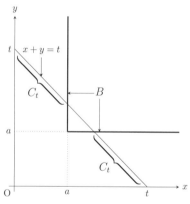

**図 3.7.3** 例 3.7.1（続 1）の (ii) で $2a < t$ の場合

一般性を失わずに，$(x_0, y_0)$ は $C_{t_0}$ の左上に位置すると仮定し，$(x_1, y_1)$ を $C_{t_0}$ の上方で $x + y = t_0$ 上の境界点でかつ最小の $x$ 座標をもち $h(x_1, y_1) \neq 0$ とする．このとき，$h(x, y) \neq 0$ となる任意の境界点 $(x, y)$ は $t \geq t_0, x \geq x_1$ を満たす．ただし，$x + y = t$ とする．よって，任意の $\theta$ について

$$E_\theta\left[h(X,Y)\right] = N(x_1,y_1)h(x_1,y_1)\theta^{x_1}(1-\theta)^{t_0-x_1}$$

$$+\theta^{x_1+1}\sum_{\substack{x\ge x_1+1\\(x,y)\in B,\ x+y\ge t_0}}h(x,y)N(x,y)\theta^{x-x_1-1}(1-\theta)^y$$

$$= 0 \tag{3.7.5}$$

となり，(3.7.5) の右辺の第 2 項は $\theta$ の多項式になるから，辺々を $\theta^{x_1}$ で割って $\theta\to 0$ とすると $h(x_1,y_1)=0$ となり，矛盾．よって，$(X,Y)$ は $\theta$ に対して完備になる． $\square$

例 3.7.1（続 1）の (i) の場合には，定理 3.7.1 より $(X,Y)$ は $\theta$ に対して完備になる．非逐次の場合に，成功する確率を $\theta$ として $n$ 回の 2 項試行に基づいて関数 $g(\theta)$ の推定について考えると，例 1.2.1 からわかるように $g(\theta)$ が不偏推定可能であるための必要十分条件は $g(\theta)$ が $\theta$ の $n$ 次以下の多項式になる．一方，逐次 2 項標本抽出計画の場合に $g(\theta)$ が不偏推定可能であるための必要条件は $g(\theta)$ が連続であると主張されたが[19]，それは正しくないことが示された[20]．

逐次 2 項標本抽出計画は**逐次多項標本抽出計画** (sequential multinomial sampling plan) に拡張できる．いま，$\boldsymbol{X}_j=(X_{1j},\ldots,X_{kj})\ (j\in\mathbb{N})$ をたがいに独立な $k$ 次元確率ベクトルでそれが多項試行の結果，すなわち，各 $j\in\mathbb{N}$ について $X_{ij}\ (i=1,\ldots,k)$ のとる値は 0 または 1 とし，$\sum_{i=1}^k X_{ij}=1$ を満たし

$$0<\theta_i<1\ (i=1,\ldots,k-1),\quad \sum_{i=1}^{k-1}\theta_i<1$$

[19] Bhandari, B. K. and Bose, A. (1990). Existence of unbiased estimates in sequential binomial experiments. *Sankhyā Ser.A*, **52**, 127-130; Corrigenda, *ibid.*, **55**, (1993), 327 参照．

[20] Akahira, M., Takeuchi, K. and Koike, K. (1992). Unbiased estimation in sequential binomial sampling. *Rep. Stat. Appl. Res., JUSE*, **39**, 1-13. (Akahira, M. and Takeuchi, K. (2003). *Joint Statistical Papers of Akahira and Takeuchi.* World Scientific Publishing Co. に所収 (pp.477-489))；赤平・小池 (1996). 統計的逐次決定方式の性質について. 数学, **48**, 184-195 参照.

となる $\boldsymbol{\theta} = (\theta_1, \ldots, \theta_{k-1})$ に対し

$$P_{\boldsymbol{\theta}}\{X_{ij} = 1\} = \theta_i \quad (i = 1, \ldots, k)$$

とする.ただし,$\theta_k = 1 - \sum_{i=1}^{k-1} \theta_i$ とする.このとき,確率ベクトル列 $\{\boldsymbol{X}_j\}$ に対し,各 $j \in \mathbb{N}$ について $\boldsymbol{X}_{j+1}$ の標本を抽出するか否かは $\boldsymbol{Z}_j = (\boldsymbol{X}_1, \ldots, \boldsymbol{X}_j)$ に基づいて決定する.いま,3.1.1 項における停止則 $\boldsymbol{\varphi}(\boldsymbol{z}) = (\varphi_0, \varphi_1(\boldsymbol{z}_1), \ldots, \varphi_j(\boldsymbol{z}_j), \ldots)$ を用いて,各 $j \in \mathbb{N}$ について $\varphi_j(\boldsymbol{z}_j)$ は,$\boldsymbol{Z}_j = \boldsymbol{z}_j$ を抽出した標本の値とするとき,その時点で標本抽出を停止する条件付確率を表す.ただし,$\boldsymbol{z} = (\boldsymbol{z}_1, \boldsymbol{z}_2, \ldots)$,$\boldsymbol{z}_j = (\boldsymbol{x}_1, \ldots, \boldsymbol{x}_j)$ $(j \in \mathbb{N})$ とする.また,停止則 $\boldsymbol{\varphi}$ を与えたとき,標本の大きさを確率変数 $N$ としてこれを停止時刻とすれば,確率ベクトル $\boldsymbol{Y}_N = \sum_{j=1}^{N} \boldsymbol{X}_j$ は $\boldsymbol{\theta}$ に対する十分統計量となる.任意の $\boldsymbol{\theta}$ について $P_{\boldsymbol{\theta}}\{N < \infty\} = 1$ となるとき,停止則は閉じているといい,これを仮定する.このとき,逐次2項標本抽出計画の場合と同様に,$\boldsymbol{Y}_N$ は $\mathbb{N}_0^k$(非負の整数全体の集合の $k$ 個の直積)において,原点を出発点とする乱歩と見なすことができ,

$$P_{\boldsymbol{\theta}}\{\boldsymbol{Y}_N = \boldsymbol{y}\} = c(\boldsymbol{y}) \prod_{i=1}^{k} \theta_i^{y_i}$$

となる.ただし,$\boldsymbol{y} = (y_1, \ldots, y_k)$,$0 \le c(\boldsymbol{y}) \le \left(\sum_{i=1}^{k} y_i\right)! / \prod_{i=1}^{k} y_i!$ とする.ここで,$\boldsymbol{Y}_N$ が $\boldsymbol{\theta}$ に対して完備であるとき,すなわち任意の $\boldsymbol{\theta}$ について $E_{\boldsymbol{\theta}}[h(\boldsymbol{Y}_N)] = 0$ ならば $h(\boldsymbol{Y}_N) = 0$ *a.s.* となるとき,$(N, \boldsymbol{Y}_N)$ は完備であると定義して,完備であるための(必要)十分条件を求めることができ[21],完備十分統計量に基づいて一様最小分散不偏推定を考えることができる.

---

[21] 本節の脚注 [20] の赤平・小池 (1996) 参照.

## 3.8　不変逐次推定

　2.6 節において，固定標本の場合に不変決定論の観点から推定について考えた．決定問題 $(\Theta, \mathbb{A}, L, \mathscr{D}^*)$ の枠組の下で，$X_1, X_2, \ldots$ を確率変数列とし，各 $j \in \mathbb{N}$ について $X_j$ の標本空間を $\mathscr{X}_j$ とし，$\mathscr{X} = \mathscr{X}_1 \times \mathscr{X}_2 \times \cdots$ とする．そして，各 $j \in \mathbb{N}$ について $x_j \in \mathscr{X}_j$ とすれば，$\boldsymbol{x} = (x_1, x_2, \ldots)$ $\in \mathscr{X}$ となる．また，$\boldsymbol{X} = (X_1, X_2, \ldots)$ の分布は母数 $\theta \in \Theta$ に依存するとし，各 $j \in \mathbb{N}$ について，$\mathscr{X}_j \subset \mathbf{R}^1$ とし，$\boldsymbol{X}_j = (X_1, \ldots, X_j)$ の分布について考える．3.1 節で述べたように，費用の集合を $\{c_0(\theta), c_j(\theta, \boldsymbol{x}_j)$ $(j \in \mathbb{N})\}$ とする．いま，$\mathbf{R}^1$ から $\mathbf{R}^1$ の上への変換群 $G$ が存在して，各 $j \in \mathbb{N}$ について固定標本 $\boldsymbol{X}_j$ に関する問題が変換 $\boldsymbol{X}_j \to g(\boldsymbol{X}_j) = (g(X_1), \ldots, g(X_j))$ $(g \in G)$ の群 $G_j$ の下で不変であるとする．

---

**定義 3.8.1**

　次の (i)〜(iii) を満たすとき，逐次決定問題は，$\mathbf{R}^1$ の変換群 $G$ の下で**不変** (invariant) であるという[22]．

- (i) （分布の不変性）$\Theta$ の変換群 $\bar{G}$ と写像：$g \in G \to \bar{g} \in \bar{G}$ が存在して，任意の $j \in \mathbb{N}, g \in G, \theta \in \Theta$ について，$\theta$ の下での $g(\boldsymbol{X}_j)$ の分布が $\bar{g}(\theta)$ の下での $\boldsymbol{X}_j$ の分布に等しい．

- (ii) （損失の不変性）$\mathbb{A}$ の変換群 $\tilde{G}$ と写像：$g \in G \to \tilde{g} \in \tilde{G}$ が存在して，任意の $g \in G, \theta \in \Theta, a \in \mathbb{A}$ について $L(\bar{g}(\theta), \tilde{g}(a)) = L(\theta, a)$ である．

- (iii) （費用の不変性）任意の $j \in \mathbb{N}, g \in G, \boldsymbol{x}_j \in \mathscr{X}_1 \times \cdots \times \mathscr{X}_j$ について，$c_j(\bar{g}(\theta), g(\boldsymbol{x}_j)) = c_j(\theta, \boldsymbol{x}_j)$ であり，$c_0(\bar{g}(\theta)) = c_0(\theta)$ である．ただし，$g(\boldsymbol{x}_j) = (g(x_1), \ldots, g(x_j))$ $(j \in \mathbb{N})$ とする．

---

**定義 3.8.2**

　次の (i), (ii) を満たすとき，逐次決定方式 $(\boldsymbol{\varphi}, \boldsymbol{\delta})$ は**不変** (invariant) で

---

[22] 厳密には，$G$ は可測な変換群，すなわち任意の $g \in G$ は可測関数とする．

あるという. ただし, $\boldsymbol{\varphi}(\boldsymbol{x}) = (\varphi_0, \varphi_1(x_1), \varphi_2(\boldsymbol{x}_2), \ldots, \varphi_j(\boldsymbol{x}_j), \ldots),$ $\boldsymbol{\delta}(\boldsymbol{x}) = (\delta_0, \delta_1(x_1), \delta_2(\boldsymbol{x}_2), \ldots, \delta_j(\boldsymbol{x}_j), \ldots)$ とする.

(i) （停止則の不変性）任意の $j \in \mathbb{N}, g \in G, \boldsymbol{x}_j \in \mathscr{X}_1 \times \cdots \times \mathscr{X}_j$ について $\varphi_j(g(\boldsymbol{x}_j)) = \varphi_j(\boldsymbol{x}_j)$ である.

(ii) （最終決定関数の共変性）各 $j \in \mathbb{N}$ について, $\psi_j(\boldsymbol{x}_j) > 0$ ならば $\delta_j(g(\boldsymbol{x}_j)) = \tilde{g}(\delta_j(\boldsymbol{x}_j))$ である. なお, 各 $j \in \mathbb{N}$ について $\mathbb{A}$ 上の c.p.d.f. または c.p.m.f. $p_{\delta_j(\boldsymbol{x}_j)}(a)$ をもつ分布に従う確率変数を $\dot{A}_j$ とするとき, c.p.d.f. または c.p.m.f. $p_{\tilde{g}(\delta_j(\boldsymbol{x}_j))}(a)$ をもつ分布は $\tilde{g}(\dot{A}_j)$ の分布を表す.

---

**注意 3.8.1**

$\psi_0 > 0$ のとき, $\delta_0$ を確率と見なして, 任意の $g \in G$, 任意の可測集合 $B (\subset \mathbb{A})$ について $\delta_0(B) = \delta_0(\tilde{g}(B))$ とし[23], $d_0$ が非確率的決定関数のときは $d_0 = \tilde{g}(d_0)$ とする. また, $\psi_0 = \varphi_0 = 0$ のとき, すなわち少なくとも 1 つ標本を抽出するときには $\delta_0$ は意味をもたない. 定義 3.8.2 において $\boldsymbol{\varphi}$ が不変ならば, (3.1.1) より $\psi$ も不変になる, すなわち, 任意の $j \in \mathbb{N}, g \in G, \boldsymbol{x}_j \in \mathscr{X}_1 \times \cdots \times \mathscr{X}_j$ について $\psi_j(g(\boldsymbol{x}_j)) = \psi_j(\boldsymbol{x}_j)$ になる.

---

**定理 3.8.1**

不変な逐次決定方式 $(\boldsymbol{\varphi}, \boldsymbol{\delta})$ のリスクは, $\bar{G}$ の軌道上で定数である, すなわち任意の $\bar{g} \in \bar{G}$ について $R(\bar{g}(\theta), (\boldsymbol{\varphi}, \boldsymbol{\delta})) = R(\theta, (\boldsymbol{\varphi}, \boldsymbol{\delta}))$ が成り立つ.

**証明** まず, 各 $j \in \mathbb{N}$ について $\dot{A}_j$ を c.p.d.f. または c.p.m.f. $p_{\delta_j(\boldsymbol{x}_j)}(a)$ をもつ分布に従う（$\mathbb{A}$ 上の値をとる）確率変数とする. 定義 3.8.1 の (ii)（損失の不変性）より各 $j \in \mathbb{N}$ について $L(\bar{g}(\theta), \tilde{g}(\delta_j(\boldsymbol{x}_j))) = L(\theta, \delta_j(\boldsymbol{x}_j))$ になる. 実際, 各 $j \in \mathbb{N}$ について

$$L(\bar{g}(\theta), \tilde{g}(\delta_j(\boldsymbol{x}_j))) = E_{\delta_j}\left[ L(\bar{g}(\theta), \tilde{g}(\dot{A}_j)) \mid \boldsymbol{x}_j \right] = E_{\delta_j}\left[ L(\theta, \dot{A}_j) \mid \boldsymbol{x}_j \right]$$
$$= L(\theta, \delta_j(\boldsymbol{x}_j))$$

となる. このとき, 損失, 費用, 最終決定関数, 分布の不変性によって

---

[23] 1.1 節の脚注 [1] の伊藤 (1964) 参照.

$$R\left(\theta,(\boldsymbol{\varphi},\boldsymbol{\delta})\right)=\sum_{j=0}^{\infty}E_{\theta}\left[\psi_{j}(\boldsymbol{X}_{j})\left\{L(\theta,\delta_{j}(\boldsymbol{X}_{j}))+c_{j}(\theta,\boldsymbol{X}_{j})\right\}\right]$$

$$=\sum_{j=0}^{\infty}E_{\theta}\left[\psi_{j}(\boldsymbol{X}_{j})\left\{L(\bar{g}(\theta),\tilde{g}(\delta_{j}(\boldsymbol{X}_{j})))+c_{j}(\bar{g}(\theta),g(\boldsymbol{X}_{j}))\right\}\right]$$

$$=\sum_{j=0}^{\infty}E_{\theta}\left[\psi_{j}(g(\boldsymbol{X}_{j}))\left\{L(\bar{g}(\theta),\delta_{j}(g(\boldsymbol{X}_{j})))+c_{j}(\bar{g}(\theta),g(\boldsymbol{X}_{j}))\right\}\right]$$

$$=\sum_{j=0}^{\infty}E_{\bar{g}(\theta)}\left[\psi_{j}(\boldsymbol{X}_{j})\left\{L(\bar{g}(\theta),\delta_{j}(\boldsymbol{X}_{j}))+c_{j}(\bar{g}(\theta),\boldsymbol{X}_{j})\right\}\right]$$

$$=R\left(\bar{g}(\theta),(\boldsymbol{\varphi},\boldsymbol{\delta})\right)$$

となる．ただし，$c_0(\theta,\boldsymbol{X}_0)=c_0(\theta)$ とする □

　不変な逐次決定方式 $(\boldsymbol{\varphi},\boldsymbol{\delta})$ が与えられたとき，各 $j\in\mathbb{N}$ について，$\varphi_j$，$\psi_j$ が $\mathscr{X}_1\times\cdots\times\mathscr{X}_j$ の変換群 $G_j$ の下で不変であるから，それらは $G_j$ の下で最大不変量 $\boldsymbol{T}_j(\boldsymbol{x}_j)$ の関数になる．ここでは，各 $j\in\mathbb{N}$ について $\boldsymbol{T}_j=\boldsymbol{T}_j(\boldsymbol{X}_j)$ とし，$\boldsymbol{T}_j$ の実現値をベクトル $\boldsymbol{t}_j$ で表す．

### 定理 3.8.2

　$\Theta$ の変換群 $\bar{G}$ が推移的であるとし，各 $j\in\mathbb{N}$ について $\boldsymbol{T}_j(\boldsymbol{x}_j)$ を $\mathscr{X}_1\times\cdots\times\mathscr{X}_j$ の変換群 $G_j$ の下で最大不変量であるとする．また，$(\boldsymbol{\varphi},\boldsymbol{\delta}^*)$ を各 $j\in\mathbb{N}$ について，共変な最終決定関数 $\delta_j$ の集合の中で，ある $\theta_0\in\Theta$ と $\psi_j(\boldsymbol{t}_j)>0$ となる任意の $\boldsymbol{t}_j$ について

$$E_{\theta_0}\left[L\left(\theta_0,\delta_j(\boldsymbol{X}_j)\right)\mid\boldsymbol{T}_j=\boldsymbol{t}_j\right] \tag{3.8.1}$$

を最小にするとし，そして $L(\theta_0,\delta_0)$ を最小にする $\delta_0$ を $\delta_0^*$ とする．ただし，$\boldsymbol{\delta}^*=(\delta_0^*,\delta_1^*(X_1),\delta_2^*(\boldsymbol{X}_2),\ldots,\delta_j^*(\boldsymbol{X}_j),\ldots)$ とする．このとき，同じ停止則を伴う任意の不変逐次決定方式 $(\boldsymbol{\varphi},\boldsymbol{\delta})$ について $R\left(\theta,(\boldsymbol{\varphi},\boldsymbol{\delta}^*)\right)\leq R\left(\theta,(\boldsymbol{\varphi},\boldsymbol{\delta})\right)$ が成り立つ．

**証明** $\theta_0(\in\Theta)$ を固定し，$\boldsymbol{\varphi}$ を不変な停止則とする．このとき，定理 3.8.1 と $\bar{G}$ の推移性より

$$R\left(\theta,(\boldsymbol{\varphi},\boldsymbol{\delta})\right) = R\left(\theta_0,(\boldsymbol{\varphi},\boldsymbol{\delta})\right)$$

$$= \sum_{j=0}^{\infty} E_{\theta_0}\left[\psi_j(\boldsymbol{T}_j)\left\{L\left(\theta_0,\delta_j(\boldsymbol{X}_j)\right)+c_j(\theta_0,\boldsymbol{X}_j)\right\}\right]$$

$$= \sum_{j=0}^{\infty} E\left[\psi_j(\boldsymbol{T}_j)E_{\theta_0}\left[L\left(\theta_0,\delta_j(\boldsymbol{X}_j)\right)+c_j(\theta_0,\boldsymbol{X}_j)\,|\,\boldsymbol{T}_j\right]\right] \quad (3.8.2)$$

となるから，(3.8.1) と $L(\theta_0,\delta_0)$ を最小にする $\boldsymbol{\delta}^*$ は (3.8.2) を最小にすることがわかる．ただし，$\psi_0(\boldsymbol{T}_0)=\psi_0$，$c_0(\theta,\boldsymbol{X}_0)=c_0(\theta)$ とする． $\qquad\square$

**注意 3.8.2**
定理 3.8.2 において，$\boldsymbol{\delta}^*$ は不変な停止則 $\boldsymbol{\varphi}$ に本質的には無関係であり，各 $j\in\mathbb{N}$ について $\delta_j^*$ は標本 $\boldsymbol{X}_j$ の大きさ $j$ が固定された場合の最良共変最終決定関数になる．

　次に，最良共変最終決定関数を求める際には，3.4 節，3.5 節と同様に，$J$ で切断された不変逐次決定問題において不変逐次決定方式を考えた後に，$J\to\infty$ として一般の不変逐次決定問題に拡張する．まず，$\Theta$ の変換群 $\bar{G}$ が推移的であると仮定し，$\theta_0(\in\Theta)$ を固定し，各 $j=1,\dots,J$ について $\boldsymbol{T}_j(\boldsymbol{x}_j)$ を $\mathscr{X}_j$ の変換群 $G_j$ の下での最大不変量とする．このとき，各 $j=1,\dots,J$ について $\boldsymbol{T}_j(\boldsymbol{X}_j)=\boldsymbol{t}_j$ が与えられたときの最小条件付平均損失を

$$\rho_j(\boldsymbol{t}_j)=\inf_{\delta_j\in\bar{\mathscr{D}}_j^*} E_{\theta_0}\left[L\left(\theta_0,\delta_j(\boldsymbol{X}_j)\right)\,|\,\boldsymbol{T}_j(\boldsymbol{X}_j)=\boldsymbol{t}_j\right]$$

とし，$E[\rho_j(\boldsymbol{T}_j)]<\infty$ であると仮定する．ただし，$\bar{\mathscr{D}}_j^*$ は共変な最終決定関数全体の集合とする．このとき，各 $j=1,\dots,J$ について $\boldsymbol{T}_j(\boldsymbol{X}_j)=\boldsymbol{t}_j$ を与えたとき，$\boldsymbol{X}_j=\boldsymbol{x}_j$ を抽出した後に停止するとして最小条件付リスク，すなわち最小条件付平均損失と条件付平均費用の和を

$$Q_j(\boldsymbol{t}_j)=\rho_j(\boldsymbol{t}_j)+E_{\theta_0}\left[c_j(\theta_0,\boldsymbol{X}_j)\,|\,\boldsymbol{T}_j(\boldsymbol{X}_j)=\boldsymbol{t}_j\right] \quad (3.8.3)$$

とする．ここで $\varphi_J(\boldsymbol{x}_J)=1$ *a.s.* とする．その 1 段階前では，$\boldsymbol{X}_{J-1}=\boldsymbol{x}_{J-1}$ を抽出した後に（$X_J$ を抽出せずに）停止するとき，最小条件付リスクは $Q_{J-1}(\boldsymbol{t}_{J-1})$ になる．そうではなく，$X_J$ を抽出したときには，最

小条件付リスクの条件付平均は

$$E_{\theta_0}\left[Q_J(\boldsymbol{t}_{J-1}, \boldsymbol{T}_J(\boldsymbol{x}_{J-1}, X_J))\,|\,\boldsymbol{T}_{J-1} = \boldsymbol{t}_{J-1}\right] \tag{3.8.4}$$

となり，ここで，$j = J - 1$ のときの (3.8.3) が，(3.8.4) の値以下のときには標本抽出を停止し，そうでないときには標本抽出を継続する方がよい．そこで，次のように不変停止則を考える．3.4 節と同様に，$\boldsymbol{X}_{j-1} = \boldsymbol{x}_{j-1}\ (j = 2, \ldots, J)$ を抽出したときの最小不変条件付リスクを帰納的に $R_J^{(J)}(\boldsymbol{t}_J) = Q_J(\boldsymbol{t}_J)$，そして各 $j = 2, \ldots, J$ について

$$\begin{aligned}
&R_{j-1}^{(J)}(\boldsymbol{t}_{j-1}) \\
&= \min\Big\{ Q_{j-1}(\boldsymbol{t}_{j-1}), \\
&\quad E_{\theta_0}\left[ R_j^{(J)}(\boldsymbol{t}_{j-1}, \boldsymbol{T}_j(\boldsymbol{x}_{j-1}, X_j))\,|\,\boldsymbol{T}_{j-1}(\boldsymbol{X}_{j-1}) = \boldsymbol{t}_{j-1} \right] \Big\}
\end{aligned} \tag{3.8.5}$$

と定義する．また，$Q_0 = \inf_{a \in \mathbb{A}} E_{\theta_0}[L(\theta_0, a) + c_0(\theta_0)]$ とし，$R_0^{(J)} = \min\{Q_0, E_{\theta_0}[R_1^{(J)}(\boldsymbol{T}_1(X_1))]\}$ とすれば，これは定数となり，$J$ で切断された不変逐次決定問題の最小不変条件付リスクになる．このとき，(3.8.5) より不変停止則 $\boldsymbol{\varphi}^* = (\varphi_0^*, \varphi_1^*, \ldots, \varphi_J^*)$ は，各 $j = 2, \ldots, J$ について

$$\begin{aligned}
&\varphi_{j-1}^*(\boldsymbol{t}_{j-1}) \\
&= \begin{cases}
1 & (Q_{j-1}(\boldsymbol{t}_{j-1}) \\
& \quad \le E_{\theta_0}[R_j^{(J)}(\boldsymbol{t}_{j-1}, \boldsymbol{T}_j(\boldsymbol{x}_{j-1}, X_j))\,|\,\boldsymbol{T}_{j-1}(\boldsymbol{X}_{j-1}) = \boldsymbol{t}_{j-1}]), \\
0 & (Q_{j-1}(\boldsymbol{t}_{j-1}) \\
& \quad > E_{\theta_0}[R_j^{(J)}(\boldsymbol{t}_{j-1}, \boldsymbol{T}_j(\boldsymbol{x}_{j-1}, X_j))\,|\,\boldsymbol{T}_{j-1}(\boldsymbol{X}_{j-1}) = \boldsymbol{t}_{j-1}]),
\end{cases}
\end{aligned} \tag{3.8.6}$$

$$\varphi_0^* = \begin{cases}
1 & (Q_0 \le E_{\theta_0}[R_1^{(J)}(\boldsymbol{T}_1(X_1))]), \\
0 & (Q_0 > E_{\theta_0}[R_1^{(J)}(\boldsymbol{T}_1(X_1))])
\end{cases} \tag{3.8.7}$$

となる．なお，$\varphi_J(\boldsymbol{t}_J) = 1$ *a.s.* とする．

**定理 3.8.3**

定理 3.8.2 における $\boldsymbol{\delta}^*$ と (3.8.6), (3.8.7) を満たす停止則 $\boldsymbol{\varphi}^*$ について，$(\boldsymbol{\varphi}^*, \boldsymbol{\delta}^*)$ は $J$ で切断された不変逐次決定問題において，**最良不変逐次決定方式** (best invariant sequential decision rule) である，すなわち，任意の不変逐次決定方式 $(\boldsymbol{\varphi}, \boldsymbol{\delta})$ について $R(\theta, (\boldsymbol{\varphi}^*, \boldsymbol{\delta}^*)) \leq R(\theta, (\boldsymbol{\varphi}, \boldsymbol{\delta}))$ である．

証明は，定理 3.4.2 のそれと同様なので省略．

次に，3.5 節と同様に，一般の(非切断)不変逐次決定問題において不変逐次決定方式全体の集合を $\mathcal{J}$ として

$$R_0^{(\infty)} = \inf_{(\boldsymbol{\varphi}, \boldsymbol{\delta}) \in \mathcal{J}} R(\theta, (\boldsymbol{\varphi}, \boldsymbol{\delta}))$$

と定義すると，次の定理を得る．

**定理 3.8.4**

$L(\theta, a)$ が任意の $(\theta, a)$ について有界であるか，または $\lim_{J \to \infty} E[\rho_J(T_J)] = 0$ ならば，$\lim_{J \to \infty} R_0(J) = R_0^{(\infty)}$ である．

証明は，定理 3.5.1 のそれと同様なので省略．また，定理 3.5.2，定理 3.5.3 に対応する下記のような定理が同様に成り立つ．それらの証明は省略する．

**定理 3.8.5**

各 $j \in \mathbb{N}$ について $Q_j(\boldsymbol{t}_j)$ が $\boldsymbol{t}_j$ に無関係な定数ならば，不変切断逐次決定問題において最良不変決定方式は固定標本問題における決定方式である．さらに，$c_j(\theta, \boldsymbol{x}_j) = jc \, (j \in \mathbb{N}, c > 0)$, $c_0(\theta) = 0$ で $\lim_{J \to \infty} R_0^{(J)} = R_0^{(\infty)}$ であると仮定すれば，一般の不変逐次決定問題における最良不変逐次決定方式は固定標本問題における決定方式である．

**定理 3.8.6**

$\lim_{J \to \infty} R_0(J) = R_0^{(\infty)}$ でかつ $J_0 (\in \mathbb{N})$ が存在して，任意の $j > J_0$ について

$$\rho_{j-1}(\boldsymbol{t}_{j-1}) - E_{\theta_0}\left[\rho_j(\boldsymbol{T}_j(\boldsymbol{x}_{j-1}, X_j)) \,|\, \boldsymbol{T}_{j-1}(\boldsymbol{X}_{j-1}) = \boldsymbol{t}_{j-1}\right]$$

$$\le E_{\theta_0}\left[c_j(\theta_0, (\boldsymbol{x}_{j-1}, X_j)) - c_{j-1}(\theta_0, \boldsymbol{x}_{j-1}) \,|\, \boldsymbol{T}_{j-1}(\boldsymbol{X}_{j-1}) = \boldsymbol{t}_{j-1}\right] \quad a.s.$$

が成り立てば，$R_0^{(J_0)} = R_0^{(\infty)}$ である．

**【例 3.8.1】**（位置母数の不変逐次推定方式）　$\{X_n\}$ を確率変数列とし，位置母数の推定問題を考える．各 $j \in \mathbb{N}$ について，$\boldsymbol{X}_j$ の j.p.d.f. を $f_{\boldsymbol{X}_j}(\boldsymbol{x}_j; \theta) = f_j(x_1 - \theta, \ldots, x_j - \theta)$ とする．ただし，各 $j \in \mathbb{N}$ について $\boldsymbol{x}_j = (x_1, \ldots, x_j) \in \mathscr{X}_1 \times \cdots \times \mathscr{X}_j = \mathbf{R}^j$ とし，$\theta \in \Theta = \mathbf{R}^1$ とする．また，損失を $L(\theta, a) = W(\theta - a)$ とし，1 標本当たりの費用を $c$ として，$c_j(\theta, \boldsymbol{x}_j) = jc \ (j \in \mathbb{N}, c > 0)$，$c_0(\theta) = 0$ とする．ここで，任意の $\alpha \in \mathbb{R}^1$ について $g_\alpha(x) = x + \alpha \ (x \in \mathbf{R}^1)$ とすると，$G = \{g_\alpha \,|\, \alpha \in \mathbf{R}^1\}$ は $\mathbf{R}^1$ から $\mathbf{R}^1$ の上への変換群となり，各 $j \in \mathbb{N}$ について固定標本 $\boldsymbol{X}_j$ に関する問題が変換 $\boldsymbol{X}_j \to g_\alpha(\boldsymbol{X}_j) = (g_\alpha(X_1), \ldots, g_\alpha(X_j)) \ (g_\alpha \in G)$ の群 $G_j$ の下で不変になる．また，任意の $\beta \in \mathbf{R}^1$ について，$\bar{g}_\beta(\theta) = \theta + \beta$ $(\theta \in \Theta)$ とすれば，$\bar{G} = \{\bar{g}_\beta \,|\, \beta \in \mathbf{R}^1\}$ は $\Theta = \mathbf{R}^1$ の変換群になる．さらに，$\mathbb{A} = \mathbf{R}^1$ とし，任意の $\gamma \in \mathbf{R}^1$ について $\tilde{g}_\gamma(a) = a + \gamma \ (a \in \mathbb{A})$ とすると $\tilde{G} = \{\tilde{g}_\gamma \,|\, \gamma \in \mathbf{R}^1\}$ は $\mathbb{A}$ の変換群になる．

　このとき，定義 3.8.1 の (i)〜(iii) が満たされるので逐次決定問題は変換群 $G$ の下で不変になる．いま，$\bar{G}$ は推移的になるから，すべての不変逐次決定方式はそのリスクが定数になる．また，例 2.6.2 と同様にして各 $j = 2, 3, \ldots$ について $\boldsymbol{T}_j(\boldsymbol{X}_j) = (X_2 - X_1, X_3 - X_1, \ldots, X_j - X_1)$ は $G_j$ の下で最大不変量になる．そして，各 $j = 2, 3, \ldots$ について，$E_0[W(X_1 - b_j(\boldsymbol{T}_j)) \,|\, \boldsymbol{T}_j]$ を最小にする $b_j(\boldsymbol{T}_j)$ を $b_j^*(\boldsymbol{T}_j)$ として，$d_j^*(\boldsymbol{X}_j) = X_1 - b_j^*(\boldsymbol{T}_j(\boldsymbol{X}_j))$ とすれば，定理 3.8.2 によって $\boldsymbol{d}^* = (d_0^*, d_1^*(T_1), \ldots, d_j^*(\boldsymbol{T}_j), \ldots)$ は $R(\theta, (\boldsymbol{\varphi}, \boldsymbol{d}))$ を最小にするという意味で最良になる．ただし，$0 \le d_0^* \le 1, d_1^*(T_1(X_1)) = X_1$ とする．

特に，$X_1, X_2, \ldots$ をたがいに独立に，いずれも正規分布 $\mathrm{N}(\theta,1)$ $(\theta \in \Theta = \mathbf{R}^1)$ に従う確率変数列とする．このとき，固定標本の場合には，各 $j \in \mathbb{N}$ について $\boldsymbol{X}_j$ に基づく統計量 $S_j(\boldsymbol{X}_j) = \sum_{i=1}^{j} X_i$ が $\theta$ に対する完備十分統計量になる．また，各 $j = 2,3,\ldots$ について $\boldsymbol{T}_j$ は最大不変量であるから補助統計量になり，バスーの定理（定理 2.4.6）より $\boldsymbol{T}_j$ は $S_j$ と独立になるので $E_0\left[W(d_j^*(S_j)) \,|\, \boldsymbol{T}_j\right] = E_0\left[W(d_j^*(S_j))\right]$ となる．よって，定理 3.8.4，定理 3.8.5 より，$L(\theta,a)$ が任意の $(\theta,a)$ について有界であるか，または $\lim_{j\to\infty} E_0\left[W(d_j^*(S_j))\right] = 0$ ならば，$\theta$ の最良共変最終決定関数 $d_j^*$ は固定標本問題における決定関数になる．特に，$W(x) = x^2$ とすれば

$$d_j^*(S_j) = \overline{X}_j = \frac{S_j}{j}, \ Q_j(S_j) = V(\overline{X}_j) + jc = \frac{1}{j} + jc \ (j \in \mathbb{N})$$

になる．

**【例 3.8.2】** $X_1, X_2, \ldots$ をたがいに独立に，いずれも一様分布 $\mathrm{U}(\theta-(1/2), \theta + (1/2))$ $(\theta \in \Theta = \mathbf{R}^1)$ に従う確率変数列とする．ここで，損失を $L(\theta,a) = (\theta - a)^2$ $(\theta \in \Theta, a \in \mathbb{A} = \mathbf{R}^1)$ とし，また，1 標本当たりの費用を $c(> 0)$ とし，$c_j(\theta, \boldsymbol{x}_j) = jc$ $(j \in \mathbb{N})$，$c_0(\theta) = 0$ とする．このとき，$\theta$ の逐次推定を考える．いま，固定標本の場合に，$\theta$ の位置共変推定量全体のクラスの中で一様に最小のリスクをもつ推定量，すなわち**最良位置共変推定量** (best location equivariant estimator)（または**ピットマン** (Pitman) **推定量**）は**範囲の中央**（ミッドレンジ (mid-range)）になることは知られている[24]．そこで，各 $j \in \mathbb{N}$ について，範囲の中央を

$$M_j = M_j(\boldsymbol{X}_j) = \left(X_{(1|j)} + X_{(j|j)}\right)/2$$

とする．ただし，$X_{(1|j)} = \min_{1 \le i \le j} X_i$，$X_{(j|j)} = \max_{1 \le i \le j} X_i$ とする．このとき，各 $j \in \mathbb{N}$ について最良共変最終決定関数 $d_j^*(\boldsymbol{X}_j)$ は $M_j$ にな

---

[24] 赤平 [A03] の p.121 および演習問題 7-13(p.132)；Lehmann and Casella[LC98] の pp.154–155 参照．なお，[LC98] では，最良位置共変推定量を**最小リスク共変** (minimum risk equivariant，略して MRE) **推定量**と呼んでいる．

る．ここで，$\theta$ は位置母数であるから，例 3.8.1 より各 $j = 2, 3, \ldots$ につ
いて $\boldsymbol{T}_j(\boldsymbol{X}_j) = (X_2 - X_1, \ldots, X_j - X_1)$ は最大不変量になる．いま，$\theta = 0$ とし，各 $j = 2, 3, \ldots$ について範囲を $H_j = X_{(j|j)} - X_{(1|j)}$ とすると，$\boldsymbol{T}_j$ を与えたとき，$M_j$ の条件付分布は一様分布 $\mathrm{U}(-(1 - H_j)/2, (1 - H_j)/2)$ となるから，

$$\rho_j(\boldsymbol{T}_j) = E_0\left[M_j^2 \mid \boldsymbol{T}_j\right] = \frac{(1 - H_j)^2}{12}$$

になる．そして，$E_0\left[\rho_J(\boldsymbol{T}_J)\right] = 1/\{2(J+1)(J+2)\} \to 0 \; (J \to \infty)$ となるから，定理 3.8.4 より $\lim_{J \to \infty} R_0^{(J)} = R_0^{(\infty)}$ になるので，一般の逐次決定問題は，$J$ で切断された逐次決定問題によって近似される．次に，$J$ で切断された逐次決定問題において，導出はやや面倒になるが，最良な不変停止則は $(3.8.5)\sim(3.8.7)$ より，$\varphi_0 = 0$ で，各 $j = 1, \ldots, J-1$ について

$$\varphi_j(\boldsymbol{T}_j) = \begin{cases} 1 & (H_j \geq 1 - (24c)^{1/3}), \\ 0 & (H_j < 1 - (24c)^{1/3}) \end{cases} \tag{3.8.8}$$

になる．ここで，(3.8.8) の停止則は $J$ に無関係であるから，一般の逐次決定問題において最良な不変停止則になる．

第 **4** 章

# 逐次推定

第 1 章で述べたように，母数の区間推定問題において固定標本に基づいて推定しても適切な精度を必ずしも達成できない場合があり，それを解決するために停止時刻を伴う逐次推定について論じる．特に，正規分布における平均や平均の差の逐次推定，多変量正規分布の平均ベクトルの逐次推定と逐次縮小推定，ガンマ分布，一様分布の逐次推定について考える．また，2 段階(標本抽出)法による推定についても論じる．

## 4.1 正規分布の平均の逐次推定と 2 段階推定方式

まず，$X_1, X_2, \ldots$ をたがいに独立に，いずれも正規分布 $\mathrm{N}(\mu, \sigma^2)$ $(\boldsymbol{\theta} = (\mu, \sigma^2) \in \Theta = \mathbf{R}^1 \times \mathbf{R}_+)$ に従う確率変数列とする．ここで，$\overline{X}_n = (1/n) \sum_{i=1}^{n} X_i$, $S_{0n}^2 = \sum_{i=1}^{n} (X_i - \overline{X}_n)^2 / (n-1)$ $(n \geq 2)$ とする．このとき，$\mu$ を $\overline{X}_n$ によって推定するときに生ずる損失を費用も含めて

$$L(\mu, \overline{X}_n) = (\overline{X}_n - \mu)^2 + cn \tag{4.1.1}$$

とすると，$\overline{X}_n$ のリスクは

$$R\left(\boldsymbol{\theta}, \overline{X}_n\right) = E_{\boldsymbol{\theta}}\left[L(\mu, \overline{X}_n)\right] = \frac{\sigma^2}{n} + cn$$

となる．ただし，$c(\in \mathbf{R}_+)$ を 1 標本当たりの費用とする．ここで，$\sigma^2$ が既知のとき，$R\left(\boldsymbol{\theta}, \overline{X}_n\right)$ を最小にする $n$ は $n_* = \sigma/\sqrt{c}$ となって，$\sigma^2$ に

依存し，その際のリスクは $R\left(\boldsymbol{\theta}, \overline{X}_{n_*}\right) = 2cn_*$ となる．ただし，簡単のために $n_* \in \mathbb{N}$ とする．$\sigma^2$ が未知のときには，$R\left(\boldsymbol{\theta}, \overline{X}_n\right)$ を $\sigma^2$ について一様に最小にする（標本の）大きさ $n$ は存在しないので，$n_*$ に含まれる $\sigma$ を $S_{0n}$ で代用して標本の大きさ，すなわち逐次標本抽出の停止時刻を

$$N = N(c) = \inf\left\{n \geq n_0 : n \geq \frac{S_{0n}}{\sqrt{c}}\right\} \tag{4.1.2}$$

とする[1]．ただし，$n_0(\geq 2)$ を初期標本の大きさとし，$S_{0n} = \sqrt{S_{0n}^2}$ とする．そして，(4.1.2) の停止時刻による停止則を用いた逐次標本抽出法を**ロビンス** (Robbins) **の抽出法**という．このとき，逐次推定方式 $(N, \overline{X}_N)$ のリスクが（$\sigma^2$ が既知のときの）$(n_*, \overline{X}_{n_*})$ のリスクに（どこまで）回復可能かという問題を考える．まず，$N(c)$ は $c$ について単調減少となり，また，大数の強法則[2]より $\lim_{n\to\infty} S_{0n} = \sigma$ $a.s.$ になるから

$$\lim_{c\to 0} N(c) = \infty \quad a.s. \tag{4.1.3}$$

になる．さらに，

$$P_{\boldsymbol{\theta}}\{N(c) = \infty\} = \lim_{k\to\infty} P\{N(c) > k\}$$
$$\leq \lim_{k\to\infty} P_{\boldsymbol{\theta}}\left\{k < \frac{S_{0k}}{\sqrt{c}}\right\} = 0$$

になるから，$P_{\boldsymbol{\theta}}\{N(c) < \infty\} = 1$ となる．そして，(4.1.2) より十分小さい $c$ について

$$\frac{S_{0N}}{\sqrt{c}} \leq N(c) < \frac{S_{0,N-1}}{\sqrt{c}} + n_0$$

---

[1] Robbins, H. (1959). Sequential estimation of the mean of a normal population. In *Probability and Statistics, H. Cramér Volume* (ed. by U. Grenander), 235-245 参照.

[2] 一般に $X_1, X_2, \ldots, X_n, \ldots$ をたがいに独立に，いずれも平均 $\mu$ をもつ同一分布に従う確率変数列とし，$\overline{X}_n = (1/n)\sum_{i=1}^{n} X_i$ とすれば，$\lim_{n\to\infty} \overline{X}_n = \mu$ $a.s.$ が成り立つ．この命題を**大数の強法則** (strong law of large numbers) またはコルモゴロフ (Kolmogorov) の大数の法則という．証明については 1.4 節の脚注 [25] の佐藤 (1994) の pp.126-129 参照.

となるから，辺々を $n_*$ で割って $c \to 0$ とすると $\lim_{k \to \infty} S_{0k} = \sigma$ a.s.,
$\lim_{c \to 0} N(c) = \infty$ a.s., $\lim_{c \to 0} n_0/n_* = 0$ より

$$\lim_{c \to 0} \frac{N(c)}{n_*} = 1 \quad a.s. \tag{4.1.4}$$

となる．なお，(4.1.4) は補題 1.4.1 によっても示される．

**定理 4.1.1**

$X_1, X_2, \ldots$ をたがいに独立に，いずれも $\mathrm{N}(\mu, \sigma^2)$ $(\boldsymbol{\theta} = (\mu, \sigma^2) \in \Theta = \mathbf{R}^1 \times \mathbf{R}_+)$ に従う確率変数列とする．このとき，(4.1.2) の停止時刻 $N$ に関して，任意の $\boldsymbol{\theta} \in \Theta$ について次のことが成り立つ．

(i) $E_{\boldsymbol{\theta}}(N) < n_* + n_0 + 1$

(ii) $E_{\boldsymbol{\theta}}\left(N^2\right) < (n_* + n_0 + 1)^2$

(iii) $\lim_{c \to 0} \dfrac{E_{\boldsymbol{\theta}}(N)}{n_*} = 1$

(iv) $\lim_{c \to 0} \dfrac{E_{\boldsymbol{\theta}}(N^2)}{n_*^2} = 1$

**証明** (i) $E_{\boldsymbol{\theta}}(N) < \infty$ と仮定する．(4.1.2) より

$$(N-1)^2 = (N-1)^2 \chi_{\{n_0\}}(N) + (N-1)^2 \chi_{\{n_0+1,\ldots\}}(N)$$
$$\leq (n_0 - 1)^2 \chi_{\{n_0\}}(N) + \frac{1}{c} S_{0,N-1}^2 \tag{4.1.5}$$

となるから，(4.1.5) の不等式の辺々を $(N-2)$ 倍すると

$$(N-1)^2(N-2)$$
$$\leq (n_0-1)^2(N-2)\chi_{\{n_0\}}(N) + \frac{1}{c}\sum_{i=1}^{N-1}(X_i - \overline{X}_{N-1})^2$$
$$\leq (n_0-1)^2(n_0-2)\chi_{\{n_0\}}(N) + \frac{1}{c}\sum_{i=1}^{N-1}(X_i - \mu)^2$$
$$\leq (n_0-1)(n_0-2)N + \frac{1}{c}\sum_{i=1}^{N}(X_i - \mu)^2 \tag{4.1.6}$$

となる．ここで，$N(N-2)^2 \leq (N-1)^2(N-2)$ であるから，(4.1.6) より

$$N(N-2)^2 \leq (n_0-1)(n_0-2)N + \frac{1}{c}\sum_{i=1}^{N}(X_i-\mu)^2 \qquad (4.1.7)$$

となる. そして, $E_{\boldsymbol{\theta}}(N) < \infty$ より, ワルドの等式 (定理 1.3.1) を用いて, (4.1.7) から

$$E_{\boldsymbol{\theta}}\left[N(N-2)^2\right] \leq \left\{(n_0-1)(n_0-2)+n_*^2\right\}E_{\boldsymbol{\theta}}(N)$$
$$< (n_*+n_0-1)^2 E_{\boldsymbol{\theta}}(N)$$

となる. ここで, $g(x)=x(x-2)^2 \ (x \geq 2)$ は凸関数であるから, イェンセンの不等式[3]によって, (4.1.7) から

$$\{E_{\boldsymbol{\theta}}(N)\}\{E_{\boldsymbol{\theta}}(N)-2\}^2 < (n_*+n_0-1)^2 E_{\boldsymbol{\theta}}(N)$$

になり, (4.1.2) と $E_{\boldsymbol{\theta}}(N) < \infty$ より (i) が導出される. また, $E_{\boldsymbol{\theta}}(N) < \infty$ を仮定しないときには, $N_k = \min\{N,k\}(k \in \mathbb{N})$ とし, $N$ を $N_k$ に置きかえると, 上記より (i) が成り立ち, $\{N_k\}$ は単調増加列で $\lim_{k\to\infty}N_k = N$ *a.s.* となるから単調収束定理[4]によって (i) が得られる.

(ii) $E_{\boldsymbol{\theta}}(N) < \infty$ と仮定する. (4.1.6) の最初の不等式の辺々を $N-1$ で割ると

$$(N-1)(N-2) \leq (n_0-1)(n_0-2)\chi_{\{n_0\}}(N) + \frac{1}{c}S_{0N}^2$$
$$\leq (n_0-2)N + \frac{1}{c}S_{0N}^2 \qquad (4.1.8)$$

となる. ここで, 停止時刻 (4.1.2) の下でも系 1.4.1 が成り立つので

$$E_{\boldsymbol{\theta}}\left(S_{0N}^2\right) \leq \sigma^2$$

となるから, (4.1.8) より

$$E_{\boldsymbol{\theta}}(N^2) - 3E_{\boldsymbol{\theta}}(N) + 2 \leq (n_0-1)E_{\boldsymbol{\theta}}(N) + \frac{\sigma^2}{c} \qquad (4.1.9)$$

となる. よって, (4.1.9), (i) より

---

[3]一般に, $g : \mathbf{R}^1 \to \mathbf{R}^1$ を凸関数とするとき, 確率変数 $X$ についてイェンセン (Jensen) **の不等式** $E[g(X)] \geq g(E(X))$ が成り立つ. なお, 凸関数については 2.1 節の脚注 [3] 参照.

[4]1.4 節の脚注 [25] 参照.

$$E_{\boldsymbol{\theta}}(N^2) < (n_0 + 1)E_{\boldsymbol{\theta}}(N) + n_*^2$$

$$< (n_0 + 1)(n_0 + 1 + n_*) + n_*^2$$

$$< (n_* + n_0 + 1)^2$$

となり，(ii) が成り立つ．また，$E_{\boldsymbol{\theta}}(N) < \infty$ を仮定しないときには，(i) の場合と同様にすればよい．

(iii) (4.1.4) とファトゥーの補題より

$$\varliminf_{c \to 0} \frac{E_{\boldsymbol{\theta}}(N)}{n_*} \geq E_{\boldsymbol{\theta}}\left[\varliminf_{c \to 0} \frac{N}{n_*}\right] = 1$$

となり，また，(i), (4.1.3), (4.1.4) より，$\varlimsup_{c \to 0} E_{\boldsymbol{\theta}}(N)/n_* \leq 1$ となるから (iii) が成り立つ．

(iv) (4.1.4) とファトゥーの補題より

$$\varliminf_{c \to 0} \frac{E_{\boldsymbol{\theta}}(N^2)}{n_*^2} \geq 1$$

となり，また，(ii), (4.1.3), (4.1.4) より $\varlimsup_{c \to 0} E_{\boldsymbol{\theta}}(N^2)/n_*^2 \leq 1$ となるから (iv) が成り立つ．　　　□

**注意 4.1.1**

定理 4.1.1 の (iii) は補題 1.4.2 によっても示される．また，任意の $n(\geq n_0)$ について $\overline{X}_n$ と $\chi_{\{n\}}(N)$ はたがいに独立であるから

$$E_{\boldsymbol{\theta}}\left(|\overline{X}_N|\right) = \sum_{n=n_0}^{\infty} E_{\boldsymbol{\theta}}\left[|\overline{X}_n|\chi_{\{n\}}(N)\right]$$

$$= \sum_{n=n_0}^{\infty} E_{\boldsymbol{\theta}}\left(|\overline{X}_n|\right) E_{\boldsymbol{\theta}}\left[\chi_{\{n\}}(N)\right]$$

$$\leq E_{\boldsymbol{\theta}}\left(|X_1|\right) \sum_{n=n_0}^{\infty} P_{\boldsymbol{\theta}}\{N = n\} = E_{\boldsymbol{\theta}}\left(|X_1|\right) < \infty$$

となる．そして，任意の $\mu$ について

$$E_{\boldsymbol{\theta}}\left(\overline{X}_N\right) = \sum_{n=n_0}^{\infty} E_{\boldsymbol{\theta}}\left(\overline{X}_n\right) P_{\boldsymbol{\theta}}\{N = n\} = \mu \sum_{n=n_0}^{\infty} P_{\boldsymbol{\theta}}\{N = n\} = \mu$$

となるから，$\left(N, \overline{X}_N\right)$ は $\mu$ の不偏逐次推定方式になる．

次に，$\left(N, \overline{X}_N\right)$ のリスクについても，注意 4.1.1 と同様にして (4.1.1) より

$$R\left(\boldsymbol{\theta},\overline{X}_N\right) = E_{\boldsymbol{\theta}}\left[L\left(\mu,\overline{X}_N\right)\right] = \sigma^2 E_{\boldsymbol{\theta}}\left(\frac{1}{N}\right) + cE_{\boldsymbol{\theta}}(N)$$

$$= cE_{\boldsymbol{\theta}}\left[N + \frac{1}{N}n_*^2\right] = 2cn_* + cE_{\boldsymbol{\theta}}\left[\frac{1}{N}\left(N - n_*^2\right)\right] \quad (4.1.10)$$

となる．このとき，条件 $n_0 \geq 4$ の下でリスク (4.1.10) の $c \to 0$ のときの **2 次の** （$o(c)$ の**オーダー** (order) または次数までの）**漸近展開** (second order asymptotic expansion) が次のように得られる．

### 定理 4.1.2

定理 4.1.1 と同じ条件の下で，$n_0 \geq 4$ のとき，$\mu$ の逐次推定方式 $(N, \overline{X}_N)$ のリスクの 2 次の漸近展開は

$$R\left(\boldsymbol{\theta},\overline{X}_N\right) = 2cn_* + \frac{c}{2} + o(c) \quad (c \to 0) \tag{4.1.11}$$

である[5]．

**証明の概略**[6]　まず，(4.1.2) より $n_0 \geq 2$ のとき，十分小さい $c > 0$ について $S_{0N}/\sqrt{c} \leq N < (S_{0,N-1}/\sqrt{c}) + n_0$ となり，また，$n_* = \sigma/\sqrt{c}$ であるから，十分小さい $c > 0$ について

$$\frac{\sqrt{n_*}}{\sigma}(S_{0N} - \sigma) \leq \frac{N - n_*}{\sqrt{n_*}} < \frac{\sqrt{n_*}}{\sigma}(S_{0,N-1} - \sigma) + \frac{n_0}{\sqrt{n_*}} \tag{4.1.12}$$

となる．一方，$(n-1)S_{0n}^2/\sigma^2$ は $\chi_{n-1}^2$ 分布に従うから，$\mathcal{L}(\sqrt{n-1}(S_{0n}^2 - \sigma^2)) \to N(0, 2\sigma^4)$ $(n \to \infty)$ となり，デルタ法（定理 2.7.2）によって $\mathcal{L}\left(\sqrt{n-1}(S_{0n} - \sigma)\right) \to N(0, \sigma^2/2)$ $(n \to \infty)$ となる．ここで定理 1.5.1 と (4.1.4) より $\mathcal{L}(\sqrt{n_*}(S_{0N} - \sigma)) \to N(0, \sigma^2/2)$ $(c \to 0)$ となり，そして (4.1.12) より $\mathcal{L}\left((N - n_*)/\sqrt{N}\right) \to N(0, 1/2)$ $(c \to 0)$ になる．また，$n_0 \geq 4$ のとき，$(N - n_*)^2/N$ が $c(\leq c_0)$ について一様可積分になることから

$$E_{\boldsymbol{\theta}}\left[\frac{1}{N}(N - n_*)^2\right] = \frac{1}{2} + o(1) \quad (c \to 0)$$

---

[5] 一般に，$\beta/\alpha \to 0$ ならば，$\beta = o(\alpha)$ と表し，また，$\beta/\alpha$ が有界ならば，$\beta = O(\alpha)$ と表し，$o(\cdot)$, $O(\cdot)$ を**ランダウ** (Landau) の**記号**という．

[6] 詳しい証明については，Woodroofe, M. (1977). Second order approximations for sequential point and interval estimation. *Ann. Statist.*, **5**, 984-995 参照．

が得られる[7]．ただし，$c_0$ はある正数とする．よって，(4.1.10) より (4.1.11) が示される． □

## 注意 4.1.2
定理 4.1.2 より，$n_0 \geq 4$ のとき
$$\frac{1}{c}\left\{ R\left(\boldsymbol{\theta}, \overline{X}_N\right) - R\left(\boldsymbol{\theta}, \overline{X}_{n_*}\right)\right\} = \frac{1}{2} + o(1) \quad (c \to 0) \tag{4.1.13}$$
となるから，$c \to 0$ のとき $\mu$ の逐次推定方式 $(N, \overline{X}_N)$ は $\overline{X}_{n_*}$ のリスクに 1 次（定数）のオーダーまで回復できるが，2 次のオーダーでは (4.1.13) の意味で $1/2$ の差がある．

## 注意 4.1.3
$W_1, W_2, \ldots$ をたがいに独立に，いずれも $\chi_1^2$ 分布に従う確率変数列とするとき，(4.1.2) で定義された停止時刻 $N$ について
$$E_{\boldsymbol{\theta}}(N) = n_* - \frac{1}{2}\sum_{n=1}^{\infty}\frac{1}{n}E_{\boldsymbol{\theta}}\left[\left(\sum_{i=1}^{n} W_i - 3n\right)^+\right] + o(1) \quad (c \to 0)$$
となる[8]．ただし，$a^+ = \max\{0, a\}$ とする．

## 注意 4.1.4
$\overline{X}_{n_*}$ に対する逐次推定方式 $(N, \overline{X}_N)$ の**リスク効率** (risk efficiency) を $e_{\boldsymbol{\theta}}\left(\overline{X}_N\right) = R\left(\boldsymbol{\theta}, \overline{X}_{n_*}\right)/R\left(\boldsymbol{\theta}, \overline{X}_N\right)$ によって定義すれば，定理 4.1.2 より
$$e_{\boldsymbol{\theta}}\left(\overline{X}_N\right) = 1 - \frac{\sqrt{c}}{4\sigma} + o(\sqrt{c}) \quad (c \to 0)$$
となり，$(N, \overline{X}_N)$ は $\sigma^2$ が既知のときの $\overline{X}_{n_*}$ よりその効率が $\sqrt{c}$ のオーダーで悪くなる．

---

[7] 一般に，確率変数列 $\{X_n\}$ について $\lim_{a \to \infty} \sup_{n \geq 1} E\left[|X_n|\chi_{(a,\infty)}(|X_n|)\right] = 0$ であるとき，$\{X_n\}$ は**一様可積分** (uniformly integrable) であるという．また，各 $n$ について $E(|X_n|) < \infty$ で $\lim_{n \to \infty} X_n = X$ *a.s.* とするとき，$\{X_n\}$ が一様可積分であることは $\lim_{n \to \infty} E\left[|X_n - X|\right] = 0$ と同値である（1.4 節の脚注 [26] の西尾 (1978) の pp.93-97 参照）．

[8] 証明については本節の脚注 [6] の Woodroofe (1977) 参照．また，関連文献として Woodroofe, M. (1982). *Nonlinear Renewal Theory in Sequential Analysis.* CBMS-NSF Regional Conf. Ser. in Math., SIAM がある．

### 定理 4.1.3

$X_1, X_2, \ldots$ をたがいに独立に，いずれも $\mathrm{N}(\mu, \sigma^2)$ $(\boldsymbol{\theta} = (\mu, \sigma^2) \in \Theta = \mathbf{R}^1 \times \mathbf{R}_+)$ に従う確率変数列とする．また，$T$ を任意の $\boldsymbol{\theta} \in \Theta$ について $E_{\boldsymbol{\theta}}(T) < \infty$ となる停止時刻，$\mu$ の推定量 $\hat{\mu}_T = \hat{\mu}_T(\boldsymbol{X}_T)$ を任意の $\boldsymbol{\theta}$ について $E_{\boldsymbol{\theta}}\left(\hat{\mu}_T^2\right) < \infty$ とし，$(T, \hat{\mu}_T)$ を $\mu$ の逐次推定方式とする．そして，$\hat{\mu}_T$ の損失を $L(\mu, \hat{\mu}_T) = (\hat{\mu}_T - \mu)^2 + cT$ とし，$(T, \hat{\mu}_T)$ のリスクを $R(\boldsymbol{\theta}, \hat{\mu}_T) = E_{\boldsymbol{\theta}}[L(\mu, \hat{\mu}_T)]$ とする．さらに，$\pi(\mu)$ を $\mu$ の事前 p.d.f. で $\mu$ について微分可能であるとし，次の (i)，(ii) を満たすと仮定する．

(i) $\hat{b}(\boldsymbol{\theta}) = E_{\boldsymbol{\theta}}(\hat{\mu}_T) - \mu$ とするとき，任意に固定した $\sigma^2 (\in \mathbf{R}_+)$ について $\hat{b}(\boldsymbol{\theta})\pi(\mu) \to 0$ $(|\mu| \to \infty)$ である．

(ii) $I_\pi = \displaystyle\int_{-\infty}^{\infty} \left\{ \frac{\pi'(\mu)}{\pi(\mu)} \right\}^2 \pi(\mu)d\mu < \infty$

このとき

$$\int_{-\infty}^{\infty} R(\boldsymbol{\theta}, \hat{\mu}_T)\,\pi(\mu)d\mu \geq 2\sigma\sqrt{c} - c\sigma^2 I_\pi \qquad (4.1.14)$$

が成り立つ．

**証明**　まず，$\sigma^2$ を任意に固定する．いま，$p(x; \boldsymbol{\theta})$ を $\mathrm{N}(\mu, \sigma^2)$ の p.d.f. とすれば

$$I(\boldsymbol{\theta}) = E_{\boldsymbol{\theta}}\left[ \left\{ \frac{\partial}{\partial \mu} \log p(X_1; \boldsymbol{\theta}) \right\}^2 \right] = \frac{1}{\sigma^2}$$

となり，$g(\boldsymbol{\theta}) = \mu$ であるから，C-R の不等式 (3.3.6) より

$$V_{\boldsymbol{\theta}}(\hat{\mu}_T) \geq \frac{\sigma^2 \{1 + (\partial \hat{b}/\partial \mu)\}^2}{E_{\boldsymbol{\theta}}(T)} \quad (\mu \in \mathbf{R}^1) \qquad (4.1.15)$$

となる．また，(i) より $E_{\boldsymbol{\theta}}\left[(\hat{\mu}_T - \mu)^2\right] = V_{\boldsymbol{\theta}}(\hat{\mu}_T) + \hat{b}^2(\boldsymbol{\theta})$ であるから，(4.1.15) より

$$R\left(\boldsymbol{\theta}, \hat{\mu}_T\right) = \hat{b}^2(\boldsymbol{\theta}) + V_{\boldsymbol{\theta}}\left(\hat{\mu}_T\right) + cE_{\boldsymbol{\theta}}(T)$$

$$\geq \hat{b}^2(\boldsymbol{\theta}) + \frac{1}{E_{\boldsymbol{\theta}}(T)}\sigma^2\left(1 + \frac{\partial\hat{b}}{\partial\mu}\right)^2 + cE_{\boldsymbol{\theta}}(T)$$

$$\geq \hat{b}^2(\boldsymbol{\theta}) + 2\sigma\sqrt{c}\left(1 + \frac{\partial\hat{b}}{\partial\mu}\right) \tag{4.1.16}$$

となる. ここで, (i), (ii), (4.1.16) とシュワルツの不等式より

$$\int_{-\infty}^{\infty} R\left(\boldsymbol{\theta}, \hat{\mu}_T\right)\pi(\mu)d\mu$$

$$\geq \int_{-\infty}^{\infty} \hat{b}^2(\boldsymbol{\theta})\pi(\mu)d\mu + 2\sigma\sqrt{c}\int_{-\infty}^{\infty}\left(1 + \frac{\partial\hat{b}}{\partial\mu}\right)\pi(\mu)d\mu$$

$$= \int_{-\infty}^{\infty} \hat{b}^2(\boldsymbol{\theta})\pi(\mu)d\mu + 2\sigma\sqrt{c}\left\{1 - \int_{-\infty}^{\infty}\hat{b}(\boldsymbol{\theta})\pi'(\mu)d\mu\right\}$$

$$= 2\sigma\sqrt{c} + \int_{-\infty}^{\infty} \hat{b}^2(\boldsymbol{\theta})\pi(\mu)d\mu - 2\sigma\sqrt{c}\int_{-\infty}^{\infty}\hat{b}(\boldsymbol{\theta})\frac{\pi'(\mu)}{\pi(\mu)}\pi(\mu)d\mu$$

$$\geq 2\sigma\sqrt{c} + \int_{-\infty}^{\infty} \hat{b}^2(\boldsymbol{\theta})\pi(\mu)d\mu - 2\sigma\sqrt{c}\left\{\int_{-\infty}^{\infty}\hat{b}^2(\boldsymbol{\theta})\pi(\mu)d\mu\right\}^{1/2}I_\pi^{1/2}$$

$$= 2\sigma\sqrt{c} + \left\{\left(\int_{-\infty}^{\infty}\hat{b}^2(\boldsymbol{\theta})\pi(\mu)d\mu\right)^{1/2} - \sigma\sqrt{c}I_\pi^{1/2}\right\}^2 - c\sigma^2 I_\pi$$

$$\geq 2\sigma\sqrt{c} - c\sigma^2 I_\pi$$

となり, (4.1.14) が成り立つ. $\qquad\square$

いま, $\mu$ の事前分布を正規分布 $\mathrm{N}(0, m)$ $(m \in \mathbb{N})$ とし, その p.d.f. を $\pi_m(\mu)$ とする. このとき, 定理 4.1.3 の (ii) より $I_{\pi_m} = 1/m$ となるから, 定理 4.1.3 の (i) が満たされるとすれば, 任意に固定した $\sigma^2$ について

$$\sup_{\mu\in\mathbf{R}^1}\left\{R\left(\boldsymbol{\theta}, \hat{\mu}_T\right) - 2\sigma\sqrt{c}\right\} \geq \int_{-\infty}^{\infty}\left\{R\left(\boldsymbol{\theta}, \hat{\mu}_T\right) - 2\sigma\sqrt{c}\right\}\pi_m(\mu)d\mu$$

$$\geq -\frac{c\sigma^2}{m} \tag{4.1.17}$$

となる. ここで, (4.1.17) において $m \to \infty$ とすると

$$\sup_{\boldsymbol{\theta} \in \Theta} \left\{ R\left(\boldsymbol{\theta}, \hat{\mu}_T\right) - 2\sigma\sqrt{c} \right\} \geq 0 \qquad (4.1.18)$$

となる.

### 注意 4.1.5

$\sigma^2$ が既知のとき，$\overline{X}_{n_*}$ のリスクは $R\left(\boldsymbol{\theta}, \overline{X}_{n_*}\right) = 2cn_* = 2\sigma\sqrt{c}$ であるから，$\hat{\mu}_T$ のリグレット (regret, 悔恨量) を

$$r_{\boldsymbol{\theta}}\left(\hat{\mu}_T\right) = R\left(\boldsymbol{\theta}, \hat{\mu}_T\right) - R\left(\boldsymbol{\theta}, \overline{X}_{n_*}\right)$$

によって定義すれば，(4.1.18) より $\sup_{\boldsymbol{\theta} \in \Theta} r_{\boldsymbol{\theta}}\left(\hat{\mu}_T\right) \geq 0$ となる.

次に，2 段階法による $\mu$ の推定方式を考える[9]. まず，正規分布 N($\mu$, $\sigma^2$) から大きさ $n_0(\geq 2)$ の無作為標本 $X_1, \ldots, X_{n_0}$ を抽出し，そして停止時刻を

$$N = N(c) = \max\left\{ n_0, \left[\frac{S_{0n_0}}{\sqrt{c}}\right]^* + 1 \right\} \qquad (4.1.19)$$

と定義し，$(X_1, \ldots, X_N)$ に基づいて $\mu$ を $\overline{X}_N$ で推定する. ただし，$[a]^*$ は $a$ より小さい最大の整数とする. ここで，$\boldsymbol{\theta} = (\mu, \sigma^2)(\in \Theta = \mathbf{R}^1 \times \mathbf{R}_+)$ で未知とするとき，次のことが成り立つ.

### 定理 4.1.4

停止時刻 $N$ を (4.1.19) とする. このとき，損失 (4.1.1) による $\mu$ の 2 段階推定方式 $(N, \overline{X}_N)$ のリスクは，任意の $\boldsymbol{\theta} \in \Theta$ について

$$R\left(\boldsymbol{\theta}, \overline{X}_N\right) = \sigma^2 E_{\boldsymbol{\theta}}\left(\frac{1}{N}\right) + cE_{\boldsymbol{\theta}}(N) \qquad (4.1.20)$$

である.

証明は定義から自明なので省略. いま，$n_* = \sigma/\sqrt{c}$ であるから，(4.1. 20) より

---

[9] Ghosh, M. and Mukhopadhyay, N. (1976). On two fundamental problems of sequential estimation. *Sankhyā, Ser.B*, **38**, 203-218 参照.

$$R\left(\boldsymbol{\theta}, \overline{X}_N\right) = c\left\{n_*^2 E_{\boldsymbol{\theta}}\left(\frac{1}{N}\right) + E_{\boldsymbol{\theta}}(N)\right\}$$

となる. 一方, $R\left(\boldsymbol{\theta}, \overline{X}_{n_*}\right) = 2cn_*$ であるから, $(N, \overline{X}_N)$ のリスク効率は

$$e_{\boldsymbol{\theta}}\left(\overline{X}_N\right) = \frac{R\left(\boldsymbol{\theta}, \overline{X}_{n_*}\right)}{R\left(\boldsymbol{\theta}, \overline{X}_N\right)} = 2 \left/ \left\{E_{\boldsymbol{\theta}}\left(\frac{n_*}{N}\right) + E_{\boldsymbol{\theta}}\left(\frac{N}{n_*}\right)\right\}\right. \qquad (4.1.21)$$

になり, また, そのリグレットは

$$r_{\boldsymbol{\theta}}\left(\overline{X}_N\right) = R\left(\boldsymbol{\theta}, \overline{X}_N\right) - R\left(\boldsymbol{\theta}, \overline{X}_{n_*}\right) = cE\left[\frac{(N - n_*)^2}{N}\right] \qquad (4.1.22)$$

になる.

---

### 定理 4.1.5

(4.1.19) の停止時刻 $N$ を伴う, $\mu$ の 2 段階推定方式 $(N, \overline{X}_N)$ のリスク効率について, $n_0 \geq 2$ のとき $\lim_{c \to 0} e_{\boldsymbol{\theta}}\left(\overline{X}_N\right) < 1$ が成り立つ.

**証明** まず, (4.1.19) より十分小さい $c$ について

$$\frac{S_{0n_0}}{\sqrt{c}} \leq N \leq \frac{S_{0n_0}}{\sqrt{c}} + n_0 + 1$$

となり, また $n_* = \sigma/\sqrt{c}$ であるから

$$\frac{1}{\sigma}S_{0n_0} \leq \frac{N}{n_*} \leq \frac{1}{\sigma}S_{0n_0} + \frac{n_0 + 1}{\sigma}\sqrt{c} \qquad (4.1.23)$$

より $\lim_{c \to 0} N/n_* = S_{0n_0}/\sigma$ *a.s.* となる. このとき, $c < 1$ とすれば $(n_0 + 1)\sqrt{c}/\sigma \leq (n_0 + 1)/\sigma$ で $E_{\boldsymbol{\theta}}(S_{0n_0}/\sigma) < \infty$ であるから $\lim_{c \to 0} E_{\boldsymbol{\theta}}(N/n_*) = E_{\boldsymbol{\theta}}(S_{0n_0}/\sigma)$ となる. また, (4.1.23) より $n_*/N \leq \sigma/S_{0n_0}$ となり, $E_{\boldsymbol{\theta}}(\sigma/S_{0n_0}) < \infty$ となるから, $\lim_{c \to 0} E_{\boldsymbol{\theta}}(n_*/N) = E_{\boldsymbol{\theta}}(\sigma/S_{0n_0})$ *a.s.* となる. よって

$$\lim_{c \to 0}\left\{E_{\boldsymbol{\theta}}\left(\frac{n_*}{N}\right) + E_{\boldsymbol{\theta}}\left(\frac{N}{n_*}\right)\right\} = E_{\boldsymbol{\theta}}\left(\frac{\sigma}{S_{0n_0}}\right) + E_{\boldsymbol{\theta}}\left(\frac{S_{0n_0}}{\sigma}\right) \geq 2$$

となり, $S_{0n_0} \neq \sigma$ *a.s.* となるから (4.1.21) より $\lim_{c \to 0} e_{\boldsymbol{\theta}}\left(\overline{X}_N\right) < 1$ となる.

□

定理 4.1.5 より，(4.1.19) の停止時刻による 2 段階推定方式は，漸近リスク効率が 1 より小さいので，改善の余地があることを示している．そこで，正規分布 $N(\mu, \sigma^2)$ から初期標本として大きさ

$$n_0 = n_0(c) = \max \left\{ 2, \ c^{-1/\{2(1+\gamma)\}} \right\} \tag{4.1.24}$$

の無作為標本 $X_1, \ldots, X_{n_0}$ を抽出し，そして停止時刻

$$N = N(c) = \max \left\{ n_0(c), \ \left[ \frac{S_{0 n_0}}{\sqrt{c}} \right]^* + 1 \right\} \tag{4.1.25}$$

による 2 段階法によって $\mu$ を $\overline{X}_N$ で推定する．ただし，$\gamma > 1/2$ とする．ここで，$\boldsymbol{\theta} = (\mu, \sigma^2) \in \Theta (= \mathbf{R}^1 \times \mathbf{R}_+)$ で $\boldsymbol{\theta}$ は未知として，次の定理が成り立つ[10]．

### 定理 4.1.6

(4.1.25) の停止時刻 $N$ を伴う $\mu$ の逐次推定方式 $(N, \overline{X}_N)$ のリスク効率について

$$\lim_{c \to 0} e_{\boldsymbol{\theta}} \left( \overline{X}_N \right) = \lim_{c \to 0} \frac{R \left( \boldsymbol{\theta}, \overline{X}_{n_*} \right)}{R \left( \boldsymbol{\theta}, \overline{X}_N \right)} = 1 \tag{4.1.26}$$

が成り立つ．

**証明** まず，(4.1.24)，(4.1.25) より十分小さい $c > 0$ について

$$\frac{S_{0 n_0}}{\sqrt{c}} \leq N \leq \frac{S_{0 n_0}}{\sqrt{c}} + n_0 + 1 \leq \frac{S_{0 n_0}}{\sqrt{c}} + c^{-1/(2(1+\gamma))} + 3$$

となるので，辺々を $n_* (= \sigma/\sqrt{c})$ で割ると

$$\frac{S_{0 n_0}}{\sigma} \leq \frac{N}{n_*} \leq \frac{S_{0 n_0}}{\sigma} + \frac{1}{\sigma} c^{\gamma/(2(1+\gamma))} + \frac{3}{\sigma} \sqrt{c} \tag{4.1.27}$$

となる．ここで，$\lim_{c \to 0} S_{0 n_0}/\sigma = 1$ *a.s.* で，$\gamma > 1/2$ であるから，(4.1.27) より $\lim_{c \to 0} N/n_* = 1$ となる．また，十分小さい $c$ について $S_{0 n_0}/\sigma, (S_{0 n_0}/$

---

[10] Ghosh, M. and Mukhopadhyay, N. (1981). Consistency and asymptotic efficiency of two stage and sequential estimation procedures. *Sankhyā Ser.A*, **43**, 220-227 参照．

$\sigma)^{-1}$ が一様可積分になるから, (4.1.27) より $N/n_*$, $n_*/N$ は一様可積分になる. よって

$$\lim_{c \to 0} E_{\boldsymbol{\theta}} \left( \frac{N}{n_*} \right) = \lim_{c \to 0} E_{\boldsymbol{\theta}} \left( \frac{n_*}{N} \right) = 1$$

となり, (4.1.21) より (4.1.26) が成り立つ. □

## 4.2 正規分布の平均の差の逐次推定

まず, 2 組のたがいに独立な確率変数列を $X_{11}, X_{12}, \ldots, X_{1n_1}, \ldots;$ $X_{21},$ $X_{22}, \ldots, X_{2n_2}, \ldots$ とする. ここで, $\{X_{1k}\}, \{X_{2k}\}$ はたがいに独立に, いずれもそれぞれ正規分布 $\mathrm{N}(\mu_1, \sigma_1^2),$ $\mathrm{N}(\mu_2, \sigma_2^2)$ に従うとする. ただし, $\boldsymbol{\theta}_i = (\mu_i, \sigma_i^2) \in \mathbf{R}^1 \times \mathbf{R}_+$ $(i = 1, 2)$ とし, $\mu_1, \mu_2$ を未知とする. このとき, $\boldsymbol{\theta} = (\boldsymbol{\theta}_1, \boldsymbol{\theta}_2)$ とし, $\delta = \mu_1 - \mu_2$ とおいて $\delta$ の点推定について考える. いま, 各 $\alpha = 1, 2$ について $\overline{X}_{\alpha n_\alpha} = (1/n_\alpha) \sum_{k=1}^{n_\alpha} X_{\alpha k}$ とし, $\delta$ を $\overline{X}_{1n_1} - \overline{X}_{2n_2}$ で推定するときに生ずる損失を

$$L\left(\delta, \overline{X}_{1n_1} - \overline{X}_{2n_2}\right) = \left(\overline{X}_{1n_1} - \overline{X}_{2n_2} - \delta\right)^2 + c(n_1 + n_2) \qquad (4.2.1)$$

とする. ただし, $c(>0)$ を 1 標本当たりの費用とする. このとき, (4.2.1) より $\overline{X}_{1n_1} - \overline{X}_{2n_2}$ のリスクは

$$\begin{aligned} R\left(\boldsymbol{\theta}, \overline{X}_{1n_1} - \overline{X}_{2n_2}\right) &= E_{\boldsymbol{\theta}} \left[ L\left(\delta, \overline{X}_{1n_1} - \overline{X}_{2n_2}\right) \right] \\ &= \frac{\sigma_1^2}{n_1} + \frac{\sigma_2^2}{n_2} + c(n_1 + n_2) \end{aligned} \qquad (4.2.2)$$

となり, $\sigma_\alpha^2$ $(\alpha = 1, 2)$ を既知とすれば, (4.2.2) を最小にする $(n_1, n_2)$ は

$$n_1 = n_{1*} = \frac{\sigma_1}{\sqrt{c}}, \; n_2 = n_{2*} = \frac{\sigma_2}{\sqrt{c}} \qquad (4.2.3)$$

となる. なお, $n_{1*}, n_{2*} \in \mathbb{N}$ とする. ここで, (4.2.3) より

$$\frac{n_{1*}}{n_{2*}} = \frac{\sigma_1}{\sigma_2}, \; n_* = n_{1*} + n_{2*} = \frac{\sigma_1 + \sigma_2}{\sqrt{c}} \qquad (4.2.4)$$

となり, (4.2.2), (4.2.3) より

$$R\left(\boldsymbol{\theta}, \overline{X}_{1n_{1*}} - \overline{X}_{2n_{2*}}\right) = 2cn_* \qquad (4.2.5)$$

となる.

次に, $\sigma_1^2, \sigma_2^2$ が未知とすると, 4.1 節のときと同様に $R\bigl(\boldsymbol{\theta}, \overline{X}_{1n_1} - \overline{X}_{2n_2}\bigr)$ を $\sigma_1^2$, $\sigma_2^2$ について一様に最小にする $n_1$, $n_2$ は存在しないので, $(n_{1*}, n_{2*})$ を参考にして逐次推定を考える. いま, $\mathrm{N}(\mu_1, \sigma_1^2)$ から $N_1 = n_1$ 個の標本を抽出し, $\mathrm{N}(\mu_2, \sigma_2^2)$ から $N_2 = n_2$ 個の標本を抽出するとき, 停止時刻 $N = N(c)$ を

$$N = N(c) = \inf\{n = n_1 + n_2 \geq 2n_0 : n_1 \geq S_{01}(n_1)/\sqrt{c},$$
$$n_2 \geq S_{02}(n_2)/\sqrt{c}\} \qquad (4.2.6)$$

と定義する. ただし, $n_0(\geq 2)$ を初期標本の大きさとし

$$S_{0\alpha}^2(n_\alpha) = \frac{1}{n_\alpha - 1}\sum_{k=1}^{n_\alpha}\left(X_{\alpha k} - \overline{X}_{\alpha n_\alpha}\right)^2 \quad (\alpha = 1, 2)$$

で $S_{0\alpha}(n_\alpha) = \sqrt{S_{0\alpha}^2(n_\alpha)}\ (\alpha = 1, 2)$ とする. ここで, 4.1 節と同様にして $n_0 \geq 2$ のとき, $P_{\boldsymbol{\theta}}\{N(c) < \infty\} = 1$ であり, $N(c)$ は $c$ について単調減少で, $\lim_{c\to 0} N(c) = \infty$ $a.s.$ になり, $\lim_{c\to 0} N(c)/n_* = 1$ $a.s.$ となる. ただし, $n_*$ は (4.2.4) とする.

---

**定理 4.2.1**

$\sigma_1^2, \sigma_2^2$ が未知のときに, (4.2.6) の停止時刻 $N$ によって, 任意の $\boldsymbol{\theta}$ について次のことが成り立つ.

(i) $E_{\boldsymbol{\theta}}(N) < n_* + 2n_0 + 2$

(ii) $E_{\boldsymbol{\theta}}(N^2) < 2\left\{(n_{1*} + n_0 + 1)^2 + (n_{2*} + n_0 + 1)^2\right\}$

(iii) $\displaystyle\lim_{c\to 0} E_{\boldsymbol{\theta}}\left(\frac{N}{n_*}\right) = 1$

(iv) $\displaystyle\lim_{c\to 0}\frac{E_{\boldsymbol{\theta}}(N^2)}{n_*^2} = 1$

証明は, 定理 4.1.1 のときと同様なので省略する.

次に，$\delta$ の逐次推定方式 $(N, \overline{X}_{1N_1} - \overline{X}_{2N_2})$ のリスクは

$$
R\left(\boldsymbol{\theta}, \overline{X}_{1N_1} - \overline{X}_{2N_2}\right) = E_{\boldsymbol{\theta}}\left[\left(\overline{X}_{1N_1} - \overline{X}_{2N_2} - \delta\right)^2\right] + cE_{\boldsymbol{\theta}}[N_1 + N_2]
$$
$$
= E_{\boldsymbol{\theta}}\left[\frac{\sigma_1^2}{N_1} + \frac{\sigma_2^2}{N_2}\right] + cE_{\boldsymbol{\theta}}[N_1 + N_2] \tag{4.2.7}
$$

となり，(4.2.5), (4.2.7) より $\left(N, \overline{X}_{1N_1} - \overline{X}_{2N_2}\right)$ のリスク効率は

$$
e_{\boldsymbol{\theta}}\left(\overline{X}_{1N_1} - \overline{X}_{2N_2}\right) = \frac{R\left(\boldsymbol{\theta}, \overline{X}_{1n_{1*}} - \overline{X}_{2n_{2*}}\right)}{R\left(\boldsymbol{\theta}, \overline{X}_{1N_1} - \overline{X}_{2N_2}\right)}
$$
$$
= 2(\sigma_1 + \sigma_2)\left[\sigma_1\left\{n_{1*}E_{\boldsymbol{\theta}}\left(\frac{1}{N_1}\right) + E_{\boldsymbol{\theta}}\left(\frac{N_1}{n_{1*}}\right)\right\}\right.
$$
$$
\left. + \sigma_2\left\{n_{2*}E_{\boldsymbol{\theta}}\left(\frac{1}{N_2}\right) + E_{\boldsymbol{\theta}}\left(\frac{N_2}{n_{2*}}\right)\right\}\right]^{-1}
$$
$$
\tag{4.2.8}
$$

で，(4.1.22) と同様に，そのリグレットは

$$
r_{\boldsymbol{\theta}}\left(\overline{X}_{1N_1} - \overline{X}_{2N_2}\right)
$$
$$
= R\left(\boldsymbol{\theta}, \overline{X}_{1N_1} - \overline{X}_{2N_2}\right) - R\left(\boldsymbol{\theta}, \overline{X}_{1n_{1*}} - \overline{X}_{2n_{2*}}\right)
$$
$$
= c\left\{E_{\boldsymbol{\theta}}\left[\frac{(N_1 - n_{1*})^2}{N_1}\right] + E_{\boldsymbol{\theta}}\left[\frac{(N_2 - n_{2*})^2}{N_2}\right]\right\} \tag{4.2.9}
$$

になる．このとき，条件 $n_0 \geq 3$ の下でリスク (4.2.2) の $c \to 0$ のときの漸近展開が次のようになる．

---

**定理 4.2.2**

$\sigma_1^2$, $\sigma_2^2$ が未知で $n_0 \geq 3$ のとき，(4.2.6) の停止時刻 $N$ を伴う，$\delta$ の逐次推定方式 $\left(N, \overline{X}_{1N_1} - \overline{X}_{2N_2}\right)$ のリスクは，任意の $\boldsymbol{\theta}$ について

$$
R\left(\boldsymbol{\theta}, \overline{X}_{1N_1} - \overline{X}_{2N_2}\right) = 2cn_* + c + o(c) \quad (c \to 0) \tag{4.2.10}
$$

である．

**証明の概略**　まず，$(N_1 - n_{1*})/\sqrt{n_{1*}} \xrightarrow{L} Z_{1/2}$ $(c \to 0)$, $(N_2 - n_{2*})/\sqrt{n_{2*}} \xrightarrow{L}$ $Z_{1/2}$ $(c \to 0)$ となり，$\lim_{c \to 0} N_1/n_{1*} = 1$ $a.s.$, $\lim_{c \to 0} N_2/n_{2*} = 1$ $a.s.$ になるので，スラッキーの定理より $(N_1 - n_{1*})^2/N_1 \xrightarrow{L} (1/2)\chi_1^2$ $(c \to 0)$, $(N_2 - n_{2*})^2/N_2 \xrightarrow{L} (1/2)\chi_1^2$ $(c \to 0)$ となる．ただし，$Z_{1/2}$ を N$(0, 1/2)$ に従う確率変数とし，$\chi_1^2$ は自由度 1 のカイ 2 乗分布に従う確率変数とする．次に，$n_0 \geq$ 3 のとき $(N_1 - n_{1*})/N_1$, $(N_2 - n_{2*})/N_2$ が $c(\leq c_0)$ について一様可積分になることから[11]，(4.2.10) が得られる．ただし，$c_0$ はある正数とする．　□

**注意 4.2.1**

(4.2.5), (4.2.8)〜(4.2.10) より，$(N, \overline{X}_{1N_1} - \overline{X}_{2N_2})$ のリスク効率，リグレットはそれぞれ

$$e_{\boldsymbol{\theta}}\left(\overline{X}_{1N_1} - \overline{X}_{2N_2}\right) = 1 - \frac{\sqrt{c}}{2(\sigma_1 + \sigma_2)} + o(\sqrt{c}) \quad (c \to 0),$$

$$r_{\boldsymbol{\theta}}\left(\overline{X}_{1N_1} - \overline{X}_{2N_2}\right) = c + o(c) \quad (c \to 0)$$

になる．

## 4.3　多変量正規分布の平均の逐次推定と逐次縮小推定

まず，各 $n \in \mathbb{N}$ について $\boldsymbol{X}_n = (X_{1n}, \ldots, X_{pn})$ とし，$\{\boldsymbol{X}_n\}$ をたがいに独立に，いずれも平均ベクトル $\boldsymbol{\mu} = (\mu_1, \ldots, \mu_p)(\in \mathbf{R}^p)$，（分散）共分散行列 $\Sigma$ をもつ $p$ 変量正規分布 N$_p(\boldsymbol{\mu}, \Sigma)$ に従う確率ベクトル列とする．ただし，$\Sigma$ を正定値行列とする．ここで，$\boldsymbol{\mu}$ の推定量を $\hat{\boldsymbol{\mu}}_n = \hat{\boldsymbol{\mu}}_n(\boldsymbol{X}_n)$ $(\in \mathbf{R}^p)$ とし，その損失を

$$L(\boldsymbol{\mu}, \hat{\boldsymbol{\mu}}_n) = (\hat{\boldsymbol{\mu}}_n - \boldsymbol{\mu})(\hat{\boldsymbol{\mu}}_n - \boldsymbol{\mu})^\top + cn \tag{4.3.1}$$

と仮定する．ただし，$c(> 0)$ を 1 標本当たりの費用とする．このとき，$\boldsymbol{\theta} = (\boldsymbol{\mu}, \Sigma)$ とおいて，推定量 $\hat{\boldsymbol{\mu}}_n$ のリスクを $R(\boldsymbol{\theta}, \hat{\boldsymbol{\mu}}_n) = E_{\boldsymbol{\theta}}[L(\boldsymbol{\mu}, \hat{\boldsymbol{\mu}}_n)]$

---

[11] その証明については, Ghosh, M. and Mukhopadhyay, N. (1980). Sequential point estimation of the difference of two normal means. *Ann. Statist.*, **8**, 221-225 参照．なお，その論文では，$\overline{X}_{1N_1} - \overline{X}_{2N_2}$ のリスク効率をここでの逆数 $R(\boldsymbol{\theta}, \overline{X}_{1N_1} - \overline{X}_{2N_2})/R(\boldsymbol{\theta}, \overline{X}_{1n_{1*}} - \overline{X}_{2n_{2*}})$ で定義している．

とすると，$\overline{\boldsymbol{X}}_n = (1/n)\sum_{i=1}^n \boldsymbol{X}_i$ のリスクは

$$R\left(\boldsymbol{\theta}, \overline{\boldsymbol{X}}_n\right) = E_{\boldsymbol{\theta}}\left[L\left(\boldsymbol{\mu}, \overline{\boldsymbol{X}}_n\right)\right] = \frac{1}{n}\mathrm{tr}\Sigma + cn$$

になる．ここで，$\Sigma$ が既知のとき，$R\left(\boldsymbol{\theta}, \overline{\boldsymbol{X}}_n\right)$ を最小にする $n$ は $n_* = \{\mathrm{tr}\Sigma/c\}^{1/2}$ となり

$$R\left(\boldsymbol{\theta}, \overline{\boldsymbol{X}}_{n_*}\right) = 2cn_* \tag{4.3.2}$$

になる．ただし，簡単のために $n_* \in \mathbb{N}$ とする．次に，$\Sigma$ が未知のとき，$R\left(\boldsymbol{\theta}, \overline{\boldsymbol{X}}_n\right)$ を $\Sigma$ について一様に最小にする大きさ $n$ は存在しないので，$n_*$ を参考にして標本の大きさ，すなわち逐次標本抽出の停止時刻を

$$N = N(c) = \inf\left\{n \geq n_0 : n \geq \left\{\frac{1}{c}\mathrm{tr}(S_n)\right\}^{1/2}\right\} \tag{4.3.3}$$

とする．ただし，$n_0 \geq 2$ で

$$S_n = \frac{1}{n-1}\sum_{i=1}^n (\boldsymbol{X}_i - \overline{\boldsymbol{X}}_n)^\top (\boldsymbol{X}_i - \overline{\boldsymbol{X}}_n) \quad (n \geq 2)$$

とする．このとき，直交変換

$$\boldsymbol{Z}_i = \frac{\boldsymbol{X}_1 + \cdots + \boldsymbol{X}_{i-1} - (i-1)\boldsymbol{X}_i}{\sqrt{i(i-1)}} \quad (i \geq 2)$$

を用いれば

$$S_n = \frac{1}{n-1}\sum_{i=2}^n \boldsymbol{Z}_i^\top \boldsymbol{Z}_i$$

になる．ここで，$\boldsymbol{Z}_2, \boldsymbol{Z}_3, \ldots$ はたがいに独立に，いずれも $\mathrm{N}_p(\boldsymbol{0}, \Sigma)$ に従い，また，$\Sigma$ は正定値であるから，$B^\top \Sigma B = I_p$ となる正則行列 $B$ が存在する．ただし，$I_p$ は $p$ 次単位行列とする．このとき

$$(n-1)\mathrm{tr}(S_n) = \sum_{i=2}^{n} \boldsymbol{Z}_i \boldsymbol{Z}_i^{\top} = \sum_{i=2}^{n} \boldsymbol{U}_i((B^{\top})^{-1}B^{-1})\boldsymbol{U}_i^{\top}$$

となる．ただし，$\boldsymbol{U}_2, \ldots, \boldsymbol{U}_n$ はたがいに独立に，いずれも $\mathrm{N}_p(\boldsymbol{0}, I_p)$ に従う確率ベクトルである．いま，$\lambda_1, \ldots, \lambda_p$ を $(B^{\top})^{-1}B^{-1}$ の固有値，すなわち $\Sigma$ の固有値とすると

$$(n-1)\mathrm{tr}(S_n) = \sum_{j=1}^{p} \lambda_j \sum_{i=2}^{n} T_{ji}^2 \quad (n \geq 2) \tag{4.3.4}$$

となる．ただし，$\sum_{j=1}^{p} \lambda_j = \mathrm{tr}\Sigma$ であり，$T_{ji}\ (j=1,\ldots,p;\ i=2,\ldots,n)$ はたがいに独立に，いずれも標準正規分布 $\mathrm{N}(0,1)$ に従う確率変数である．このとき，(4.3.3) の停止時刻は

$$N = N(c) = \inf\left\{ n \geq n_0 \ :\ cn^2(n-1) \geq \sum_{j=1}^{p} \lambda_j \sum_{i=2}^{n} T_{ji}^2 \right\} \tag{4.3.5}$$

と書き換えることができる．ここで，停止時刻 $N$ に関する重要な性質を示す[12]．

---

定理 4.3.1

　$n_0 \geq 2$ で，各 $j = 1, \ldots, p$ について $0 < V(X_{j1}) = \sigma_j^2 < \infty$ と仮定する．このとき，(4.3.3) の停止時刻 $N$ について，任意の $\boldsymbol{\theta}$ について次のことが成り立つ．

(i) $P_{\boldsymbol{\theta}}\{N < \infty\} = 1$

(ii) $N(c)$ は $c$ について単調減少で，$\displaystyle\lim_{c \to 0} \frac{N(c)}{n_*} = 1\ a.s.$

(iii) $E_{\boldsymbol{\theta}}(N) \leq n_* + n_0 + 1,\ \ E_{\boldsymbol{\theta}}(N^2) \leq (n_* + n_0 + 1)^2$

(iv) $\displaystyle\lim_{c \to 0} \frac{E_{\boldsymbol{\theta}}(N)}{n_*} = 1,\ \lim_{c \to 0} \frac{E_{\boldsymbol{\theta}}(N^2)}{n_*^2} = 1$

---

[12] Ghosh, M., Sinha, B. K. and Mukhopadhyay, N. (1976). Multivariate sequential point estimation. *J. Multivar. Anal.*, **6**, 281-294 参照．

**証明** (i) まず

$$P_{\boldsymbol{\theta}}\{N = \infty\} = \lim_{n \to \infty} P_{\boldsymbol{\theta}}\{N > n\} \le \lim_{n \to \infty} P_{\boldsymbol{\theta}}\{cn^2 < \operatorname{tr}(S_n)\}$$

となる. ここで, (4.3.4) と大数の強法則より $\lim_{n \to \infty} \operatorname{tr}(S_n) = \operatorname{tr}\Sigma$ *a.s.* となり, また, $0 < \sigma_i^2 < \infty$ $(i = 1, \ldots, p)$ で, $\Sigma$ は正定値であるから $0 < \operatorname{tr}\Sigma < \infty$ となるので, $P_{\boldsymbol{\theta}}\{N = \infty\} = 0$ となり, (i) が成り立つ.

(ii) (4.3.3) より $N(c)$ が $c$ について単調減少になることは自明. また, $\lim_{c \to 0} N(c) = \infty$ *a.s.* になるから, $\lim_{c \to 0} \operatorname{tr}(S_{N(c)}) = \operatorname{tr}\Sigma$ *a.s.*, $\lim_{c \to 0} \operatorname{tr}(S_{N(c)-1}) = \operatorname{tr}\Sigma$ *a.s.* になる. ここで, (4.3.3) より十分小さい $c > 0$ について

$$\left\{\frac{1}{c}\operatorname{tr}(S_{N(c)})\right\}^{1/2} \le N(c) < \left\{\frac{1}{c}\operatorname{tr}(S_{N(c)-1})\right\}^{1/2} + n_0$$

となるから, この辺々を $n_* = (\operatorname{tr}\Sigma/c)^{1/2}$ で割って $c \to 0$ とすれば, $\lim_{c \to 0} N(c)/n_* = 1$ *a.s.* になる.

(iii) まず, (4.3.3), (4.3.4) より

$$(N - 1)^2 \le (n_0 - 1)^2 \chi_{\{n_0\}}(N) + \frac{1}{c}\operatorname{tr}(S_{N-1})$$
$$\le (n_0 - 1)^2 + \frac{1}{c(N-2)} \sum_{j=1}^{p} \lambda_j \sum_{i=2}^{N} T_{ji}^2$$

となるから

$$(N-1)(N-2) \le (n_0 - 1)^2 \frac{N-2}{N-1} + \frac{1}{c(N-1)} \sum_{j=1}^{p} \lambda_j \sum_{i=2}^{N} T_{ji}^2$$
$$\le (n_0 - 1)^2 + \frac{1}{c(N-1)} \sum_{j=1}^{p} \lambda_j \sum_{i=2}^{N} T_{ji}^2 \qquad (4.3.6)$$

になる. このとき, (4.3.6), 定理 1.4.1 より

$$\{E_{\boldsymbol{\theta}}[N-2]\}^2 \le E_{\boldsymbol{\theta}}[(N-2)^2] \le E_{\boldsymbol{\theta}}[(N-1)(N-2)]$$
$$\le (n_0 - 1)^2 + \frac{1}{c} \sum_{j=1}^{p} \lambda_j = (n_0 - 1)^2 + n_*^2 \qquad (4.3.7)$$

になる. よって, $n_0 \ge 2$ であるから (4.3.7) より

$$E_{\boldsymbol{\theta}}(N) \leq 2 + \left\{(n_0 - 1)^2 + n_*^2\right\}^{1/2} \leq 2 + n_0 - 1 + n_* = n_* + n_0 + 1,$$

$$E_{\boldsymbol{\theta}}(N^2) \leq 3E_{\boldsymbol{\theta}}(N) - 2 + (n_0 - 1)^2 + n_*^2 \leq n_*^2 + 3n_* + n_0^2 + n_0 + 2$$
$$\leq (n_* + n_0 + 1)^2 \quad .$$

となり，(iii) が成り立つ.

(iv) については，定理 4.1.1 の (iii)，(iv) の場合と同様にして証明される.　□

**注意 4.3.1**

定理 4.3.1 の (iii) より $E_{\boldsymbol{\theta}}[N - n_*] \leq n_0 + 1$ となり，平均停止時刻は，$\Sigma$ が既知のときの最適な標本の大きさ $n_*$ との差が $(n_0 + 1)$ 以下であることを示している.

　次に，(4.3.3) の停止時刻を伴う，$\boldsymbol{\mu}$ の逐次推定方式 $(N, \overline{\boldsymbol{X}}_N)$ のリスクを求めよう. まず，事象 $\{N = n\}$ は $S_2, \ldots, S_n$ のみに依存するから，任意の $n \geq n_0$ について $\overline{\boldsymbol{X}}_N$ と独立になる. このとき，逐次推定方式 $(N, \overline{\boldsymbol{X}}_N)$ のリスクは，任意の $\boldsymbol{\theta}$ について

$$\begin{aligned} R\left(\boldsymbol{\theta}, \overline{\boldsymbol{X}}_N\right) &= E_{\boldsymbol{\theta}}\left[\left(\overline{\boldsymbol{X}}_N - \boldsymbol{\mu}\right)\left(\overline{\boldsymbol{X}}_N - \boldsymbol{\mu}\right)^{\top}\right] + cE_{\boldsymbol{\theta}}(N) \\ &= (\mathrm{tr}\Sigma)E_{\boldsymbol{\theta}}\left(\frac{1}{N}\right) + cE_{\boldsymbol{\theta}}(N) \\ &= c\left\{n_*^2 E_{\boldsymbol{\theta}}\left(\frac{1}{N}\right) + E_{\boldsymbol{\theta}}(N)\right\} \end{aligned} \tag{4.3.8}$$

となる. また，(4.3.2)，(4.3.8) より $\left(N, \overline{\boldsymbol{X}}_N\right)$ のリスク効率，リグレットは，それぞれ

$$e_{\boldsymbol{\theta}}\left(\overline{\boldsymbol{X}}_N\right) = \frac{R\left(\boldsymbol{\theta}, \overline{\boldsymbol{X}}_{n_*}\right)}{R\left(\boldsymbol{\theta}, \overline{\boldsymbol{X}}_N\right)} = \frac{2}{E_{\boldsymbol{\theta}}(n_*/N) + E_{\boldsymbol{\theta}}(N/n_*)},$$

$$r_{\boldsymbol{\theta}}\left(\overline{\boldsymbol{X}}_N\right) = R\left(\boldsymbol{\theta}, \overline{\boldsymbol{X}}_N\right) - R\left(\boldsymbol{\theta}, \overline{\boldsymbol{X}}_{n_*}\right) = cE_{\boldsymbol{\theta}}\left[\frac{(N - n_*)^2}{N}\right] \tag{4.3.9}$$

になる.

**定理 4.3.2**

　$p \geq 2$ のとき，(4.3.3) の停止時刻 $N$ を伴う，$\boldsymbol{\mu}$ の逐次推定方式 $(N, \overline{\boldsymbol{X}}_N)$ のリスク効率，リグレットについて

$$\lim_{c \to 0} e_{\boldsymbol{\theta}}\left(\overline{\boldsymbol{X}}_N\right) = 1, \quad r_{\boldsymbol{\theta}}\left(\overline{\boldsymbol{X}}_N\right) = O(c) \quad (c \to 0) \tag{4.3.10}$$

が成り立つ.

証明については, (4.3.2) より $R\left(\boldsymbol{\theta}, \overline{\boldsymbol{X}}_{n_*}\right) = O(c^{1/2}) \ (c \to 0)$ であるから (4.3.10) の後者が成り立てば, (4.3.9) より前者が示される. 後者の証明については, 本節の脚注 [12] の文献参照.

**注意 4.3.2**

$c \to 0$ のとき, (4.3.3) の停止時刻 $N(c)$ は漸近正規性をもつ. 実際, (4.3.4) より $(n-1)\mathrm{tr}(S_n) = \sum_{i=2}^{n}\left(\sum_{j=1}^{p}\lambda_j T_{ji}^2\right)$ となるから, これはたがいに独立に, いずれも有限な分散をもつ同一分布に従う確率変数の線形結合として表される. ここで, 各 $T_{ji}^2$ は自由度 1 のカイ 2 乗分布に従うから, $T_n = \{\mathrm{tr}(S_n)\}^{1/2}$ とおくと, 定理 4.3.1 の (ii), スラッキーの定理, アンスコムの定理 (定理 1.5.1) より

$$\sqrt{N(c)}\left(T_{N(c)}^2 - \sum_{j=1}^{p}\lambda_j\right) \Big/ \left(2\sum_{j=1}^{p}\lambda_j^2\right)^{1/2} \overset{L}{\to} Z \quad (c \to 0),$$

$$\sqrt{N(c)}\left(T_{N(c)-1}^2 - \sum_{j=1}^{p}\lambda_j\right) \Big/ \left(2\sum_{j=1}^{p}\lambda_j^2\right)^{1/2} \overset{L}{\to} Z \quad (c \to 0)$$

が成り立つ. ただし, $Z$ は N$(0,1)$ に従う確率変数とする. ここで, $a = \left(\sum_{j=1}^{p}\lambda_j\right)^{1/2}$, $b = \left\{(1/2)\sum_{j=1}^{p}\lambda_j^2 \big/ \sum_{j=1}^{p}\lambda_j\right\}^{1/2}$ とおくと, 定理 2.7.2 (デルタ法) によって

$$\sqrt{N(c)}\left(T_{N(c)} - a\right)/b \overset{L}{\to} Z \quad (c \to 0), \tag{4.3.11}$$

$$\sqrt{N(c)}\left(T_{N(c)-1} - a\right)/b \overset{L}{\to} Z \quad (c \to 0), \tag{4.3.12}$$

が成り立つ. このとき, (4.3.3) より十分小さい $c > 0$ について

$$\left\{\frac{1}{c}\mathrm{tr}(S_N)\right\}^{1/2} \le N(c) < \left\{\frac{1}{c}\mathrm{tr}(S_{N-1})\right\}^{1/2} + n_0 \tag{4.3.13}$$

となる. よって, 定理 4.3.1 の (ii), (4.3.11)〜(4.3.13), スラッキーの定理より

$$\frac{a}{b\sqrt{n_*}}\left(N(c) - n_*\right) \overset{L}{\to} Z \quad (c \to 0)$$

になる.

2.5 節において, 確率ベクトル $\boldsymbol{X} = (X_1, \ldots, X_p)$ が $p$ 変量正規分布 N$_p(\boldsymbol{\theta}, I_p) \ (\boldsymbol{\theta} \in \mathbf{R}^p)$ に従うときに, 2 乗損失の下で, $\boldsymbol{X}$ を支配する推

定量として縮小推定量について論じた．それを逐次の場合に考える．まず，各 $n \in \mathbb{N}$ について $\boldsymbol{X}_n = (X_{1n}, \ldots, X_{pn})$ とし，$\{\boldsymbol{X}_n\}$ をたがいに独立に，いずれも $p$ 変量正規分布 $\mathrm{N}_p(\boldsymbol{\mu}, \Sigma)$ に従う確率ベクトル列とする．ただし，$\Sigma = \sigma^2 V$ とし，$\sigma^2 (\in \mathbf{R}_+)$ は未知とし，$V$ は既知の正定値行列とする．また，$\boldsymbol{\mu}$ の推定量 $\hat{\boldsymbol{\mu}}_n$ の損失を (4.3.1) とし，停止時刻 $N$ を (4.3.3) と同様に

$$N = \inf \left\{ n \geq n_0 : n \geq \left( \frac{\tilde{S}_n^2}{c} \right)^{1/2} (\mathrm{tr}V)^{1/2} \right\} \qquad (4.3.14)$$

とする．ただし，$n_0 \geq 2$ とし，各 $n \geq 2$ について

$$\tilde{S}_n^2 = \frac{1}{p(n-1)} \sum_{i=1}^{n} (\boldsymbol{X}_i - \overline{\boldsymbol{X}}_n) V^{-1} (\boldsymbol{X}_i - \overline{\boldsymbol{X}}_n)^\top$$

とする．ここで，$b \in \mathbf{R}_+$ とし，$\boldsymbol{\mu}$ の JS 推定量 $\hat{\boldsymbol{\mu}}_N^b = \hat{\boldsymbol{\mu}}_N^b(\boldsymbol{X}_N)$ のクラスを考える．ただし，$n \geq 2$ について

$$\hat{\boldsymbol{\mu}}_N^b(\boldsymbol{X}_n)$$
$$= \overline{\boldsymbol{X}}_n - bS_n^2 \left\{ n \left( \overline{\boldsymbol{X}}_n - \boldsymbol{\lambda} \right) V^{-1} V^{-1} \left( \overline{\boldsymbol{X}}_n - \boldsymbol{\lambda} \right)^\top \right\}^{-1} V^{-1} \left( \overline{\boldsymbol{X}}_n - \boldsymbol{\lambda} \right)^\top$$

で，$S_n^2 = (p/(p+2))\tilde{S}_n^2$ とし，$\boldsymbol{\lambda} \in \mathbf{R}^p$ を縮小したい方向への既知の点とする．なお，$\boldsymbol{\lambda}$ は事前分布の平均としてとられることも多い．このとき，$\boldsymbol{\mu}$ の逐次推定方式 $(N, \hat{\boldsymbol{\mu}}_N^b)$, $(N, \overline{\boldsymbol{X}}_N)$ のリスクについて，次の定理が得られる．

> **定理 4.3.3**

$p \geq 3$ とし，$\boldsymbol{\mu}$ の推定量 $\hat{\boldsymbol{\mu}}_n$ の損失を (4.3.1)，停止時刻 $N$ を (4.3.14) とする．このとき，$\boldsymbol{\theta} = (\boldsymbol{\mu}, \sigma^2 V)$ として，$b$ を $b \in (0, 2(p-2))$ とすれば，任意の $\boldsymbol{\theta}$ について

$$R \left( \boldsymbol{\theta}, \hat{\boldsymbol{\mu}}_N^b \right) \leq R \left( \boldsymbol{\theta}, \overline{\boldsymbol{X}}_N \right) = 2\sigma(c\,\mathrm{tr}V)^{1/2} + \frac{c}{2p} + o(c) \quad (c \to 0)$$

が成り立つ．

証明は省略[13].

## 4.4 ガンマ分布の尺度母数の逐次推定

いま，$X_1, X_2, \ldots$ をたがいに独立に，いずれも p.d.f.

$$p(x; \alpha, \beta) = \frac{1}{\beta \Gamma(\alpha)} \left(\frac{x}{\beta}\right)^{\alpha-1} e^{-x/\beta} \chi_{(0,\infty)}(x)$$

をもつガンマ分布 $\mathrm{G}(\alpha, \beta)$ に従う確率変数列とする．ただし，$\boldsymbol{\theta} = (\alpha, \beta)$ $\in \Theta = \mathbf{R}_+^2$ とする．ここで，**形状母数** (shape parameter) $\alpha$ を既知とし，**尺度母数** (scale parameter) $\beta$ を未知として，$\beta$ の逐次推定について考える．まず，$\beta$ の推定量を $\hat{\beta}_n = \hat{\beta}_n(\boldsymbol{X}_n)$ とし，$\hat{\beta}_n$ の損失を

$$L\left(\beta, \hat{\beta}_n\right) = \left(\hat{\beta}_n - \beta\right)^2 + cn$$

とする．ただし，$\boldsymbol{X}_n = (X_1, \ldots, X_n)$, $c(> 0)$ を 1 標本当たりの費用で既知とする．ここで，$\beta$ の推定量として $\hat{\beta}_n^* = \hat{\beta}_n^*(\boldsymbol{X}_n) = \overline{X}_n/\alpha$ をとると，そのリスクは

$$R\left(\beta, \hat{\beta}_n^*\right) = E_{\boldsymbol{\theta}}\left[L\left(\beta, \hat{\beta}_n^*\right)\right] = E_{\boldsymbol{\theta}}\left[\left(\frac{\overline{X}_n}{\alpha} - \beta\right)^2\right] + cn$$

$$= \frac{\beta^2}{n\alpha} + cn \tag{4.4.1}$$

となり，これを最小にする $n$ は $n_* = \beta/\sqrt{c\alpha}$ となる．いま，簡単のために $n_*$ を整数とする．このとき，(4.4.1) より $R(\beta, \hat{\beta}_{n_*}^*) = 2cn_*$ となる．

次に，各 $i \in \mathbb{N}$ について，$Y_i = X_i/(\alpha\beta)$ とおき，停止時刻を

---

[13] Ghosh, M., Nickerson, D. M. and Sen, P. K. (1987). Sequential shrinkage estimation. *Ann. Statist.*, **15**, 817-829 参照．また，その文献において JS 推定量とともに Takada, Y. (1984). Inadmissibility of a sequential estimation rule of the mean of a multivariate normal distribution. *Sequential Anal.*, **3**, 267-271 において提案された縮小推定量とのモンテカルロ法による比較が行われた．なお，関連する 2 段階法による推定については，青嶋誠 (2002). 二段階標本抽出による統計的推測．数学, **54**, 365-382 参照．

$$N = N(c) = \inf\left\{ n \geq n_0 : n \geq \left(\frac{\overline{X}_n^2}{c\alpha^3}\right)^{1/2} \right\}$$

$$= \inf\left\{ n \geq n_0 : \frac{n^2}{n_*} \geq W_n \right\} \qquad (4.4.2)$$

とする. ただし, $n_0$ は初期標本の大きさとし, $W_n = \sum_{i=1}^{n} Y_i$ とする. 4.1 節と同様に, $\lim_{c \to 0} N(c) = \infty$ a.s. になる. また, $n_0 > 1/\alpha$ として

$$E_{\boldsymbol{\theta}}(N) = n_* + \nu - \frac{1}{\alpha} + o(1) \quad (c \to 0) \qquad (4.4.3)$$

となる. ただし, $\nu = (1/2)(1+(1/\alpha)) - \sum_{n=1}^{\infty} E_{\boldsymbol{\theta}}\left[(W_n - 2n)^+\right]$ とする. このとき, $\beta$ の逐次推定方式 $(N, \hat{\beta}_N^*)$ は **2 次の** ($o(c)$ のオーダーまでの) **漸近リスク** (second order asymptotic risk) をもつ[14].

**定理 4.4.1**

$n_0 > 2/\alpha$ とするとき, (4.4.2) の停止時刻を伴う, $\beta$ の逐次推定方式 $(N, \hat{\beta}_N^*)$ のリスクは, 任意の $\boldsymbol{\theta} \in \Theta$ について

$$R(\boldsymbol{\theta}, \hat{\beta}_N^*) = 2cn_* + \frac{3c}{\alpha} + o(c) \quad (c \to 0) \qquad (4.4.4)$$

である.

**証明**　まず

$$\begin{aligned} R(\boldsymbol{\theta}, \hat{\beta}_N^*) &= E_{\boldsymbol{\theta}}\left[\left(\frac{\overline{X}_N}{\alpha} - \beta\right)^2\right] + cE_{\boldsymbol{\theta}}(N) \\ &= \beta^2 E_{\boldsymbol{\theta}}\left[\left(\overline{Y}_N - 1\right)^2\right] + cE_{\boldsymbol{\theta}}(N) \\ &= c\alpha n_*^2 E_{\boldsymbol{\theta}}\left[\frac{(W_N - N)^2}{N^2}\right] + cE_{\boldsymbol{\theta}}(N) \qquad (4.4.5) \end{aligned}$$

---

[14] (4.4.3) 式の導出も含めて 4.1 節の脚注 6) の Woodroofe (1977) 参照. また, ガンマ分布の平均の逐次推定についても同様に論じられている (Isogai, E. and Uno, C. (1995). On the sequential point estimation of a gamma distribution. *Statistics & Probability Letters*, **22**, 287-293 参照).

となる. ただし, $\overline{Y}_n = W_n/n$ とする. ここで, (4.4.1) より

$$\left(\frac{n_*}{N}\right)^2 = 1 + \left(\frac{n_*}{N}\right)^2 - 1 = 1 + \left(1 - \frac{N^2}{n_*^2}\right) + \left(\frac{n_*}{N}\right)^2\left(1 - \frac{N^2}{n_*^2}\right)^2 \quad (4.4.6)$$

となり, また, $E_{\boldsymbol{\theta}}(X_1) = \alpha\beta$, $V_{\boldsymbol{\theta}}(X_1) = \alpha\beta^2$ より $E_{\boldsymbol{\theta}}(Y_1) = 1$, $V_{\boldsymbol{\theta}}(Y_1) = 1/\alpha$ となるから, 定理 1.3.2 より

$$E_{\boldsymbol{\theta}}\left[(W_N - N)^2\right] = E_{\boldsymbol{\theta}}\left[\left\{\sum_{i=1}^{N}(Y_i - 1)\right\}^2\right] = \frac{1}{\alpha}E_{\boldsymbol{\theta}}(N) \quad (4.4.7)$$

となる. このとき, (4.4.5)〜(4.4.7) より

$$R(\boldsymbol{\theta}, \hat{\beta}_N^*)$$
$$= c\alpha E_{\boldsymbol{\theta}}\left[\frac{n_*^2}{N^2}(W_N - N)^2\right] + cE_{\boldsymbol{\theta}}(N)$$
$$= c\alpha E_{\boldsymbol{\theta}}\left[(W_N - N)^2\left\{1 + \left(1 - \frac{N^2}{n_*^2}\right) + \left(\frac{n_*}{N}\right)^2\left(1 - \frac{N^2}{n_*^2}\right)^2\right\}\right] + cE_{\boldsymbol{\theta}}(N)$$
$$= 2cE_{\boldsymbol{\theta}}(N) + c\alpha E_{\boldsymbol{\theta}}\left[(W_N - N)^2\left\{1 - \frac{N^2}{n_*^2} + \left(\frac{n_*}{N}\right)^2\left(1 - \frac{N^2}{n_*^2}\right)^2\right\}\right]$$
$$= 2cE_{\boldsymbol{\theta}}(N) + c\alpha\left\{E_{\boldsymbol{\theta}}\left[(W_N - N)^2(1 - b^2N^2)\right]\right.$$
$$\left. + E_{\boldsymbol{\theta}}\left[(W_N - N)^2(bN)^{-2}(1 - b^2N^2)^2\right]\right\} \quad (4.4.8)$$

となる. ただし, $b = 1/n_*$ とする. ここで, $R_b = bN^2 - W_N$ とおくと

$$1 - b^2N^2 = \frac{1}{N}(1 + bN)(N - bN^2) = \frac{1}{N}(1 + bN)(N - W_N - R_b)$$
$$= b(N - W_N) + \frac{1}{N}(N - W_N) - \left(b + \frac{1}{N}\right)R_b \quad (4.4.9)$$

となり, 大数の強法則によって $\lim_{k\to\infty}\overline{X}_k = \alpha\beta$ *a.s.* となるから (4.4.2) より 4.1 節と同様にして $\lim_{c\to 0} N(c)/n_* = 1$ *a.s.* になる. また, $R_b = O_p(1)$ $(c \to 0)$ であるから, (4.4.9) より

$$1 - b^2N^2 = -2b(W_N - N) + O_p(c) \quad (c \to 0) \quad (4.4.10)$$

になる. このとき, $Z_{1/\alpha}$ を $N(0, 1/\alpha)$ に従う確率変数とすれば, 中心極限定理より $(W_k - k)/\sqrt{k} \xrightarrow{L} Z_{1/\alpha}$ $(k \to \infty)$ となり, $\lim_{c\to 0} N(c)/n_* = 1$ *a.s.* なので, $T_N = (W_N - N)^2(bN)^{-2}(1 - b^2N^2)^2$ とおくと (4.4.10) より $T_N \xrightarrow{L} 4Z_{1/\alpha}^4$

$(c \to 0)$ となる. ここで, $W_N$ が $c(\leq c_0)$ について一様可積分になり, また, (4.4.10) における $O_p(c)$ も一様可積分になるから

$$\lim_{c \to 0} E_{\boldsymbol{\theta}}(T_N) = 4E_{\boldsymbol{\theta}}(Z^4) = \frac{12}{\alpha^2} \qquad (4.4.11)$$

となる. 次に, $1 - b^2 N^2 = 2b(N - bN^2) + (1 - bN)^2$, $N - bN^2 = N - W_N - R_b$ より

$$(W_N - N)^2(1 - b^2 N^2)$$
$$= -2b(W_N - N)^3 - 2b(W_N - N)^2 R_b + (W_N - N)^2(1 - bN)^2 \quad (4.4.12)$$

となり, 必要とする一様可積分性も示されるから, (4.4.3) より

$$\lim_{c \to 0} E_{\boldsymbol{\theta}} \left[ b(W_N - N)^2 R_b \right] = \frac{\nu}{\alpha} \qquad (4.4.13)$$

となる. また, (4.4.11) のときと同様にして

$$\lim_{c \to 0} E_{\boldsymbol{\theta}} \left[ (W_N - N)^2(1 - bN)^2 \right]$$
$$= \lim_{c \to 0} E_{\boldsymbol{\theta}} \left[ (W_N - N)^2(1 - b^2 N^2)^2(1 + bN)^{-2} \right] = \frac{3}{\alpha^2} \qquad (4.4.14)$$

になる. 最後に, $E_{\boldsymbol{\theta}} \left[ (Y_1 - 1)^3 \right] = 2/\alpha^2$ になるから, 定理 1.3.3 によって

$$E_{\boldsymbol{\theta}} \left[ (W_N - N)^3 \right] = \frac{2}{\alpha^2} E_{\boldsymbol{\theta}}(N) + \frac{3}{\alpha} E_{\boldsymbol{\theta}} \left[ N(W_N - N) \right] \qquad (4.4.15)$$

となる. また

$$bN(W_N - N) = bN^2(bN - 1) - bN R_b$$
$$= N - \frac{1}{b} + b(N^2 - b^2)(bN - 1) - bN R_b \qquad (4.4.16)$$

となり, (4.4.3) を用いて (4.4.11) と同様にして (4.4.15), (4.4.16) から

$$E_{\boldsymbol{\theta}} \left[ b(W_N - N)^3 \right] = \frac{5}{\alpha^2} + o(1) \quad (c \to 0) \qquad (4.4.17)$$

になる. このとき, (4.4.12)〜(4.4.14), (4.4.17) によって

$$E_{\boldsymbol{\theta}} \left[ (W_N - N)^2(1 - b^2 N^2) \right] = -\frac{10}{\alpha^2} - \frac{2\nu}{\alpha} + \frac{3}{\alpha^2} + o(1)$$
$$= -\frac{2\nu}{\alpha} - \frac{7}{\alpha^2} + o(1) \quad (c \to 0) \qquad (4.4.18)$$

となる．よって，(4.4.3), (4.4.8), (4.4.11), (4.4.18) より

$$R\left(\boldsymbol{\theta}, \hat{\beta}_N^*\right) = 2cn_* + \frac{3c}{\alpha} + o(c) \quad (c \to 0)$$

となるので，(4.4.4) が示された．　　　　　　　　　　　　　　　□

## 4.5　正規分布の平均の逐次区間推定と 2 段階推定方式

　まず，$X_1, X_2, \ldots, X_n, \ldots$ をたがいに独立に，いずれも $\mathrm{N}(\mu, \sigma^2)$ ($\boldsymbol{\theta} = (\mu, \sigma^2) \in \mathbf{R}^1 \times \mathbf{R}_+$) に従う確率変数列とし，$\mu$ を未知とする．1.1 節において述べたように，任意に与えられた $d \in \mathbf{R}_+$ について大きさ $n$ の無作為標本 $X_1, \ldots, X_n$ に基づく $\mu$ の（固定幅をもつ）信頼区間 $\left[\overline{X}_n - d, \overline{X}_n + d\right]$ をとれば，$\sigma^2$ が既知のときにあらかじめ定めた被覆確率 $1 - \alpha$ を達成する．すなわち，$P_{\boldsymbol{\theta}}\left\{\mu \in \left[\overline{X}_n - d, \overline{X}_n + d\right]\right\} = 1 - \alpha$ となるために要する（標本の）最適な大きさ $n$ は $n_* = u_{\alpha/2}^2 \sigma^2/d^2$ 以上となる最小の自然数になる．ただし，$\overline{X}_n = (1/n)\sum_{i=1}^n X_i$ とし，$0 < \alpha < 1$ で $u_\alpha$ を $\mathrm{N}(0,1)$ の上側 $100\alpha\%$ 点とする．ここでは，簡単のために $n_*$ を自然数とする．

　さて，$\sigma^2$ が未知のときに $n_*$ は $\sigma^2$ に依存するので，$\sigma^2$ の代わりに不偏分散 $S_{0n}^2 = \sum_{i=1}^n (X_i - \overline{X}_n)^2/(n-1)$ を用いて停止時刻を

$$N = N(d) = \inf\left\{n \geq n_0 : n \geq \frac{u_{\alpha/2}^2 S_{0n}^2}{d^2}\right\} \tag{4.5.1}$$

とする．ただし，$n_0 \geq 2$ とする．このとき，4.1 節の場合と同様にして大数の強法則から $\lim_{k \to \infty} S_{0k}^2 = \sigma^2 \ a.s.$ となるから

$$P_{\boldsymbol{\theta}}\{N = \infty\} = \lim_{k \to \infty} P_{\boldsymbol{\theta}}\{N > k\} \leq \lim_{k \to \infty} P_{\boldsymbol{\theta}}\left\{k < \frac{u_{\alpha/2}^2 S_{0k}^2}{d^2}\right\} = 0$$

となるので，$P_{\boldsymbol{\theta}}\{N < \infty\} = 1$ となる．なお，(4.5.1) の停止時刻による停止則を用いた標本抽出法を**チャウ・ロビンス** (Chow-Robbins) の標

**本抽出法**という[15]. また，(4.5.1) より $N(d)$ は $d$ について単調減少になり，$\lim_{d\to 0} N(d) = \infty$ a.s. になるから，単調収束定理によって $\lim_{d\to 0} E_{\boldsymbol{\theta}}(N) = \infty$ になる．さらに，(4.5.1) より

$$\frac{1}{\sigma^2}S_{0N}^2 \le \frac{N}{n_*} < \frac{1}{\sigma^2}S_{0,N-1}^2 + \frac{n_0}{n_*}$$

となり，$\lim_{d\to 0} S_{0N}^2 = \sigma^2$ a.s., $\lim_{d\to 0} S_{0,N-1}^2 = \sigma^2$ a.s., $\lim_{d\to 0} n_0/n_* = 0$ になるから，

$$\lim_{d\to 0}\frac{N}{n_*} = 1 \quad a.s. \tag{4.5.2}$$

になる．ここで，4.1 節のときと同様にして停止時刻 $N$ を伴う $\mu$ の信頼区間 $[\overline{X}_N - d, \overline{X}_N + d]$ に関する性質が次のように得られる．

---

**定理 4.5.1**

$X_1, X_2, \ldots, X_n, \ldots$ をたがいに独立に，いずれも $N(\mu, \sigma^2)$ $(\boldsymbol{\theta} = (\mu, \sigma^2)$ $\in \Theta = \mathbf{R}^1 \times \mathbf{R}_+)$ に従う確率変数列とし，停止時刻 $N$ を (4.5.1) とする．このとき，任意の $\boldsymbol{\theta} \in \mathbf{R}^1 \times \mathbf{R}_+$ について次のことが成り立つ．

(i) $E_{\boldsymbol{\theta}}(N) \le n_* + n_0 + 1$

(ii) $E_{\boldsymbol{\theta}}(N^2) \le (n_* + n_0 + 1)^2 - 2$

(iii) $\displaystyle\lim_{d\to 0} E_{\boldsymbol{\theta}}\left(\frac{N}{n_*}\right) = 1$

(iv) $\displaystyle\lim_{d\to 0} P_{\boldsymbol{\theta}}\left\{\overline{X}_N - d \le \mu \le \overline{X}_N + d\right\} = 1 - \alpha$

**証明**　(i), (ii)：まず，$E_{\boldsymbol{\theta}}(N) < \infty$ と仮定する．いま，(4.5.1) より

$$N - 1 \le (n_0 - 1)\chi_{\{n_0\}}(N) + \frac{u_{\alpha/2}^2 S_{0,N-1}^2}{d^2}$$

となるから

---

[15] 1.4 節の脚注 [24] の Chow and Robbins (1965) 参照.

$$(N-1)(N-2)$$

$$\leq (n_0-1)(N-2)\chi_{\{n_0\}}(N) + \left(\frac{u_{\alpha/2}}{d}\right)^2 \sum_{i=1}^{N-1}(X_i-\overline{X}_{N-1})^2$$

$$\leq (n_0-1)(n_0-2)\chi_{\{n_0\}}(N) + \left(\frac{u_{\alpha/2}}{d}\right)^2 \sum_{i=1}^{N-1}(X_i-\mu)^2$$

$$\leq (n_0-2)N + \left(\frac{u_{\alpha/2}}{d}\right)^2 \sum_{i=1}^{N}(X_i-\mu)^2 \tag{4.5.3}$$

になる．ここで，(4.5.3) の辺々の期待値をとると，ワルドの等式（定理 1.3.1）より

$$E_{\boldsymbol{\theta}}(N^2) - 3E_{\boldsymbol{\theta}}(N) + 2 \leq \left\{n_0 - 2 + \left(\frac{u_{\alpha/2}\sigma}{d}\right)^2\right\} E_{\boldsymbol{\theta}}(N)$$

となるから

$$\{E_{\boldsymbol{\theta}}(N)\}^2 \leq E_{\boldsymbol{\theta}}(N^2) \leq \left\{n_0 + 1 + \left(\frac{u_{\alpha/2}\sigma}{d}\right)^2\right\} E_{\boldsymbol{\theta}}(N) - 2$$

$$< \left\{n_0 + 1 + \left(\frac{u_{\alpha/2}\sigma}{d}\right)^2\right\} E_{\boldsymbol{\theta}}(N) \tag{4.5.4}$$

になる．このとき，$E_{\boldsymbol{\theta}}(N) > 0$ より

$$E_{\boldsymbol{\theta}}(N) < n_0 + 1 + n_*$$

となり，(i) が示された．また，(4.5.3), (4.5.4) より

$$E_{\boldsymbol{\theta}}(N^2) \leq (n_0 + n_* + 1)^2 - 2$$

となり，(ii) が示された．また，$E_{\boldsymbol{\theta}}(N) < \infty$ を仮定しないときには，$N_k = \min\{N, k\}$ $(k \in \mathbb{N})$ とし，$N$ を $N_k$ に置き換えると上記より (i), (ii) が成り立ち，$\{N_k\}$ は単調増加列で $\lim_{k\to\infty} N_k = N$ $a.s.$ となるから単調収束定理より (i), (ii) が得られる．

(iii) (4.5.2) とファトゥーの補題より

$$\varliminf_{d\to 0} \frac{1}{n_*} E_{\boldsymbol{\theta}}(N) \geq E_{\boldsymbol{\theta}}\left[\varliminf_{d\to 0} \frac{N}{n_*}\right] = 1$$

となる．また，(i) より

$$\frac{1}{n_*}E_{\boldsymbol{\theta}}(N) \leq (n_0+1)\frac{d^2}{u_{\alpha/2}^2\sigma^2}+1$$

となるから，$\overline{\lim}_{d\to 0} E_{\boldsymbol{\theta}}(N)/n_* \leq 1$ となる．よって，$\lim_{d\to 0} E_{\boldsymbol{\theta}}(N/n_*)=1$ となり，(iii) が成り立つ．

(iv) 補題 1.5.1 により，任意の $t \in \mathbf{R}^1$ について

$$\lim_{d\to 0} P_{\boldsymbol{\theta}}\left\{\frac{\sqrt{N}}{\sigma}\left(\overline{X}_N-\mu\right)\leq t\right\}=\Phi(t) \tag{4.5.5}$$

になる．ただし，$\Phi$ は N(0,1) の c.d.f. とする．ここで，(4.5.2) より $\lim_{d\to 0}$ $\sqrt{N}d/\sigma = u_{\alpha/2}$ $a.s.$ であるから，(4.5.5) より，任意の $\boldsymbol{\theta}\in\Theta$ について

$$\lim_{d\to 0} P_{\boldsymbol{\theta}}\left\{\left|\overline{X}_N-\mu\right|\leq d\right\}=\lim_{d\to 0} P_{\boldsymbol{\theta}}\left\{\frac{\sqrt{N}}{\sigma}\left|\overline{X}_N-\mu\right|\leq \frac{1}{\sigma}\sqrt{N}d\right\}$$
$$=2\Phi(u_{\alpha/2})-1=1-\alpha$$

となり，(iv) が成り立つ．□

## 注意 4.5.1

定理 4.5.1 の (iii)，(iv) の性質をそれぞれ**漸近有効性** (asymptotic efficiency)，**漸近一致性** (asymptotic consistency) という．これらの性質について一様分布の場合にも論じられている[16]．

## 注意 4.5.2[17]

停止時刻 $N$ を少し修正して

$$N = \inf\left\{n\geq n_0 : n > \frac{u_{\alpha/2}^2\ell_n S_{0n}^2}{d^2}\right\}$$

とする．ただし，$n_0\geq 2$ とし，$\ell_n\geq 1$ $(n\in\mathbb{N})$ で $\lim_{n\to\infty}\ell_n=1$ とする．まず，$n\geq 2$ について $\overline{X}_n$ と事象 $\{N=n\}$ はたがいに独立であるから

[16] Akahira, M. and Koike, K. (2005). Sequential interval estimation of a location parameter with the fixed width in the uniform distribution with an unknown scale parameter. *Sequential Analysis*, **24**, 63-75 参照.

[17] 4.1 節の脚注 [8] の Woodroofe, M. (1982) の Chap.10 参照.

$$P_{\boldsymbol{\theta}}\left\{\left|\overline{X}_N - \mu\right| \le d\right\} = E_{\boldsymbol{\theta}}\left[\Psi\left(u_{\alpha/2}^2 \frac{N}{n_*}\right)\right]$$

になる. ただし, $\Psi(t) = 2\Phi(\sqrt{t}) - 1 \ (t > 0)$ とする. 次に, 変換

$$W_k = \left\{\sum_{j=1}^{k}(X_j - X_{k+1})\right\}^2 \Big/ \left\{k(k+1)\sigma^2\right\} \quad (k \in \mathbb{N})$$

を用いると, $W_1, W_2, \ldots$ はたがいに独立に, いずれも $\chi_1^2$ 分布に従う確率変数列になり, 任意の $n \ge 2$ について $W_1, \ldots, W_{n-1}$ は $\overline{X}_n$ と独立になり, また

$$\sum_{i=1}^{n}(X_i - \overline{X}_n)^2 = \sigma^2 \sum_{j=1}^{n-1} W_j$$

と表せる. ここで, $\overline{W}_n = (1/n)\sum_{j=1}^{n} W_j$ として $S_n = n - pn(\overline{W}_n - 1)$ とおく. ただし, $0 < p \le 1$ とする. そして, 乱歩 $S_n \ (n \in \mathbb{N})$ の漸近分布の平均を $\rho_p$ とすると

$$\rho_p = \frac{1}{2} + p^2 - \sum_{k=1}^{\infty}\frac{1}{k}E[S_k^-]$$

となる. ただし, $S_k^- = \max\{-S_k, 0\}$ とする. いま

$$\ell_n = 1 + \frac{1}{n}\ell_0 + o\left(\frac{1}{n}\right) \quad (n \to \infty)$$

と仮定する. $n_0 \ge 4$ のとき, 停止時刻 $N$ の平均は

$$E_{\boldsymbol{\theta}}(N) = n_* + \rho_1 + (\ell_0 - 2) + o(1) \quad (d \to 0)$$

になる. また, 信頼区間 $\left[\overline{X}_N - d, \overline{X}_N + d\right]$ の被覆確率の 2 次の ($o(d)$ のオーダーまでの) 漸近展開については, テイラー展開によって $n_0 \ge 7$ のとき

$$P_{\boldsymbol{\theta}}\left\{\left|\overline{X}_N - \mu\right| \le d\right\}$$
$$= 1 - \alpha + \frac{1}{n_*}\left\{u_{\alpha/2}^2\Psi'\left(u_{\alpha/2}^2\right)\left(\rho_1 + \ell_0 - 2\right) + u_{\alpha/2}^4\Psi''(u_{\alpha/2}^2)\right\} + o(d)$$
$$(d \to 0)$$

となる. また

$$\rho_1 + \ell_0 > 2 - u_{\alpha/2}^2 \frac{\Psi''(u_{\alpha/2}^2)}{\Psi'(u_{\alpha/2}^2)} = 2 + \frac{1}{2}\left(1 + u_{\alpha/2}^2\right)$$

ならば, $d$ が小さいとき $P_{\boldsymbol{\theta}}\left\{\left|\overline{X}_N - \mu\right| \le d\right\} > 1 - \alpha$ となる. なお, $\rho_1 \fallingdotseq 0.818$ となる.

次に, 1.1 節において述べた 2 段階法による $\mu$ の区間推定を考える. そこで, 本節の最初において, 任意に与えられた $d(\in \mathbf{R}_+)$ について大きさ

$n$ の無作為標本 $X_1, \ldots, X_n$ に基づく $\mu$ の信頼区間 $[\overline{X}_n - d, \overline{X}_n + d]$ を
とれば，$\sigma^2$ を任意に固定したときにあらかじめ定めた被覆確率 $1 - \alpha$ を
達成する（標本の）最適な大きさは $n_* = u_{\alpha/2}^2 \sigma^2 / d^2$ であった．このと
き，$\sigma^2$ が未知の場合に $\eta = u_{\alpha/2}^2 \sigma^2 / d^2$ を最適な大きさを表す母数と考
える．まず，正規分布 $N(\mu, \sigma^2)$ $(\boldsymbol{\theta} = (\mu, \sigma^2) \in \Theta = \mathbf{R}^1 \times \mathbf{R}_+)$ から
大きさ $n_0 (\geq 2)$ の標本 $X_1, \ldots, X_{n_0}$ を抽出し，$\overline{X}_{n_0} = (1/n_0) \sum_{i=1}^{n_0} X_i$,
$S_{0n_0}^2 = \sum_{i=1}^{n_0} (X_i - \overline{X}_{n_0})^2 / (n_0 - 1)$ とする．ここで，$t_{n_0 - 1}$ 分布[18]の上側
$100\alpha\%$ 点を $t_\alpha(n_0 - 1)$ として，任意に与えられた $d (\in \mathbf{R}_+)$ について停止
時刻

$$N = N(d) = \max\left\{ n_0, \left[ \frac{t_{\alpha/2}^2(n_0 - 1)S_{0n_0}^2}{d^2} \right]^* + 1 \right\} \qquad (4.5.6)$$

と定義する．ただし，$[a]^*$ は $a$ より小さい最大の整数とする．この停止
時刻 $N$ による 2 段階法は，1.1 節において述べたスタインの 2 段階法で，
次のように行う．まず第 1 段階において $N = n_0$ のとき，すなわち $n_0$
が $\eta$ の推定量 $t_{\alpha/2}^2(n_0 - 1)S_{0n_0}^2 / d^2$ の値以上のとき，第 2 段階での標本
抽出を停止する．また，第 1 段階において，$N > n_0$ のときには，第 2
段階において，大きさ $N - n_0$ の標本の抽出を行う．最終的には，標本
$X_1, \ldots, X_N$ を抽出して停止し，信頼係数 $1 - \alpha$ の $\mu$ の信頼区間 $[\overline{X}_N - d,$
$\overline{X}_N + d]$ を求める．

> **定理 4.5.2**
> 
> (4.5.6) の停止時刻 $N$ による 2 段階法によって，任意の $\boldsymbol{\theta} \in \Theta$ につい
> て次のことが成り立つ．
> 
> (i) $P_{\boldsymbol{\theta}} \left\{ \overline{X}_N - d \leq \mu \leq \overline{X}_N + d \right\} \geq 1 - \alpha$
> 
> (ii) $\dfrac{1}{d^2} t_{\alpha/2}^2(n_0 - 1)\sigma^2 \leq E_{\boldsymbol{\theta}}(N) \leq n_0 + \dfrac{1}{d^2} t_{\alpha/2}^2(n_0 - 1)\sigma^2$
> 
> (iii) $\displaystyle \lim_{d \to 0} E_{\boldsymbol{\theta}}\left( \frac{N}{\eta} \right) = \frac{t_{\alpha/2}^2(n_0 - 1)}{u_{\alpha/2}^2}$

---

[18] 1.1 節の脚注 [6] 参照.

(iv) $\lim_{d \to 0} P_{\boldsymbol{\theta}} \left\{ \overline{X}_N - d \le \mu \le \overline{X}_N + d \right\} = 1 - \alpha$

**証明** (i) 例 2.4.1 より，任意に固定した $\sigma^2$ について，$(X_1, \ldots, X_n)$ に基づく $\overline{X}_n$ は $\mu$ に対する完備十分統計量になり[19]，また，$(X_1, \ldots, X_{n_0})$ に基づく $S_{0n_0}^2$ について $(n_0 - 1)S_{0n_0}^2 / \sigma^2$ は $\chi_{n_0-1}^2$ 分布に従うから，これは $\mu$ に対する補助統計量になる．このとき，(4.5.6) とバスーの定理（定理 2.4.6）より，各 $n = n_0, n_0 + 1, \ldots$ について $\overline{X}_n$ と $\chi_{\{N=n\}}$ はたがいに独立になる．よって，$I_N = \left[ \overline{X}_N - d, \overline{X}_N + d \right]$ とすれば，任意の $\boldsymbol{\theta} \in \Theta$ について

$$P_{\boldsymbol{\theta}}\{\mu \in I_N\} = \sum_{n=n_0}^{\infty} P_{\boldsymbol{\theta}} \left( \{ |\overline{X}_N - \mu| \le d \} \cap \{N = n\} \right)$$

$$= \sum_{n=n_0}^{\infty} P_{\boldsymbol{\theta}} \left\{ |\overline{X}_N - \mu| \le d \mid N = n \right\} P_{\boldsymbol{\theta}}\{N = n\}$$

$$= E_{\boldsymbol{\theta}} \left[ 2\Phi \left( \frac{d\sqrt{N}}{\sigma} \right) - 1 \right] \tag{4.5.7}$$

となる．ただし，$\Phi(t)$ は標準正規分布 $N(0,1)$ の c.d.f. とする．また，(4.5.6) より

$$\frac{1}{d^2} t_{\alpha/2}^2 (n_0 - 1) S_{0n_0}^2 \le N \le n_0 + \frac{1}{d^2} t_{\alpha/2}^2 (n_0 - 1) S_{0n_0}^2 \tag{4.5.8}$$

となるから，$d\sqrt{N} \ge t_{\alpha/2}(n_0-1)S_{0n_0}$ となり，$Z$ を $S_{0n_0}$ と独立に $N(0,1)$ に従う確率変数とすると (4.5.7) より

$$P_{\boldsymbol{\theta}}\{\mu \in I_N\} \ge E_{\boldsymbol{\theta}} \left[ 2\Phi \left( \frac{1}{\sigma} t_{\alpha/2}(n_0 - 1) S_{0n_0} \right) - 1 \right]$$

$$= E_{\boldsymbol{\theta}} \left[ P_{\boldsymbol{\theta}} \left\{ |Z| \le \frac{1}{\sigma} t_{\alpha/2}(n_0 - 1) S_{0n_0} \,\Big|\, S_{0n_0} \right\} \right]$$

$$= P_{\boldsymbol{\theta}} \left\{ |Z| \le \frac{1}{\sigma} t_{\alpha/2}(n_0 - 1) S_{0n_0} \right\} \tag{4.5.9}$$

となる．ただし，$S_{0n_0} = \sqrt{S_{0n_0}^2}$ とする．このとき，$\sigma Z / S_{0n_0}$ は $t_{n_0-1}$ 分布に従うので，(4.5.9) より

$$P_{\boldsymbol{\theta}}\{\mu \in I_N\} \ge P_{\boldsymbol{\theta}} \left\{ \frac{\sigma|Z|}{S_{0n_0}} \le t_{\alpha/2}(n_0 - 1) \right\} = 1 - \alpha \tag{4.5.10}$$

---

[19] 赤平 [A19] の例 1.1.1（続 9）(p.52) 参照.

となる.

(ii) (4.5.8) の辺々の期待値をとれば (ii) を得る.

(iii) 定理の不等式 (ii) の辺々を $\eta$ で割ると

$$\frac{t_{\alpha/2}^2(n_0-1)}{u_{\alpha/2}^2} \le \frac{E_{\boldsymbol{\theta}}(N)}{\eta} \le \frac{n_0 d^2}{u_{\alpha/2}^2 \sigma^2} + \frac{t_{\alpha/2}^2(n_0-1)}{u_{\alpha/2}^2}$$

となるから, $d \to 0$ とすれば, (iii) を得る.

(iv) (4.5.8) より $\lim_{d\to 0} d\sqrt{N} = t_{\alpha/2}(n_0-1)S_{0n_0}$ $a.s.$ となり, $0 \le 2\Phi\big(d\sqrt{N}/\sigma\big) - 1 < 2$ であるから, (4.5.7) とルベーグの収束定理より

$$\lim_{d\to 0} P_{\boldsymbol{\theta}}\{\mu \in I_N\} = E_{\boldsymbol{\theta}}\left[2\Phi\left(\frac{1}{\sigma}t_{\alpha/2}(n_0-1)S_{0n_0}\right) - 1\right]$$

となり, (4.5.9) と (4.5.10) の等式から (iv) が示される. □

### 注意 4.5.3

(4.5.6) より $\lim_{d\to 0} N(d) = \infty$ $a.s.$ となり, また $\lim_{d\to 0}\eta = \infty$ となるから, $\mu$ の信頼区間の幅を小さくしようとすると, 標本の大きさ $N$ を大きくせざるを得ない. また, 定理 4.5.2 の (iii) より $\lim_{d\to 0} E_{\boldsymbol{\theta}}(N/\eta) = t_{\alpha/2}^2(n_0-1)/u_{\alpha/2}^2 > 1$ となり, $d \to 0$ のとき, $N$ は $\eta$ を平均的に過大に推定し, (ii) より $E_{\boldsymbol{\theta}}(N) > \eta$ となる.

注意 4.5.3 の後半で述べたことを改善するために, 初期標本の大きさ $n_0^*$ を, 任意の $r \in \mathbf{R}_+$ について

$$n_0^* = n_0^*(d) = \max\left\{2, \left[\left(\frac{u_{\alpha/2}}{d}\right)^{2/(1+r)}\right]^* + 1\right\} \qquad (4.5.11)$$

とする. そして, 停止時刻を

$$N = N(d) = \max\left\{n_0^*, \left[\frac{1}{d^2}t_{\alpha/2}^2(n_0^*-1)S_{0n_0^*}^2\right]^* + 1\right\} \qquad (4.5.12)$$

とする.

### 定理 4.5.3

(4.5.12) の停止時刻 $N$ による 2 段階法によって, 任意の $\boldsymbol{\theta} \in \Theta$ について次のことが成り立つ.

(i) $P_{\boldsymbol{\theta}}\left\{\overline{X}_N - d \le \mu \le \overline{X}_N + d\right\} \ge 1 - \alpha$

(ii) $\lim_{d \to 0} \dfrac{N}{\eta} = 1 \ a.s.$

(iii) $\lim_{d \to 0} E_{\boldsymbol{\theta}} \left( \dfrac{N}{\eta} \right) = 1$

(iv) $\lim_{d \to 0} P_{\boldsymbol{\theta}} \left\{ \overline{X}_N - d \leq \mu \leq \overline{X}_N + d \right\} = 1 - \alpha$

証明については，定理 4.5.2 のそれと本質的に同じなので省略するが，ここでは (4.5.11) より $\lim_{d \to 0} n_0^* = \infty$, $\lim_{d \to 0} n_0^*/\eta = 0 \ a.s.$, $\lim_{d \to 0} t_{\alpha/2}(n_0^* - 1) = u_{\alpha/2}$ となることによる.

**注意 4.5.4**

(4.5.12) の停止時刻による 2 段階法について，$\lim_{d \to 0} E_{\boldsymbol{\theta}}(N - \eta) = \infty$ となる. 実際，$t_{n_0^*-1}$ 分布の上側 $100(\alpha/2)$% 点の $t_{\alpha/2}(n_0^* - 1)$ はコーニッシュ・フィッシャー展開 (Cornish-Fisher expansion) によって

$$t_{\alpha/2}(n_0^* - 1) = u_{\alpha/2} + \frac{1}{4(n_0^* - 1)} \left( u_{\alpha/2}^2 + u_{\alpha/2} \right) + O\left( \frac{1}{n_0^{*2}} \right) \ (n_0^* \to \infty)$$

となるから[20]

$$\lim_{d \to 0} E_{\boldsymbol{\theta}}(N - \eta) \geq \lim_{d \to 0} \frac{\sigma^2}{d^2} \left\{ t_{\alpha/2}^2(n_0^* - 1) - u_{\alpha/2}^2 \right\}$$
$$= \lim_{d \to \infty} Cd^{-2r/(1+r)} = \infty \tag{4.5.13}$$

となるので，$\lim_{d \to 0} E_{\boldsymbol{\theta}}(N - \eta) = \infty$ になる. ただし，$C$ は $d$ に無関係な正の定数とする. 特に，(4.5.6) の停止時刻によるスタインの 2 段階法の場合には (4.5.13) における下界は $O(d^{-2})$ となる. 定理 4.5.3 の (i) の性質を**精密な一致性** (exact consistency) といい，(iii) の性質を**漸近 1 次有効性** (asymptotic first-order efficiency) をもつという. また，2 段階法が，漸近 1 次有効性をもち，かつ $\lim_{d \to 0} E_{\boldsymbol{\theta}}(N - \eta)$ が有限確定するとき，**漸近 2 次有効性** (asymptotic second-order efficiency) というが，(4.5.13) より (4.5.12) の停止時刻 $N$ による 2 段階法は漸近 2 次有効性をもたない.

## 4.6 3段階法と逐次高次漸近理論への展望

定理 4.5.2, 定理 4.5.3 の (i) より，正規分布の平均 $\mu$ の逐次区間推定においてスタインの 2 段階法による信頼区間は，信頼係数 $1 - \alpha$ の $\mu$ の信

---

[20] 柴田義貞 (1981). 『正規分布』(東京大学出版会) の p.93 参照.

頼区間となっている．一方，(4.5.1) の停止時刻によるチャウ・ロビンス
の標本抽出法のような逐一的に標本抽出を行う**純逐次標本抽出法** (purely
sequential sampling procedure) による信頼区間はそうなっていないが，
定理 4.5.1，定理 4.5.2，定理 4.5.3 より，$d \to 0$ のときに漸近的に同じ被
覆確率をもち，かつ 2 段階法よりはるかに小さい大きさの標本で達成す
るという意味で純逐次標本抽出法の方が優れている．そこで，信頼係数
$1 - \alpha$ をもつことを犠牲にして有効性の観点から (4.5.1) の停止時刻による
純逐次標本抽出法に対抗できるように**3 段階法** (three-stage procedure)
も考えられている[21]．さらに，一般化した **$k$ 段階法** ($k$-stage procedure)
も提案され，3 段階法を改善している[22]．

　次に，逐次推定の高次漸近理論の観点から漸近不偏推定方式の漸近的
最適性について考えてみよう．まず，$X_1, X_2, \ldots, X_n, \ldots$ をたがいに独立
に，いずれも p.d.f. $p(x; \theta)$ $(\theta \in \Theta = \mathbf{R}^1)$ をもつ分布に従う確率変数
列とする．このとき，$\boldsymbol{X}_n = (X_1, \ldots, X_n)$ に基づく $\theta$ の推定量を $\hat{\theta}_n = \hat{\theta}_n(\boldsymbol{X}_n)$ として，そのリスクを

$$R(\theta, \hat{\theta}_n) = E_\theta[(\hat{\theta}_n - \theta)^2] + cn$$

とする．ただし，$c (\in \mathbf{R}_+)$ を 1 標本当たりの費用とする．ここで，停止
時刻 $N$ を $c$ に依存し，$\lim_{c \to 0} N = \infty$ a.s. とする．いま，$c \to 0$ とする
とき，$E_\theta(N) = \nu_c(\theta) + O(1/\nu_c(\theta))$ で $\nu_c(\theta) \to \infty$ とし，また，$V_\theta(N)/\nu_c(\theta) = O(1)$，$E_\theta(N^k)/\{\nu_c(\theta)\}^k = O(1)$ $(k = 2, 3, 4)$，$\{(\partial^k/\partial\theta^k)\nu_c(\theta)\}/\nu_c(\theta) = O(1)$ $(k = 1, 2)$ とする．このとき，$N$ による停止則を伴う $\theta$ の
逐次推定方式 $(N, \hat{\theta}_N)$ のリスクは

$$R(\theta, \hat{\theta}_N) = E_\theta[(\hat{\theta}_N - \theta)^2] + c\nu_c(\theta) + o(c) \quad (c \to 0)$$

となる．さらに，$p(x; \theta)$ に適当な正則条件を仮定し，$\ell(\theta, x) = \log p(x; \theta)$，$\ell^{(k)}(\theta, x) = (\partial^k/\partial\theta^k)\ell(\theta, x)$ $(k = 1, 2, 3)$ として，

[21] Hall, P. (1981). Asymptotic theory of triple sampling for sequential estimation of a mean. *Ann. Statist.*, **9**, 1229-1238.

[22] Liu, W. (1997). A $k$-stage sequential samplig procedure for estimation of normal mean. *J. Statist. Plann. Inference*, **65**, 109-127.

$$I(\theta) = E_\theta\left[\left\{\ell^{(1)}(\theta, X_1)\right\}^2\right], \quad J(\theta) = E_\theta\left[\ell^{(1)}(\theta, X_1)\ell^{(2)}(\theta, X_1)\right],$$

$$L(\theta) = E_\theta\left[\ell^{(1)}(\theta, X_1)\ell^{(3)}(\theta, X_1)\right], \quad M(\theta) = E_\theta\left[\left\{\ell^{(2)}(\theta, X_1)\right\}^2\right] - I^2(\theta),$$

$$\tilde{N}(\theta) = E_\theta\left[\left\{\ell^{(1)}(\theta, X_1)\right\}^2 \ell^{(2)}(\theta, X_1)\right] + I^2(\theta)$$

とする．このとき，**バッタチャリャ** (Bhattacharyya) **不等式**[23]による下界が，$N$ による停止則を伴う $\theta$ の 2 次の漸近不偏逐次推定方式 $(N, \hat{\theta}_N)$，すなわち $E_\theta(\hat{\theta}_N) = \theta + o(1/\nu_c(\theta))$ となる $(N, \hat{\theta}_N)$ について

$$R(\theta, \hat{\theta}_N) \geq 2\sqrt{\frac{c}{I(\theta)}} + \frac{cJ^2(\theta)}{2I^3(\theta)} + o(c) \quad (c \to 0) \tag{4.6.1}$$

となる．そして，$\boldsymbol{X}_n$ に基づく $\theta$ の最尤推定量 (MLE) を $\hat{\theta}_{\mathrm{ML}}(\boldsymbol{X}_n)$ とし

$$-\sum_{i=1}^{n} \ell^{(2)}\left(\hat{\theta}_{\mathrm{ML}}(\boldsymbol{X}_n), X_i\right)$$
$$= \nu_c\left(\hat{\theta}_{\mathrm{ML}}(\boldsymbol{X}_n)\right) I\left(\hat{\theta}_{\mathrm{ML}}(\boldsymbol{X}_n)\right) + C\left(\hat{\theta}_{\mathrm{ML}}(\boldsymbol{X}_n)\right) + \varepsilon$$

となる $n$ で停止する停止時刻を $N$ とする．ただし，

$$C(\theta) = \frac{J(\theta)\nu_c'(\theta)}{I(\theta)\nu_c(\theta)} - \frac{\nu_c''(\theta)}{2\nu_c(\theta)} + \frac{1}{2I(\theta)}\{4L(\theta) + M(\theta) + \tilde{N}(\theta)\}$$

とし，$\varepsilon$ は $E_\theta(\varepsilon) = o(1)$ $(c \to 0)$ となるある確率変数とする．このとき，MLE $\hat{\theta}_{\mathrm{ML}}(\boldsymbol{X}_N)$ を停止時刻 $N$ による停止則の下で 2 次の漸近不偏逐次推定量になるように補正，すなわち $E_\theta[\hat{\theta}_{\mathrm{ML}}^*(\boldsymbol{X}_N)] = \theta + o(1/\nu_c(\theta))$ $(c \to 0)$ となるように補正した MLE を $\hat{\theta}_{\mathrm{ML}}^*(\boldsymbol{X}_N)$ とすれば，それは (4.6.1) による下界を達成する．このことを 2 次の逐次補正最尤推定方式 $(N, \hat{\theta}_{\mathrm{ML}}^*(\boldsymbol{X}_N))$ は $\theta$ の 2 次の漸近不偏逐次推定方式全体のクラスの中でリスクを 2 次の ($o(c)$ のオーダーまで) 漸近的有効であるという[24]．一方，費用のことを

---

[23] 固定標本の場合のバッタチャリャの不等式については，赤平 [A19] の 2.4 節参照．

[24] Akahira, M. (1994). Second order asymptotic efficiency in terms of the risk in the sequential estimation. *Selecta Statistica Canadiana*, **9**, 25-38; Takeuchi, K. and Akahira, M. (1988). Second order asymptotic efficiency in terms of asymptotic variances of sequential maximum likelihood estimation procedures. In: *Statistical Theory of Data Analysis II*, (K. Matusita, Ed.), 191-196 参照．

考慮に入れない場合に $E_\theta(N) = \nu(\theta) + O(1/\nu(\theta))$ として，適当な正則
条件の下で，$\nu(\theta) \to \infty$ のときに，3次の $(o(1/\nu(\theta))$ のオーダーまで）漸
近中央値不偏な (asymptotically median unbiased (AMU))[25] 逐次推定方
式のあるクラス $\mathcal{C}$ において逐次補正最尤推定方式が，$\mathcal{C}$ の逐次推定方式
の3次の漸近分布の限界を一様に達成するという意味で，一様に3次の
漸近的有効であることが示されている[26]．このことは，逐次推定の場合
には，適当な停止則を用いることによって，そこから情報を得ることがで
きて，非逐次推定の場合よりも強い結果を導くことができることを示して
いる．実際，非逐次の場合には補正 MLE は漸近情報損失 $\{I(\theta)M(\theta) - J^2(\theta)\}/I^2(\theta)$ をもつが，逐次の場合には，逐次補正最尤推定方式の情報
損失は0になる．また，このことは微分幾何学的観点から，曲指数型分
布族において，埋め込み曲率が消失するという事実としても示された[27]．

　なお，本書では分布族が母数によって特徴付けられる場合のパラメトリ
ックモデルについて論じた．ノンパラメトリックモデルにおける逐次推定
も同様に論じることができるが，分布に関する情報が少なくなるので，や
や面倒になる[28]．

---

[25] 赤平 [A19] の注意 A.2.5.1(p.167) 参照.

[26] Akahira, M. and Takeuchi, K. (1989). Third order asymptotic efficiency of the sequential maximum likelihood estimation procedure. *Sequential Analysis*, **8**, 333-359 参照.

[27] Okamoto, I., Amari, S. and Takeuchi, K. (1991). Asymptotic theory of sequential estimation: Differential geometrical approach. *Ann. Statist.*, **19**, 961-981 参照.

[28] Ghosh, M., Mukhopadhyay, N. and Sen, P. K. [GMS97] の Chap.10 参照. なお, 非逐次のノンパラメトリックな方法については, Lehmann, E. L. (1975). *Nonparametrics*, Holden-Day（E. L. レーマン著, 鍋谷・刈屋・三浦訳 (1978). ノンパラメトリックス, 森北出版); Hájek, J. and Šidák, Z. (1967). *Theory of Rank Tests*, Academic Press 参照.

# 付録　逐次確率比検定

　逐次解析においては，ワルド (A.Wald) による**逐次確率比検定**
(sequential probability ratio test，略して SPRT) がよく知られていて[1]，
これは第二次世界大戦中に高射砲の性能比較試験のために開発されたとい
われている．ネイマン・ピアソンの基本定理[2]によれば，単純仮説 H を
単純対立仮説 K に対して検定するとき，最良の検定は確率比がある定数
より大きいか小さいかに従って仮説 H を棄却するか受容することである．
しかし，あらかじめ標本の大きさを固定しない逐次的な場合には，SPRT
がそれをさらに改良することができる．

　まず，$X_1, X_2, \ldots, X_n, \ldots$ をたがいに独立に，いずれも p.d.f. または
p.m.f. $p(x; \theta)$ $(\theta \in \Theta)$ をもつ分布に従う確率変数列とする．ここで，
$\boldsymbol{X} = (X_1, X_2, \ldots)$ とし，$\Theta_0, \Theta_1$ を $\Theta_0 \cap \Theta_1 = \emptyset$ で $\Theta_0 \cup \Theta_1 = \Theta$ とし
て，（帰無）仮説 $H : \theta \in \Theta_0$，対立仮説 $K : \theta \in \Theta_1$ の検定問題において停
止時刻 $N$ と $\boldsymbol{X} = \boldsymbol{x} = (x_1, x_2, \ldots)$ を与えたときの H を棄却する条件付
確率 $\phi(\boldsymbol{x})$ との組 $(N, \phi)$ を**逐次検定** (sequential test) という．

**【例 A.1】**　上記の設定において，$p(x; \theta)$ を正規分布 $N(\theta, 1)$ $(\theta \in \Theta = \mathbf{R}^1)$ の p.d.f. とし，$\Theta_0 = (-\infty, \theta_0]$，$\Theta_1 = (\theta_0, \infty)$ とする．ここで，$\{t_n\}$，
$\{u_n\}$ を正数列とし，$N = \inf\{n : \overline{X}_n - \theta_0 \notin (-t_n, u_n)\}$ とし

$$\phi(\boldsymbol{x}) = \begin{cases} 1 & (N < \infty, \ \overline{X}_N - \theta_0 \geq u_n), \\ 0 & (\text{``}N < \infty, \ \overline{X}_N - \theta_0 \leq -t_n\text{''} \ \text{または} \ N = \infty) \end{cases}$$

とすれば，$(N, \phi)$ は仮説 $H : \theta \in \Theta_0$，対立仮説 $K : \theta \in \Theta_1$ の逐次検定に

---

[1] Wald, A. [W47]. *Sequential Analysis*, Wiley; Lehmann, E. L. [L59]. *Testing Staistical Hypotheses*, Wiley 参照.

[2] 赤平 [A03] の A.9.2 節 (p.226) 参照.

なる. ただし, $\overline{X}_n = (1/n)\sum_{i=1}^{n} X_i$ とする.

　いま, $\Theta = \{\theta_0, \theta_1\}$, $\boldsymbol{X}_n = (X_1, \ldots, X_n)$, $\boldsymbol{x}_n = (x_1, \ldots, x_n)$ とし, $\boldsymbol{X}_n = \boldsymbol{x}_n$ を与えたとき, **確率比** (probability ratio) を

$$\lambda_n(\boldsymbol{x}) = \prod_{i=1}^{n} p(x_i; \theta_1) \bigg/ \prod_{i=1}^{n} p(x_i; \theta_0) \tag{A.1}$$

で定義すると, データが母数 $\theta_0$ をもつ分布よりも母数 $\theta_1$ をもつ分布に従う度合を表すと見なされる. 各 $n \in \mathbb{N}$ について $\lambda_n(\boldsymbol{x}) \geq A$ のとき H : $\theta = \theta_0$ を棄却し, $\lambda_n(\boldsymbol{x}) \leq B$ のとき H を受容し, $B < \lambda_n(\boldsymbol{x}) < A$ のとき標本抽出を継続する逐次方式を**逐次確率比検定** SPRT$(B, A)$ という. ただし, $0 < B < 1 < A$ とする. また, 停止時刻を $N(\boldsymbol{x}) = \inf\{n : \lambda_n(\boldsymbol{x}) \notin (B, A)\}$ として, $\lambda_{N(\boldsymbol{x})}(\boldsymbol{x}) \geq A$ のとき H を棄却し, $\lambda_{N(\boldsymbol{x})}(\boldsymbol{x}) \leq B$ のとき H を受容するとすれば, その逐次検定が SPRT$(B, A)$ になる.

### 定理 A.1

　$Z_1, Z_2, \ldots$ をたがいに独立に, いずれも同一分布に従う確率変数列とする. ただし, $V(Z_1) > 0$ とする. 各 $n \in \mathbb{N}$ について $Y_n = \sum_{i=1}^{n} Z_i$ とし, $N = \inf\{n : Y_n \notin (b, a)\}$ $(b < a)$ とする. このとき $P\{N < \infty\} = 1$ が成り立つ.

**証明**　まず, $c = |a| + |b|$ とし, $rV(Z_1) > c^2$ となる十分大きい $r$ をとる. そして, $n = rk$ として

$$W_i = \sum_{j=(i-1)r+1}^{ir} Z_j \quad (i = 1, \ldots, k)$$

とおくと, $Y_n = \sum_{i=1}^{k} W_i$ $(n \in \mathbb{N})$ となる. ここで, $|W_m| \geq c$ となる $m$ が存在すれば, $N \leq mr$ となる. 実際, $Y_{mr} = Y_{(m-1)r} + W_m$ より, $Y_{(m-1)r} \in (b, a)$ とすると, $|W_n| \geq c = |a| + |b|$ より $Y_{mr} \notin (b, a)$ となるから $N \leq mr$ になる. よって, その対偶を考えれば

$$\{N = \infty\} \subset \{|W_m| < c,\ m \in \mathbb{N}\}$$

となる．一方，$W_1, W_2, \ldots$ はたがいに独立に同一分布に従う確率変数列であるから，各 $i \in \mathbb{N}$ について $E(W_i^2) \geq rV(Z_j) > c^2$ となり，$p = P\{|W_i| \geq c\} > 0$ となる．よって

$$P\{N = \infty\} \leq P\{|W_i| < c,\ i \in \mathbb{N}\} = \prod_{i=1}^{\infty}(1 - p) = 0$$

になるので，$P\{N < \infty\} = 1$ となる． $\square$

**注意 A.1**

定理 A.1 を SPRT$(B, A)$ に適用する際には，各 $i \in \mathbb{N}$ について $Z_i = \log(p(X_i; \theta_1)/p(X_i; \theta_0))$ とし，$a = \log A$, $b = \log B$ とする．

**定理 A.2**

$0 < \alpha_i < 1$ $(i = 0, 1)$ とする．SPRT$(B, A)$ において，$P_{\theta_0}\{\lambda_N(\boldsymbol{X}) \geq A\} = \alpha_0$, $P_{\theta_1}\{\lambda_N(\boldsymbol{X}) \leq B\} = \alpha_1$ ならば，$\alpha_0 \leq (1 - \alpha_1)/A$, $\alpha_1 \leq (1 - \alpha_0)B$ である．

**証明** （連続型）事象 $\{N = n\}$ は $X_1, \ldots, X_n$ の関数であるから，(A.1) より

$$
\begin{aligned}
\alpha_0 &= \sum_{n=1}^{\infty} P_{\theta_0}\{N = n,\ \lambda_n(\boldsymbol{X}) \geq A\} \\
&= \sum_{n=1}^{\infty} \int_{\{N=n,\ \lambda_n(\boldsymbol{x}) \geq A\}} \prod_{i=1}^{n} p(x_i; \theta_0) d\boldsymbol{x}_n \\
&= \sum_{n=1}^{\infty} \int_{\{N=n,\ \lambda_n(\boldsymbol{x}) \geq A\}} \frac{1}{\lambda_n(\boldsymbol{x})} \prod_{i=1}^{n} p(x_i; \theta_1) d\boldsymbol{x}_n \\
&\leq \frac{1}{A} \sum_{n=1}^{\infty} \int_{\{N=n,\ \lambda_n(\boldsymbol{x}) \geq A\}} \prod_{i=1}^{n} p(x_i; \theta_1) d\boldsymbol{x}_n \\
&= \frac{1}{A} P_{\theta_1}\{\lambda_N(\boldsymbol{X}) \geq A\} = \frac{1}{A}(1 - \alpha_1)
\end{aligned}
$$

となる．また，同様にして $\alpha_1 = P_{\theta_1}\{\lambda_N(\boldsymbol{X}) \leq B\} \leq BP_{\theta_0}\{\lambda_N(\boldsymbol{X}) \leq B\} = B(1 - \alpha_0)$ となることも示される．さらに離散型の場合も同様にして証明される． $\square$

## 注意 A.2

一般に，与えられた $\alpha_i \in (0,1)$ $(i=0,1)$ に対して，SPRT$(B,A)$ において第 1 種の過誤の確率が $\alpha_0$，第 2 種の過誤の確率が $\alpha_1$ となるように $A, B$ を決めることは難しい．いま，$A, B$ はそれぞれ棄却限界，受容限界となり，これらを**境界** (boundary) という．定理 A.2 より $(1-\alpha_1)/\alpha_0 \geq A$, $\alpha_1/(1-\alpha_0) \leq B$ となり，また，$0 < B < 1 < A$ より $\alpha_0 + \alpha_1 < 1$ となる．このとき，$A' = (1-\alpha_1)/\alpha_0$, $B' = \alpha_1/(1-\alpha_0)$ とおいて $A \approx A'$, $B \approx B'$，すなわち $A, B$ をそれぞれ $A'$, $B'$ で近似すれば，$\alpha_0 = (1-B')/(A'-B')$, $\alpha_1 = B'(A'-1)/(A'-B')$ になる．ここで，$\alpha_i' > 0$ $(i=0,1)$ で $\alpha_0' + \alpha_1' < 1$ とするとき，SPRT$(B',A')$ の 2 種類の過誤の確率がそれぞれ $\alpha_0'$, $\alpha_1'$ となるとすれば，定理 A.2 より $(1-\alpha_1')/\alpha_0' \geq A'$, $\alpha_1'/(1-\alpha_0') \leq B'$ となる．よって，$\alpha_0' \leq \alpha_0/(1-\alpha_1)$, $\alpha_1' \leq \alpha_1/(1-\alpha_0)$ となるから，$\alpha_0, \alpha_1$ が小さいときには $\alpha_0'$, $\alpha_1'$ はそれぞれ $\alpha_0, \alpha_1$ に近い値をとる．

## 定理 A.3

$\alpha_i^* > 0$ $(i=0,1)$ とし，$\alpha_0^* + \alpha_1^* < 1$ とする．SPRT$(B,A)$ において，$A = (1-\alpha_1^*)/\alpha_0^*$, $B = \alpha_1^*/(1-\alpha_0^*)$ とし，$P_{\theta_0}\{\lambda_N(\boldsymbol{X}) \geq A\} = \alpha_0$, $P_{\theta_1}\{\lambda_N(\boldsymbol{X}) \leq B\} = \alpha_1$ で $0 < \alpha_i < 1$ $(i=0,1)$ とすれば，$\alpha_0 + \alpha_1 < \alpha_0^* + \alpha_1^*$ である．

**証明**　まず，$\alpha_0 \leq \alpha_0^*$, $\alpha_1 \leq \alpha_1^*$ のとき，成り立つことは明らか．そこで，$\alpha_1 > \alpha_1^*$ か $\alpha_0 > \alpha_0^*$ のいずれかであると仮定する．いま，$\alpha_1 > \alpha_1^*$ とすれば $1-\alpha_1 < 1-\alpha_1^*$ となり，定理 A.2 と仮定より

$$\alpha_0 \leq \frac{1}{A}(1-\alpha_1) = \frac{\alpha_0^*}{1-\alpha_1^*}(1-\alpha_1) < \alpha_0^* \tag{A.2}$$

となる．一方，定理 A.2 と仮定より

$$\alpha_1^* < \alpha_1 \leq (1-\alpha_0)B = \alpha_1^* \left(\frac{1-\alpha_0}{1-\alpha_0^*}\right)$$

となるから

$$0 < \alpha_1 - \alpha_1^* \leq \alpha_1^* \left(\frac{1-\alpha_0}{1-\alpha_0^*} - 1\right) = \alpha_1^* \left(\frac{\alpha_0^* - \alpha_0}{1-\alpha_0^*}\right) \tag{A.3}$$

になる．よって，(A.2), (A.3) より

$$\alpha_0^* + \alpha_1^* - \alpha_0 - \alpha_1 = (\alpha_0^* - \alpha_0) + (\alpha_1^* - \alpha_1)$$
$$\geq \alpha_0^* - \alpha_0 - \alpha_1^* \left( \frac{\alpha_0^* - \alpha_0}{1 - \alpha_0^*} \right)$$
$$= (\alpha_0^* - \alpha_0)(1 - B) > 0$$

となる．また，$\alpha_0 > \alpha_0^*$ の場合も同様にして

$$\alpha_0^* + \alpha_1^* - \alpha_0 - \alpha_1 \geq (\alpha_1^* - \alpha_1) \left( 1 - \frac{1}{A} \right) > 0$$

となる． $\qquad\qquad\qquad\qquad\qquad\qquad\qquad\qquad\qquad\qquad\qquad\quad\square$

　さて，SPRT の標本の大きさの期待値を求めることは一般に難しいが，その近似を求めてみよう．いま，方程式

$$E_\theta \left[ \left\{ \frac{p(X_1; \theta_1)}{p(X_1; \theta_0)} \right\}^h \right] = 1$$

が 0 でない解 $h = h(\theta)$ をもつ場合について考える．まず，

$$p^*(x; \theta) = \left\{ \frac{p(x; \theta_1)}{p(x; \theta_0)} \right\}^h p(x; \theta)$$

とすると，これも p.d.f. または p.m.f. となる． $h > 0$ の場合に，仮説 $p(\cdot; \theta)$ を対立仮説 $p^*(\cdot; \theta)$ に対して検定する問題を考える．ここで，各 $i \in \mathbb{N}$ について $Z_i = \log(p(X_i; \theta_1)/p(X_i; \theta_0))$, $Y_n = \sum_{i=1}^n Z_i$ として，定理 A.1 の条件の下で

$$Y_n = \begin{cases} \log A & (\text{仮説を棄却するとき}), \\ \log B & (\text{仮説を受容するとき}) \end{cases}$$

とする．いま，$\mathrm{SPRT}(B^h, A^h)$ において確率比を

$$\lambda_n^*(\boldsymbol{x}) = \prod_{i=1}^n p^*(x_i; \theta) \Big/ \prod_{i=1}^n p(x_i; \theta)$$

とすると，$B^h < \lambda_n^*(\boldsymbol{x}) < A^h$ となるとき標本抽出を継続する．ここで

$$\lambda_n(\boldsymbol{x}) = \prod_{i=1}^{n} p(x_i; \theta_1) \Big/ \prod_{i=1}^{n} p(x_i; \theta_0)$$

とすれば，$B^h < \lambda_n^*(\boldsymbol{x}) < A^h$ は $B < \lambda_n(\boldsymbol{x}) < A$ と同値になる．よって，SPRT$(B, A)$ を $(N, \phi)$ とすれば，注意 A.2 より

$$E_{\theta_0}[\phi(\boldsymbol{X})] = P_{\theta_0}\{\lambda_N(\boldsymbol{X}) \geq A\} = P_p\left\{\lambda_N^*(\boldsymbol{X}) \geq A^h\right\} \approx \frac{1 - B^h}{A^h - B^h}$$

になる．このとき

$$E_{\theta_0}(Y_N) \approx (\log A) E_{\theta_0}[\phi(\boldsymbol{X})] + (\log B)\{1 - E_{\theta_0}[\phi(\boldsymbol{X})]\}$$
$$= \log B + \left(\log \frac{A}{B}\right) P_{\theta_0}\{\lambda_N(\boldsymbol{X}) \geq A\}$$
$$\approx \log B + \left(\log \frac{A}{B}\right)\left(\frac{1 - B^h}{A^h - B^h}\right)$$

となる．ここで，$0 < E(|Z_1|) < \infty$ とすれば，ワルドの等式（定理 1.3.1）より

$$E_{\theta_0}(N) \approx \frac{1}{E_{\theta_0}(Z_1)}\left\{\log B + \left(\log \frac{A}{B}\right)\left(\frac{1 - B^h}{A^h - B^h}\right)\right\}$$

となる．また，$h < 0$ の場合も同様に示される．

　次に，ベイズ的観点から，SPRT の**期待標本サイズ** (expected size of sample) に関する最適性について考える．いま，$X_1, X_2, \ldots$ をたがいに独立に，いずれも p.d.f. または p.m.f. $p(x; \theta)$ $(\theta \in \Theta)$ をもつ分布に従う確率変数列とする．ただし，$\Theta = \{\theta_0, \theta_1\}$ $(\theta_0 \neq \theta_1)$ とする．また，行動空間を $\mathbb{A} = \mathbb{N} \times \{0, 1\}$，事前分布を $\pi(\theta_0) = \gamma, \pi(\theta_1) = 1 - \gamma$ $(0 \leq \gamma \leq 1)$ となる p.m.f. $\pi$ をもつ分布，そして損失関数を

$$L(\theta_i, (n, j)) = \begin{cases} w(\theta_i) + cn & (i \neq j), \\ cn & (i = j) \end{cases} \tag{A.4}$$

とする．ただし，$i, j \in \{0, 1\}$，$c \in \mathbf{R}_+$ とし，$n \in \mathbb{N}$ とする．ここで，仮説 H : $\theta = \theta_0$，対立仮説 K : $\theta = \theta_1$ の検定問題において，逐次検定

$\delta = (N, \phi)$ を考える．いま，$\delta$ の 2 種類の過誤の確率を

$$\alpha_0(\delta) = E_{\theta_0}[\phi(\boldsymbol{X})], \quad \alpha_1(\delta) = 1 - E_{\theta_1}[\phi(\boldsymbol{X})]$$

とすれば，p.m.f. $\pi$ をもつ事前分布に関する $\delta$ のベイズリスクは，(A.4) より

$$B_\pi(\gamma, \delta) = E_\pi[R(\theta, \delta)]$$
$$= \gamma\{\alpha_0 w_0 + cE_{\theta_0}(N)\} + (1-\gamma)\{\alpha_1 w_1 + cE_{\theta_1}(N)\} \quad (A.5)$$

となる．ただし，$\alpha_i = \alpha_i(\delta)$，$0 < w_i = w_i(\delta) < 1 \ (i = 0, 1)$ とする．このとき，ベイズリスク (A.5) を最小にするベイズ決定方式を帰納的に求めることができて，それが SPRT になり，また，SPRT が同じ過誤の確率をもつすべての検定の集合において最小の期待標本サイズをもつことも示される[3]．

臨床統計の分野で SPRT を含む逐次推測方式は重要な役割を果たす[4]．これはあらかじめ標本の大きさを定めずに臨床試験を行い，ある時点で，そこまでの結果からリスクを求め，何らかの基準で継続するか否かを決定するという合理性による[5]．今後も臨床統計との協働によって逐次推測の発展が期待される．

---

[3] E. L. レーマン [L59] の訳本の pp.111-124 参照.

[4] Bather, J. A. (1985). On the allocation of treatments in sequential medical trials. *Int. Statist. Rev.*, **53**, 1-13; Bather, J. A. and Simons, G. (1985). The minimax risk for two-stage procedures in clinical trials. *J. Roy. Statist. Soc.*, **B47**, 466-475; Bartroff, J., Lai, T. L. and Shi, M.-C. (2013). *Sequential Experimentation in Clinical Trials.* Springer 参照.

[5] Takeuchi, K. and Akahira, M. (2008). Minimax approach to sequential Bernoulli trials. 京都大学 数理解析研究所講究録, **1603**, 154-172; 大和田章一・赤平昌文 (2002). On the allocation of two and three treatments in Bernoulli and normal trials. 京都大学 数理解析研究所講究録, **1273**, 55-77 参照.

# 参考書籍

本書をまとめるのに際して参考にしたのは下記の書籍である.

[A03] 赤平昌文 (2003). 統計解析入門. 森北出版

[A19] 赤平昌文 (2019). 統計的不偏推定論. 共立出版

[CB90] Casella, G. and Berger, R. L. (1990). *Statistical Inference*. Wadsworth, Belmont.

[F67] Ferguson, T. S. (1967). *Mathematical Statistics*. Academic Press.

[GMS97] Ghosh, M., Mukhopadhyay, N. and Sen, P. K. (1997). *Sequential Estimation*. Wiley, New York.

[L59] Lehmann, E. L. (1959). *Testing Statistical Hypotheses*. Wiley.（E. L. レーマン著, 渋谷政昭・竹内啓訳 (1969). 統計的検定論. 岩波書店）

[LC98] Lehmann, E. L. and Casella, G. (1998). *Theory of Point Estimation*. 2nd ed., Springer, New York.

[LM08] Liese, F. and Miescke, K.-J. (2008). *Statistical Decision Theory*. Springer, New York.

[S95] Schervish, M. J. (1995). *Theory of Statistics*. Springer, New York.

[S03] Shao, J. (2003). *Mathematical Statistics*. 2nd ed., Springer, New York.

[W47] Wald, A. (1947). *Sequential Analysis*. Wiley, New York.

[Z71] Zacks, S. (1971). *The Theory of Statistical Inference*. Wiley.

本書において, 数理統計学に関する基盤の知識については, [A03] を脚注において適宜, 必要に応じて引用している. また, [CB90] は学部レベルの数理統計学の書籍で比較的読みやすい. 特に参考にしたのは, [F67], [GMS97] の書籍で, 統計的決定論の観点から逐次推定が論じられている. また, 非逐次推定についても同様な観点から [LC98], [LM08], [S95], [S03], [Z71] で詳述されていて, 特に不偏推定に関連するところでは, [A19] を引用している. さらに, 検定に関しては, [W47], [L59], [F67], [S95] において逐次確率比検定について論じられている.

なお, 本書の脚注には, 上記の参考書籍のほかに各箇所で引用した論文等の文献も挙げられている.

# 問題略解

## 第 1 章

**問 1.2.1**　(i) 各 $i = 1, \ldots, r$ について $i$ 回成功するまでに要する試行の回数を $X_i + i$ とすると, $Z_i = X_i - X_{i-1}$ となる. ただし, $X_0 = 0$ とする. 各 $Z_i$ の p.m.f. は $p_{Z_i}(z_i; \theta) = P_\theta\{Z_i = z_i\} = E_\theta\left[P_\theta\{X_i - X_{i-1} = z_i \mid X_{i-1}\}\right]$ $= \theta^2 (1-\theta)^{z_i} \sum_{x_{i-1}=0}^{\infty} (1-\theta)^{x_{i-1}} = \theta(1-\theta)^{z_i}$ となる. また, $i \neq j$ について $P_\theta\{Z_i = z_i, Z_j = z_j\} = E_\theta[P_\theta\{X_i - X_{i-1} = z_i, X_j - X_{j-1} = z_j \mid X_{i-1}, X_{j-1}\}] = \theta^2(1-\theta)^{z_i} \sum_{x_{i-1}=0}^{\infty} \theta^2(1-\theta)^{x_{i-1}} \sum_{x_{j-1}=0}^{\infty} (1-\theta)^{x_{j-1}}$ $= \theta(1-\theta)^{z_i}\theta(1-\theta)^{z_j} = P_\theta\{Z_i = z_i\}P_\theta\{Z_j = z_j\}$ となるから $Z_i$ と $Z_j$ はたがいに独立となる. よって $Z_1, \ldots, Z_r$ はたがいに独立にいずれも幾何分布 $\mathrm{NB}(1, \theta)$ に従う.

(ii) 幾何分布 $\mathrm{NB}(1, \theta)$ は負の 2 項分布であり, それは再生性をもつから $Y = \sum_{i=1}^{r} Z_i$ は $\mathrm{NB}(r, \theta)$ に従う（赤平 [A03] の演習問題 A-6 の (1) (p.236) 参照）.

**問 1.3.1**　$\sum_{i=1}^{\infty} P\{N \geq i\} = \sum_{i=1}^{\infty} \sum_{k=i}^{\infty} P\{N = k\} = \sum_{k=1}^{\infty} P\{N = k\}$ $\cdot \sum_{i=1}^{k} 1 = \sum_{k=1}^{\infty} k P\{N = k\} = E(N).$

**問 1.5.1**　各 $n \in \mathbb{N}$ について $Z_n$ の c.d.f. を $F_n$ とし, $Z$ の c.d.f. を $F$ とする. 任意の $\varepsilon > 0$ について $F$ の連続点 $C_1, C_2 (> 0)$ が存在して, $F(C_1) > 1 - (\varepsilon/4)$, $F(-C_2) < (\varepsilon/4)$ となる. また, $n_0 (\in \mathbb{N})$ が存在して任意の $n \geq n_0$ について $F_n(C_1) > F(C_1) - (\varepsilon/4) > 1 - (\varepsilon/2)$, $F_n(-C_2) < F(-C_2) + (\varepsilon/4) < (\varepsilon/2)$ となるから, $P\{-C_2 \leq Z_n \leq C_1\} \geq F_n(C_1) - F_n(-C_2) > 1 - \varepsilon$ となる. よって, $C_0 = \max\{C_1, C_2\}$ とすれば $n \geq n_0$ について $P\{|Z_n| > C_0\} < \varepsilon$ となる. さらに, 各 $n = 1, \ldots, n_0 - 1$ に対し, $F_n$ について上記と同様にすれば, $P\{|Z_n| > K_n\} < \varepsilon$ となる $K_n > 0$ が存在するから, $C = \max\{C_0, K_1, \ldots, K_{n_0-1}\}$ とすれば, 任意の $n \in \mathbb{N}$ について $P\{|Z_n| > C\} < \varepsilon$ となる.

## 第 2 章

**問 2.2.1**　$\hat{\theta}_{\mathrm{MO}} = (n+1)/Y$ で, 2.2 節の脚注 [7] より $Y$ は p.d.f. $f_Y(y; \theta) = (\theta/\Gamma(n))(\theta y)^{n-1} e^{-\theta y} \chi_{(0,\infty)}(y)$ をもつガンマ分布 $\mathrm{G}(n, 1/\theta)$ に従うの

で，$\hat{\theta}_{\mathrm{MO}}$ の p.d.f. は $f(t;\theta) = \{\theta^n(n+1)^n/\Gamma(n)\}(1/t^{n+1})e^{-\theta(n+1)/t} \cdot \chi_{(0,\infty)}(t)$ になり，$f(t;\theta)$ は $t=\theta$ で唯一の最大値をとる．よって，$\hat{\theta}_{\mathrm{MO}}$ は $\theta$ のモード不偏推定量になる（2.2 節の脚注 [6] 参照）．

**問 2.2.2** 任意の棄却域 $\mathscr{R}(\subset \mathcal{X})$ による検定 $\delta = \delta(\boldsymbol{x}) = \chi_{\mathscr{R}}(\boldsymbol{x})$ の検出力関数は $\gamma_\delta(\theta_i) = E_{\theta_i}[\delta(\boldsymbol{X})]\,(i=0,1)$ になる．$Y = f_{\boldsymbol{X}}(\boldsymbol{X};\theta_1)/f_{\boldsymbol{X}}(\boldsymbol{X};\theta_0)$ とおくと，$Y$ の c.d.f. $F_Y(y;\theta_0)$ は $y$ の連続関数になるから，$k(\geq 0)$ が存在して $F_Y(k;\theta_0) = 1 - \gamma_\delta(\theta_0)$ になる．次に，棄却域 $\mathscr{R}_k$ による検定 $\delta_k = \delta_k(\boldsymbol{x}) = \chi_{\mathscr{R}_k}(\boldsymbol{x})$ の検出力関数は $\gamma_{\delta_k}(\theta_i) = E_{\theta_i}[\delta_k(\boldsymbol{X})]\ (i=0,1)$ になり，$\gamma_{\delta_k}(\theta_0) = 1 - F_Y(k;\theta_0) = \gamma_\delta(\theta_0)$ となるから，$\delta$ と $\delta_k$ の第 1 種の過誤の確率は等しい．そして，(2.1.1) より $R(\theta_0,\delta_k) = w_1\gamma_{\delta_k}(\theta_0) = w_1\gamma_\delta(\theta_0) = R(\theta_0,\delta)$ になる．また，ネイマン・ピアソンの基本定理（赤平 [A03] の補遺 A.9.2（pp.226-229））より $\gamma_\delta(\theta_1) \leq \gamma_{\delta_k}(\theta_1)$ となるから，$R(\theta_1,\delta_k) = w_0(1-\gamma_{\delta_k}(\theta_1)) \leq w_0(1-\gamma_\delta(\theta_1)) = R(\theta_1,\delta)$ となる．よって，$\mathscr{C} = \{\delta_k \mid 0 \leq k \leq \infty\}$ は本質的完全類になる．

**問 2.3.1** 事前 p.d.f. は $\pi(\theta) = \chi_{[0,1]}(\theta)$ であるから，$Y = y$ を与えたとき $\theta$ の事後分布はベータ分布 $\mathrm{Be}(y+1, n-y+1)$ になり，その p.d.f. を $\pi(\theta\,|\,y)$ とする（2.3 節の例 1.2.1（続 1）参照）．$q(y) = P\{-1/2 \leq \theta < 1\,|\,Y = y\}$ とおくと，確率的決定関数 $\delta$ の事後リスクは $R_\pi(\delta\,|\,y) = \int_\Theta E_\theta[L(\theta,\dot{A})\,|\,y]\pi(\theta\,|\,y)d\theta = \sum_{a\in\mathbb{A}}\{\int_\Theta L(\theta,a)\pi(\theta\,|\,y)d\theta\}\,p_{\delta(y)}(a) = q(y) + (1-2q(y))p_{\delta(y)}(a_1)$ となり，また，$R_\pi(\delta\,|\,y) = 1 - q(y) - (1-2q(y))p_{\delta(y)}(a_0)$ ともなる．よって，$R_\pi(\delta\,|\,y)$ を最小にする $p_{\delta(y)}(a)$ は，$q(y) < 1/2$ のとき $p_{\delta(y)}(a_0) = 1$，$p_{\delta(y)}(a_1) = 0$；$q(y) > 1/2$ のとき $p_{\delta(y)}(a_0) = 0$，$p_{\delta(y)}(a_1) = 1$；$q(y) = 1/2$ のとき $p_{\delta(y)}(a_0) = 1-\eta$，$p_{\delta(y)}(a_1) = \eta$ となる．ただし，$0 \leq \eta \leq 1$ とする．よって，$Y$ に基づくベイズ決定関数は上記の c.p.m.f. $p_{\delta(Y)}(a)$ をもつ条件付分布になる．

**問 2.4.1** $(X_{(1)}, X_{(n)})$ の j.p.d.f. は $f^\theta_{X_{(1)},X_{(n)}}(x_{(1)}, x_{(n)}) = (n(n-1)/\theta^n)(x_{(n)} - x_{(1)})^{n-2}$ $(0 \leq x_{(1)} \leq x_{(n)} \leq \theta)$ となるから，$t = x_{(n)}/x_{(1)}$，$z = x_{(1)}$ とおくと，$T = X_{(n)}/X_{(1)}$，$Z = X_{(1)}$ の j.p.d.f. は $f^\theta_{T,Z}(t,z) = (n(n-1)/\theta^n)(t-1)^{n-2}z^{n-1}$ $(1 \leq t \leq \theta/z, 0 \leq z \leq \theta)$ となる．よって，$T$ の m.p.d.f. は $f_T(t) = \int_0^{\theta/t} f^\theta_{T,Z}(t,z)dz = (n-1)(t-1)^{n-2}/t^n$ $(t > 1)$ となり，$\theta$ に無関係になる．

**問 2.6.1** (i) $G$ の各要素はそれ自体が逆元になる，すなわち，$g_1(g_1(x)) =$

$g_1(n-x) = x$, $g_2(g_2(x)) = g_2(x) = x$.

(ii) $g_2(g_1(x)) = g_2(n-x) = n-x = g_1(x)$, $g_1(g_2(x)) = g_1(x)$ で $g_1 \in G$
である.

**問 2.6.2**　$\theta' = \theta + (b-a)$, $d' = d + (b-a)$ とするとき, $L(\theta', d') = L(\theta, d)$
が $L(\theta, d) = \rho(\theta - d)$ と同値であることを示せばよい. まず, $L(\theta, d) =$
$\rho(\theta - d)$ とすれば $L(\theta', d') = \rho(\theta' - d') = \rho(\theta - d) = L(\theta, d)$ となる. 逆
に, $L(\theta', d') = L(\theta, d)$ とすれば, $L(\theta + (b-a), d + (b-a)) = L(\theta, d)$
となり, ここで, 特に $d = a - b$ とすれば, $L(\theta - d, 0) = L(\theta, d)$ となり,
$L(\theta, d)$ は $\theta - d$ の関数となる.

## 第 3 章

**問 3.2.1**　$P_{\boldsymbol{\varphi}}\{X_2 = 0 \mid N = 2, T_2 = 1\} = P_{\boldsymbol{\varphi}}\{X_2 = 1 \mid N = 2, T_2 = 2\} = 1$
となるから, (3.2.6) より $d_2^{**}(T_2)$ は $d_2^{**}(0) = E_{\boldsymbol{\varphi}}[X_2 \mid N = 2, T_2 = 0] =$
$0$, $d_2^{**}(1) = E_{\boldsymbol{\varphi}}[X_2 \mid N = 2, T_2 = 1] = 0$, $d_2^{**}(2) = E_{\boldsymbol{\varphi}}[X_2 \mid N =$
$2, T_2 = 2] = 1$ となる. また, $P_{\boldsymbol{\varphi}}\{X_2 = 0 \mid N = 3, T_3 = 0\} = P_{\boldsymbol{\varphi}}\{X_2 =$
$1 \mid N = 3, T_3 = 2\} = 1$, $P_{\boldsymbol{\varphi}}\{X_2 = 0 \mid N = 3, T_3 = 1\} = P_{\boldsymbol{\varphi}}\{X_2 =$
$1 \mid N = 3, T_3 = 1\} = 1/2$ となるから, (3.2.6) より $d_3^{**}(T_3)$ は, $d_3^{**}(0) =$
$E_{\boldsymbol{\varphi}}[X_2 \mid N = 3, T_3 = 0] = 0$, $d_3^{**}(1) = E_{\boldsymbol{\varphi}}[X_2 \mid N = 3, T_3 = 1] =$
$1/2$, $d_3^{**}(2) = E_{\boldsymbol{\varphi}}[X_2 \mid N = 3, T_3 = 2] = 1$ となる. また, $d_1^{**}(0) =$
$d_2^{**}(0) = d_3^{**}(3) = 0$ となるから, (3.2.8) が成り立つ. そして, $\boldsymbol{d}^{**} =$
$(d_2(T_2), d_3^{**}(T_2)))$ とすると逐次決定方式 $(\boldsymbol{\varphi}, \boldsymbol{d}^{**})$ のリスクは, $R(\theta, (\boldsymbol{\varphi},$
$\boldsymbol{d}^{**})) = E_{\theta, \boldsymbol{\varphi}}[(\theta - d_N^{**}(T_N))^2 + cN] = (1/2)\theta(1-\theta)^2 + \theta^2(1-\theta) + 5c$ と
なる. 一方, 例 1.2.1 (続 5) の $\boldsymbol{d}^* = (d_2^*(T_2), d_3^*(T_3))$ について $(\boldsymbol{\varphi}, \boldsymbol{d}^*)$
のリスクは, $R(\theta, (\boldsymbol{\varphi}, \boldsymbol{d}^*)) = \theta(1-\theta) + 5c$ となる. よって, 任意の $\theta \in \Theta$
について $R(\theta, (\boldsymbol{\varphi}, \boldsymbol{d}^*)) - R(\theta, (\boldsymbol{\varphi}, \boldsymbol{d}^{**})) = (1/2)\theta(1-\theta)^2 > 0$ となる.

**問 3.4.1**　$\varphi_J(\boldsymbol{x}_J) = 1$ a.s. とすると, $\sum_{j=0}^{J} \psi_j(\boldsymbol{x}_j) = \sum_{j=0}^{J-2} \psi_j(\boldsymbol{x}_j) + (1-$
$\varphi_0)(1-\varphi_1(x_1)) \cdots (1-\varphi_{J-2}(\boldsymbol{x}_{J-2})) = \cdots = \psi_0 + (1-\varphi_0) = 1$ a.s. と
なる. 逆に, $\sum_{j=0}^{J} \psi_j(\boldsymbol{x}_j) = 1$ a.s. とすると, $1 - \varphi_0 = (1-\varphi_0)\varphi_1(x_1) +$
$\sum_{j=2}^{J} \psi_j(\boldsymbol{x}_j)$ a.s., $(1-\varphi_0)(1-\varphi_1(x_1)) = \psi_2(\boldsymbol{x}_2) + \sum_{j=3}^{J} \psi_j(\boldsymbol{x}_j)$ a.s.,
$\dots$, $(1-\varphi_0)(1-\varphi_1(x_1)) \cdots (1-\varphi_{J-1}(\boldsymbol{x}_{J-1})) = \psi_J(\boldsymbol{x}_J)$ a.s. となる. 一方,
(3.1.1) より $\psi_J(\boldsymbol{x}_J) = (1-\varphi_0)(1-\varphi_1(x_1)) \cdots (1-\varphi_{J-1}(\boldsymbol{x}_{J-1}))\varphi_J(\boldsymbol{x}_J)$
となるから $\varphi_J(\boldsymbol{x}_J) = 1$ a.s. となる.

**問 3.7.1** (1) $x = 1, \ldots, n$ について $P_\theta\{$最初の試行が成功でかつ $(X, Y) = (x, n-x)\} = \binom{n-1}{x-1}\theta^x(1-\theta)^{n-x}$ となるから $E_\theta(\hat{\theta}) = \theta$ となる.

(2) 条件付確率 $P_\theta\{$最初の試行が成功 $|(X, Y) = (x, n-x)\} = \binom{n-1}{x-1}\theta^x(1-\theta)^{n-x} / \{\binom{n}{x}\theta^x(1-\theta)^{n-x}\} = x/n \ (x = 1, \ldots, n); \ = 0 \ (x = 0)$ となり, $\hat{\theta}^*(X, Y) = E[\hat{\theta} \,|\, (X, n-X)] = X/n$ より $E_\theta(\hat{\theta}^*) = \theta$ となる. 次に, $E_\theta(\hat{\theta}^2) = \theta$ より $V_\theta(\hat{\theta}) = \theta(1-\theta)$ となり, 一方, $E_\theta(\hat{\theta}^{*2}) = (1/n^2)E_\theta(X^2) = \{\theta(1-\theta)/n\} + \theta^2$ となるから, $V_\theta(\hat{\theta}^*) = \theta(1-\theta)/n$ となる. よって, $V_\theta(\hat{\theta}) = \theta(1-\theta) \geq \theta(1-\theta)/n = V_\theta(\hat{\theta}^*)$ となり, (3.7.3) が成り立つ.

(3) $a \leq x \leq n-b$ について $P_\theta\{$点 $(a, b)$ を通りかつ $(X, Y) = (x, n-x)\} = \binom{a+b}{a}\binom{n-a-b}{x-a}\theta^x(1-\theta)^{n-x}$ となるから $E_\theta(\hat{g}) = \theta^a(1-\theta)^b \sum_{z=0}^{n-a-b}\binom{n-a-b}{n-a}\theta^z(1-\theta)^{n-a-b-z} = \theta^a(1-\theta)^b = g(\theta)$ となる.

(4) $a \leq x \leq n-b$ について条件付確率 $P_\theta\{$点 $(a, b)$ を通る $|(X, Y) = (x, n-x)\} = \binom{a+b}{a}\binom{n-a-b}{x-a} / \binom{n}{x}$ となるから $\hat{g}^*(x) = E[\hat{g} \,|\, (X, Y) = (x, n-x)] = \binom{n-a-b}{x-a} / \binom{n}{x}$ となり, (3.7.4) が成り立つ.

**問 3.7.2** 境界は $B = \{(x, a) \,|\, x \geq a\} \cup \{(a, y) \,|\, y \geq a\}$ となる. $p = \theta$, $q = 1 - \theta$ とおくと $x, y = a, a+1, \ldots$ について点 $(x, a), (a, y)$ が終点となる径路の確率は $P(a, a) = \binom{2a}{a}p^a q^a$, $P(x, a) = \binom{x+a-1}{x}p^x q^a \ (x = a+1, \ldots)$, $P(a, y) = \binom{y+a-1}{y}p^a q^y \ (y = a+1, \ldots)$ となる. このとき, ライプニッツの公式[1] より $\sum_{x=a+1}^{\infty} P(x, a) = q^a \sum_{x=a+1}^{\infty}(1/(a-1)!)(x+a-1)\cdots(x+1)p^x = \sum_{k=0}^{a-1}\binom{2a}{k+a+1}p^{k+a+1}q^{a-k-1}$ となる. 同様にして $\sum_{y=a+1}^{\infty} P(a, y) = \sum_{k=0}^{a-1}\binom{a-1}{k+a+1}q^{k+a+1}p^{a-k-1}$ となるから $\sum_{(x,y)\in B} P(x, y) = P(a, a) + \sum_{x=a+1}^{\infty} P(x, a) + \sum_{y=a+1}^{\infty} P(a, y) = 1$ となる. よって $B$ による停止則は閉じている.

---

[1] $f(x)$ と $g(x)$ がともに $n$ 回微分可能ならば $f(x)g(x)$ の $n$ 次導関数は $(fg)^{(n)}(x) = \sum_{k=0}^{n}\binom{n}{k}f^{(k)}(x)g^{(n-k)}(x)$ である. この式をライプニッツ (Leibniz) の公式という.

# 例の索引

# 索　引

**赤平昌文**（あかひら まさふみ）

1969 年 早稲田大学理工学部数学科卒業，1971 年 同大学大学院理工学研究科修了，1978 年 電気通信大学助教授，1987 年 筑波大学教授，その後，同大学理事・副学長を経て，現在は筑波大学名誉教授，理学博士．

専　門　数理統計学
主　著　『統計的不偏推定論』（共立出版，2019）
　　　　『統計解析入門』（森北出版，2003）
　　　　"*Statistical Estimation for Truncated Exponential Families*" (Springer, 2017)
　　　　"*Joint Statistical Papers of Akahira and Takeuchi*"（共編, World Scientific Publishing Co., 2003）

**小池健一**（こいけ けんいち）

1989 年 筑波大学自然学類数学主専攻卒業，1993 年 同大学大学院数学研究科中退，同年，筑波大学数学系助手，その後，同大学講師，准教授を経て，現在は日本大学教授，博士（理学）．

専　門　数理統計学

統計学 One Point 21

統計的逐次推定論

*Theory of Statistical Sequential Estimation*

2022 年 6 月 30 日　初版 1 刷発行

著　者　赤平昌文　　　ⓒ 2022
　　　　小池健一

発行者　南條光章

発行所　**共立出版株式会社**

〒112-0006
東京都文京区小日向 4-6-19
電話番号　03-3947-2511（代表）
振替口座　00110-2-57035
www.kyoritsu-pub.co.jp

印　刷　大日本法令印刷

製　本　協栄製本

検印廃止
NDC 417

ISBN 978-4-320-11272-8

一般社団法人
自然科学書協会
会員

Printed in Japan

JCOPY　＜出版者著作権管理機構委託出版物＞

本書の無断複製は著作権法上での例外を除き禁じられています．複製される場合は，そのつど事前に，出版者著作権管理機構（TEL：03-5244-5088，FAX：03-5244-5089，e-mail：info@jcopy.or.jp）の許諾を得てください．